炼油工业技术知识丛书

仪表及自动控制

刘美　主　编
禹柳飞　宁鹏　副主编

中国石化出版社
·北京·

内 容 提 要

本书从工程应用需求出发，结合炼油工业中所用的仪表和自动化技术，深入浅出地介绍了仪表和自动控制系统的基本结构、工作原理、控制策略、技术特点、常见故障和解决方案，适合炼油领域的工艺技术人员学习仪表自动化技术使用，也可作为自动控制技术的科普读物。

图书在版编目(CIP)数据

仪表及自动控制/刘美主编.
—北京:中国石化出版社,2015.8(2024.7重印)
ISBN 978-7-5114-3555-2

Ⅰ.①仪… Ⅱ.①刘… Ⅲ.①自动化仪表 ②自动控制
Ⅳ.①TH82 ②TP273

中国版本图书馆CIP数据核字(2015)第206329号

中国石化出版社出版发行
地址:北京市东城区安定门外大街58号
邮编:100011 电话:(010)57512500
发行部电话:(010)57512575
http://www.sinopec-press.com
E-mail:press@sinopec.com
北京捷迅佳彩印刷有限公司印刷
全国各地新华书店经销

*

850毫米×1168毫米 32开本 10.625印张 276千字
2015年10月第1版 2024年7月第2次印刷
定价:30.00元

前　言

近年来炼油装置一直向着大型化、规模化方向发展，生产装置越来越庞大，生产工艺愈加复杂，仅仅依靠仪表和自动控制技术人员来维持装置工艺参数的稳定越来越困难。为了保证生产装置的稳定运行，迫切需要工艺技术人员的参与和合作，这就要求仪表和自动控制技术人员对生产工艺有足够的认识，同时也希望工艺技术人员更多地了解仪表和自动控制技术。

本书从工程应用需求出发，结合目前生产实际中所用的仪表和自动化技术，深入浅出地介绍了仪表和自动控制系统的基本结构、工作原理、控制策略、技术特点、常见故障和解决方案，适合炼油及石油化工领域工艺技术人员学习仪表自动化技术使用，也可作为自动控制技术的科普读物。

本书共八章。第一章介绍仪表和自动控制的基本概念，第二章介绍检测仪表和传感器技术，第三章、第四章介绍控制仪表和执行器的基本原理及应用，第五章介绍自动控制系统的组成和控制方案，第六章、第八章分别介绍 DCS 和现场总线两类网络控制系统，第七章结合生产实际介绍典型炼油过程的自动控制应用实例和最新的控制方法。

本书由广东石油化工学院刘美担任主编，由广东石油化工学院禹柳飞和中国石油化工集团公司茂名分公司宁鹏担任副主编，广东石油化工学院康珏、伍林、卢均治和中国石油化工集团公司茂名分公司张宪举参与编写。刘美编写了第一章，禹柳飞、宁鹏编写了第三章和第五章，康珏编写了第二章，伍林编写了第四章，司徒莹编写了第七章，卢均治、张宪举编写了第六章和第八章。

在编写过程中，浙大中控信息技术有限公司、中国石油化工集团公司茂名分公司和广东茂化建集团有限公司等提供了大量资料，给予大力支持和帮助，广东石油化工学院陈政石和中国石油化工集团公司茂名乙烯公司谭志波对本书进行审阅，在此表示衷心感谢。

由于作者水平有限，书中错误、不妥之处在所难免，恳请读者批评指正。

目　录

第一章　仪表与自动控制的基本概念 ……………………（1）
第一节　概述 ………………………………………………（1）
一、化工自动化的含义 ……………………………………（1）
二、工艺与仪表的关系 ……………………………………（1）
三、化工自动化的目的 ……………………………………（1）
第二节　化工自动化的主要内容 …………………………（2）
一、自动检测系统 …………………………………………（2）
二、自动信号和联锁保护系统 ……………………………（3）
三、自动操纵及自动开停车系统 …………………………（4）
四、自动控制系统 …………………………………………（4）
第三节　自动控制系统的基本组成及方块图 ……………（5）
一、自动控制系统的基本组成 ……………………………（5）
二、自动控制系统的方框图 ………………………………（6）
第四节　自动控制系统的分类 ……………………………（8）
一、按系统的结构特点分类 ………………………………（8）
二、按给定值信号的特点分类 ……………………………（9）
第五节　自动控制系统的过渡过程和品质指标 …………（10）
一、控制系统的静态与动态 ………………………………（10）
二、控制系统的过渡过程 …………………………………（11）
三、控制系统的品质指标 …………………………………（13）
四、影响控制系统过渡过程品质的主要因素 ……………（16）

第六节　工艺控制流程图 ……………………………………（17）
一、工艺管道及控制流程图 ………………………………（17）
二、控制流程图中图例符号的规定 …………………………（18）
第二章　检测仪表与传感器 ……………………………………（22）
第一节　概述 ………………………………………………………（22）
一、检测过程及误差 ………………………………………（23）
二、检测仪表的基本性能指标 ……………………………（24）
三、检测仪表的分类 ………………………………………（26）
第二节　压力检测仪表 ……………………………………………（26）
一、压力的检测方法 ………………………………………（27）
二、弹性式压力计 …………………………………………（29）
三、压力变送器 ……………………………………………（31）
四、压力开关 ………………………………………………（35）
五、压力检测仪表的选用及安装 ……………………………（38）
六、压力表投用、停用的注意事项 …………………………（40）
七、压力检测仪表的故障及排除 ……………………………（41）
第三节　流量检测及仪表 …………………………………………（48）
一、流量检测方法 …………………………………………（49）
二、差压式流量计 …………………………………………（49）
三、转子流量计 ……………………………………………（58）
四、容积式流量计 …………………………………………（60）
五、电磁流量计 ……………………………………………（62）
六、涡轮流量计 ……………………………………………（65）
七、涡街流量计 ……………………………………………（67）
八、超声波流量计 …………………………………………（69）
九、科里奥利质量流量计 ……………………………………（70）

十、其他流量计 …………………………………（71）
十一、流量检测故障判断 ……………………………（75）
第四节　物位检测仪表 ……………………………（79）
一、物位检测方法 …………………………………（80）
二、玻璃管液位计 …………………………………（80）
三、磁翻板液位计 …………………………………（81）
四、液位开关 ………………………………………（82）
五、浮筒液位变送器 ………………………………（85）
六、差压式液位计 …………………………………（87）
七、电容式物位计 …………………………………（91）
八、超声波物位计 …………………………………（92）
九、物位检测仪表故障及排除 ……………………（94）
第五节　温度检测及仪表 …………………………（98）
一、温度检测方法 …………………………………（99）
二、膨胀式温度计 …………………………………（100）
三、热电偶温度计 …………………………………（102）
四、热电阻温度计 …………………………………（110）
五、温度变送器 ……………………………………（115）
六、温度开关 ………………………………………（116）
七、测温仪表的选用与安装 ………………………（116）
八、温度检测仪表故障及排除 ……………………（118）
第六节　成分检测及仪表 …………………………（126）
一、概述 ……………………………………………（126）
二、热导式气体成分分析仪 ………………………（128）
三、磁导式含氧量检测仪表 ………………………（129）
四、红外线气体成分检测 …………………………（131）

五、氧化锆氧检测仪 …………………………………… (133)
六、色谱分析仪 ………………………………………… (134)
七、分析仪表故障现象及处理 ………………………… (136)
第三章　控制规律及控制仪表 ………………………… (141)
第一节　基本控制规律 ………………………………… (141)
一、比例控制(P) ……………………………………… (142)
二、比例积分控制(PI) ………………………………… (147)
三、比例微分控制(PD) ………………………………… (150)
四、比例积分微分控制(PID) …………………………… (151)
第二节　可编程序控制器 ……………………………… (152)
一、概述 ………………………………………………… (152)
二、可编程序控制器的基本组成 ……………………… (155)
三、PLC 的工作原理 …………………………………… (158)
四、PLC 的编程语言 …………………………………… (159)
第三节　数字式控制器 ………………………………… (160)
一、数字式控制器的主要特点 ………………………… (160)
二、数字式控制器的基本构成 ………………………… (162)
三、SLPC 系列可编程序数字调节器 ………………… (165)
第四章　执行器 ………………………………………… (167)
第一节　执行器的结构原理 …………………………… (167)
一、气动执行机构 ……………………………………… (167)
二、电动执行机构 ……………………………………… (169)
三、控制机构 …………………………………………… (169)
第二节　执行器的特性 ………………………………… (173)
一、执行器开关特性 …………………………………… (173)
二、执行器的流量系数 ………………………………… (175)

三、执行器的流量特性 …………………………………… (175)
第三节 执行器的选择和安装 ……………………………… (182)
一、执行器的选择 …………………………………………… (182)
二、执行器的安装及维护 ………………………………… (185)
第四节 阀门定位器 ………………………………………… (186)
一、电-气阀门定位器 ……………………………………… (187)
二、智能阀门定位器 ………………………………………… (187)
第五节 数字执行器与智能执行器 ……………………… (189)
一、数字阀 …………………………………………………… (189)
二、智能控制阀 ……………………………………………… (190)
第五章 自动控制系统 …………………………………… (192)
第一节 被控对象的特性 …………………………………… (192)
一、被控对象的数学描述 ………………………………… (192)
二、被控对象的特性参数 ………………………………… (194)
第二节 简单控制系统 ……………………………………… (198)
一、简单控制系统的结构 ………………………………… (198)
二、简单控制系统与工艺的关系 ………………………… (200)
三、操纵变量选取与工艺的关系 ………………………… (204)
四、控制器的选取与控制系统的投运 ………………… (205)
第三节 复杂控制系统 ……………………………………… (215)
一、串级控制系统 …………………………………………… (216)
二、前馈控制系统 …………………………………………… (222)
三、均匀控制系统 …………………………………………… (224)
四、比值控制系统 …………………………………………… (229)
五、选择性控制系统 ………………………………………… (234)
六、分程控制系统 …………………………………………… (239)

第六章　集散控制系统 …………………………………………（246）
第一节　概　　述 ………………………………………………（246）
第二节　集散控制系统的体系结构 ……………………………（247）
一、现场控制级 …………………………………………………（247）
二、过程控制级 …………………………………………………（247）
三、过程管理级 …………………………………………………（249）
四、全厂优化和经营管理级 ……………………………………（249）
第三节　操作站的硬件构成与功能 ……………………………（250）
一、操作站的硬件 ………………………………………………（251）
二、操作站的功能 ………………………………………………（251）
第四节　实时监控操作举例 ……………………………………（254）
一、监控操作注意事项 …………………………………………（254）
二、启动实时监控软件 …………………………………………（254）
三、画面操作 ……………………………………………………（258）
第五节　触摸屏原理及应用 ……………………………………（274）
一、概述 …………………………………………………………（274）
二、触摸屏的工作原理与构成 …………………………………（274）
三、触摸屏的种类 ………………………………………………（275）
四、K-TP178micro 触摸屏操作 ………………………………（277）
第七章　炼油过程典型控制方案 ………………………………（282）
第一节　流体输送设备的自动控制 ……………………………（282）
一、离心泵的控制 ………………………………………………（282）
二、往复式泵的控制 ……………………………………………（286）
三、离心式压缩机的防喘振控制 ………………………………（287）
四、流体输送设备控制举例 ……………………………………（291）
第二节　传热设备的自动控制 …………………………………（293）

一、一般传热设备的控制 …………………………… (293)
二、管式加热炉的控制 …………………………… (295)
三、传热设备控制应用举例 …………………………… (297)
第三节 精馏塔的控制 …………………………… (300)
一、概述 …………………………… (300)
二、精馏塔的基本控制方案 …………………………… (302)
三、精馏塔控制应用举例 …………………………… (306)
第四节 常减压过程的控制 …………………………… (309)
一、常压塔的控制 …………………………… (310)
二、减压塔的控制 …………………………… (311)
第五节 催化裂化过程的控制 …………………………… (312)
第八章 现场总线控制系统 …………………………… (317)
第一节 概述 …………………………… (317)
一、现场总线的特点 …………………………… (317)
二、现场总线技术现状 …………………………… (319)
第二节 现场总线控制系统的构成 …………………………… (320)
一、现场总线控制系统的硬件构成 …………………………… (320)
二、现场总线控制系统的软件构成 …………………………… (323)
第三节 FCS在电厂水处理中的应用 …………………………… (324)

第一章　仪表与自动控制的基本概念

第一节　概　　述

一、化工自动化的含义

在石油化工的生产过程装置上，配备一些自动化装置以及合适的自动控制系统，以代替操作人员的部分或全部直接劳动，使生产过程在一定程度上自动地进行，这种利用自动化装置来管理生产过程的方法就是化工自动化。

化工自动化是提高化工生产力的有力工工具之一，它在确保生产正常运行、提高产品质量、降低能耗、降低生产成本和改善劳动强度等方面发挥着巨大的作用。随着自动控制理论和计算机技术的发展，生产过程自动化技术也得到了飞速的发展，自动化技术的应用程度已逐步成为衡量化工企业现代化水平的一个重要标志。

二、工艺与仪表的关系

石油化工企业工艺是基础，仪表也必不可少。化工、石油化工生产装置运行时一般处在高温、高压、有毒的工况之中，为使生产过程保持最佳工况，节约原材料和能源，保证生产稳定安全运行，装置使用了大量过程仪表和过程控制系统，工艺技术人员与仪表技术人员必须相互配合，才能使生产装置处于最优的工作状态，从而保证企业产生更好的经济效益。化工装置控制系统的设计是在工艺设计基础上进行的，工艺技术人员应向仪表设计人员提供工艺参数，才能使所设计的控制系统达到工艺要求，因此工艺与仪表密不可分。

三、化工自动化的目的

生产过程中，对各个工艺过程的物理量（或称工艺变量）有一定的控制要求。有些工艺变量直接表征生产过程，对产品的数量和质量起着决定性的作用。例如，精馏塔的塔顶或塔釜温度，一般在操作压力不变的情况下必须保持一定，才能得到合格的产品；加热炉出口温度的波动不能超出允许范围，否则将影响后一工段的效果；化学反应器的反应温度必须保持平稳，才能使效率达到指标。有些工艺变量虽不直接影响产品的质量和数量，然而保持其平稳却是使生产获得良好控制的前提。例如，用蒸汽加热反应器或再沸器，如果在蒸汽总压波动剧烈的情况下，要把反应温度或塔釜温度控制好将极为困难；一个液体储槽，在生产中常用来作为一般的中间容器或成品罐，从前一个工序来的物料连续不断地流入槽中，而槽中的液体又送至下一工序进行加工或包装，当流人量(或流出量)波动时会引起槽内液位的波动，严重时会溢出或抽空，因此必须将槽内液位维持在允许的范围之内，才能使物料平衡，保持连续的均衡生产。有些工艺变量是决定安全生产的因素。例如，锅炉汽包的水位、受压容器的压力等，不允许超出规定的限度，否则将威胁生产安全。还有一些工艺变量直接影响产品的质量。例如，某些混合气体的组成、溶液的酸碱度等；近二十几年来，工业生产规模的迅猛发展，加剧了对人类生存环境的污染，因此，减少工业生产对环境的影响，保证可持续发展也成为化工自动化的目标之一。

综上所述，化工自动化的主要目标应包括以下几个方面：

① 保障化工生产过程的安全和平稳；

② 达到预期的产量和质量；

③ 尽可能地减少原材料和能源的消耗；

④ 把生产对环境的危害降低到最小程度。

第二节　化工自动化的主要内容

化工自动化的内容，一般包括自动检测、自动保护、自动操纵和自动控制四个方面。

一、自动检测系统

利用各种检测仪表对主要工艺参数进行测量、指示或记录的系统，称为自动检测系统，它代替了操作人员对工艺参数的不断观察与记录，因此起到人的眼睛的作用。

图 1-1 是利用蒸汽来加热冷物料的热交换器，冷液经加热后的温度是否达到要求，可用测温元件配上显示仪表平衡电桥来进行测量、指示和记录；冷液的流量可以用流量计进行检测；蒸汽压力可用压力表来指示，这些就是检测温度、流量、压力参数的自动检测系统。

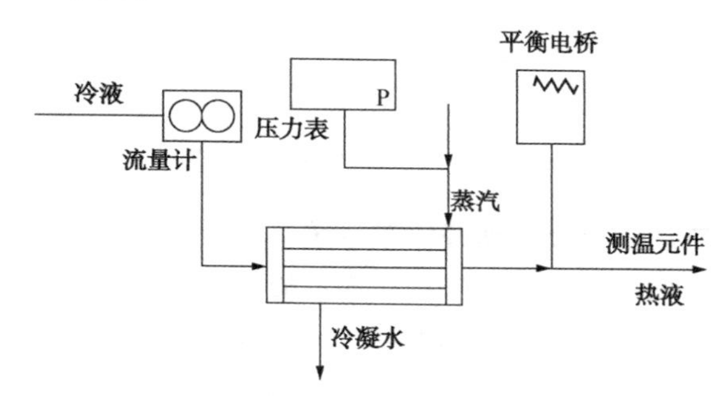

图 1-1　热交换器自动检测系统示意图

二、自动信号和联锁保护系统

生产过程中，有时由于一些偶然因素的影响，导致工艺参数超出允许的变化范围而出现不正常情况时，就有引起事故的可能。为此，常对某些关键性参数设有自动信号联锁装置。当工艺参数超过了允许范围，在事故即将发生以前，信号系统就自动地发出声光信号，提醒操作人员注意，并及时采取措施。如工况已到达危险状态时，联锁系统立即自动采取紧急措施，打开安全阀或切断某些通路，必要时紧急停车，以防止事故的发生和扩大。自动信号和联锁保护系统是生产过程中的一种安全装置。例如，液位自动报警系统，如图 1-2 所示，当液位超过了允许极限值时，自动报警信号系统就会发出声光信号，提醒工艺操作人员及时处理生产事故。当液位进入危险极限值时，联锁系统可立即采取应急措施，如打开出液阀或关闭进液阀门，从而避免引起液体溢出的生产事故。

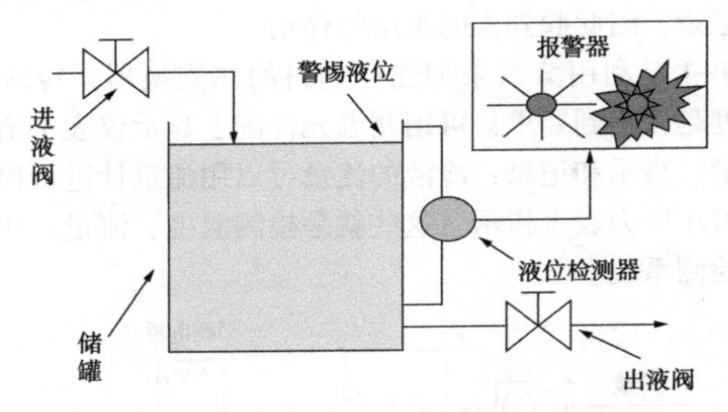

图 1-2　液位自动报警系统示意图

三、自动操纵及自动开停车系统

自动操纵系统可以根据预先规定的步骤自动地对生产设备进行某种周期性操作。例如某自动加料系统，如图 1-3 所示，工艺要求需要将 A 原料和 B 原料按一定比例在容器中混合后排出，利用自动操纵机可以代替人工自动地按照加料、混合、排出等步骤周期性地打开加料阀门、搅拌器及出料阀门，从而减轻操作工人的重复性体力劳动。自动开停车系统可以按照预先规定好的步骤，将生产过程自动地投入运行或自动停车。

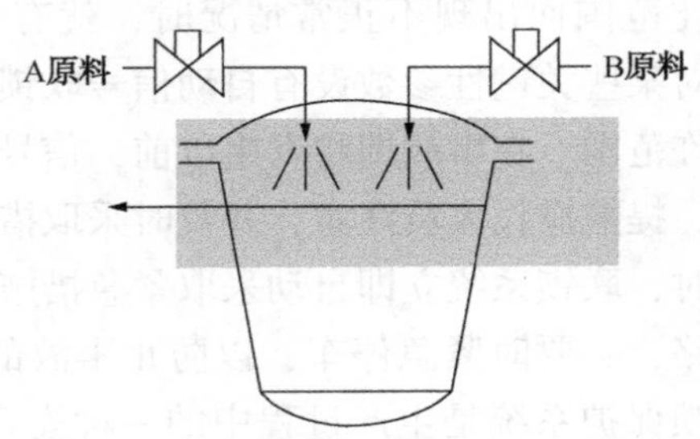

图 1-3　自动加料系统示意图

四、自动控制系统

对生产过程中某些关键性参数进行自动控制，使它们在受到外界干扰(扰动)的影响而偏离正常状态时，能自动地调节而回到规定的数值范围内，为此目的而设置的系统就是自动控制系统。自动控制系统是自动化生产的核心部分，只有自动控制系统才能自动地排除各种干扰因素对工艺参数(例如温度、压力、流量、液位)的影响，使它们始终保持在预先规定的数值上，保证生产维持在正常或最佳的工艺操作状态。

第三节　自动控制系统的基本组成及方块图

一、自动控制系统的基本组成

1. 人工控制

人工控制过程如图1-4所示，操作人员用眼睛观察玻璃管液位计中液位的高低，并通过神经系统告诉大脑，大脑根据液位高度，与液位设定值(可选择指示值中间的某一点为正常工作时的液位高度)进行比较，得出偏差的大小和正负，然后发出命令。根据大脑发出的命令，通过手去改变阀门开度(出口流量)。当液位上升时，将出口阀门开大，液位上升越多，阀门开得越大；反之，当液位下降时，则关小出口阀门，液位下降越多，阀门关得越小，从而使液位保持在所需液位上。

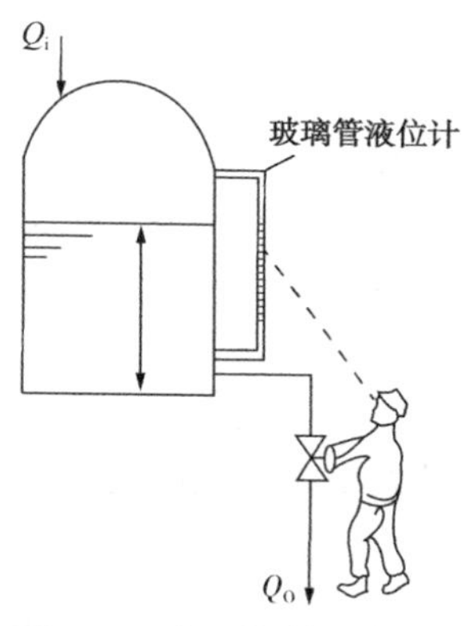

图1-4　人工控制液位

眼、脑、手3个器官，分别担负了检测、控制和执行三个作用，完成了测量、求偏差及运算、操纵阀门以纠正偏差的全过程。

2. 自动控制系统

自动控制系统是在人工调节的基础上产生和发展起来的，其主要的自动化装置包括测量元件与变送器、控制器、执行器，它们分别代替了人的眼、脑、手三个器官。液体储槽和自动化装置一起就构成了一个自动控制系统，如图1-5所示。

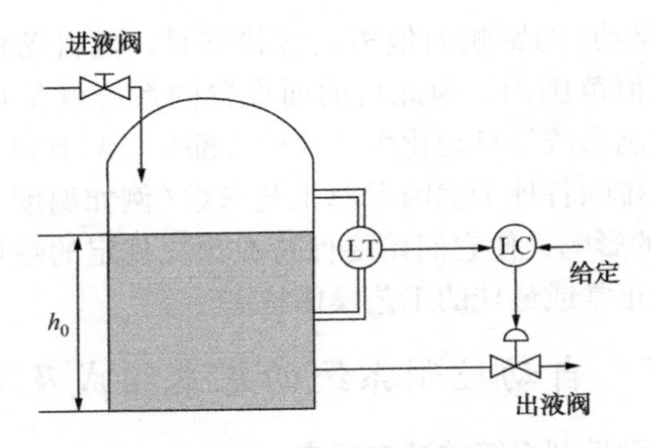

图 1-5　液位自动控制系统

（1）测量元件与变送器　测量液位并将液位的高低转化为统一的标准信号输出（如气压或电信号等）。

（2）控制器　接受变送器送来的信号，与液位给定值相比较得出偏差，并对偏差按某种运算规律进行运算后，将运算结果用标准信号输出。

（3）执行器　通常称控制阀，它能自动根据控制器送来的信号大小改变阀门的开度，调节介质流量的大小，使工艺参数维持在给定值。

（4）被控对象　除了必须具有上述的自动化装置外，在自动控制系统的组成中，还必须有控制装置所控制的生产设备，即被控对象，简称对象。图 1-5 所示的液体储槽就是这个液位控制系统的被控对象。化工生产中的各种塔、反应器、换热器、泵和压缩机以及各种容器、储槽都是常见的被控对象，甚至一段输气管道也可以是一个被控对象。对复杂的生产设备，如精馏塔、吸收塔等，在一个设备上可能有几个控制系统，几个不同的被控对象。

二、自动控制系统的方框图

在研究自动控制系统时，为了更清楚地表示出一个自动控制系统中各个组成环节之间的相互影响和信号联系，便于对系统分析研究，一般都用方块图来表示控制系统的组成。每个环节表示组成系统的一个部分，称为“环节”。两个方块之间用一条带有箭头的线条表示相互关系，箭头指向方块表示为这个环节的输入，箭头离开方块表示为这个环节的输出。

1. 简单控制系统方框图

简单控制系统方框图如图 1-6 所示。图中的字母和术语代表的意义如下：

被控变量：工艺上需要控制的工艺参数，用 y 表示。

给定值(设定值)：生产过程中被控变量的期望值，数值的大小由工艺决定，用 x 表示。

测量值：由检测元件及变送器得到的被控变量的实际值，用 z 表示。

操纵变量(控制变量)：受控于执行器，克服干扰影响，实现控制作用的变量，它是执行器的输出信号，用 q 表示。

干扰(外界扰动)：引起被控变量偏离给定值，除操纵变量以外的各种因素，用 f 表示。

偏差信号：给定值与测量值的差，在反馈控制系统中，控制器是根据偏差信号的大小来控制操纵变量的，用 e 表示，$e=x-z$。

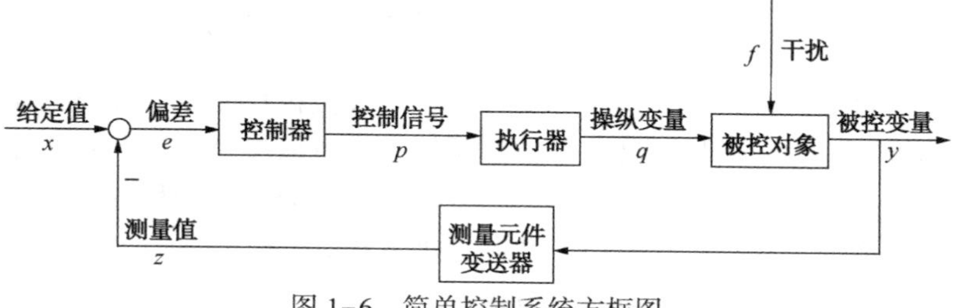

图 1-6　简单控制系统方框图

控制信号：控制器将偏差按一定规律计算后得到的输出量，用 p 表示。

对于图 1-5 的液位控制系统，方块图的结构与图 1-6 基本相同，只需要将方框图中的名称换成具体的仪表设备名即可，如图 1-7 所示。不同的控制系统方块图的结构形式可以相同。

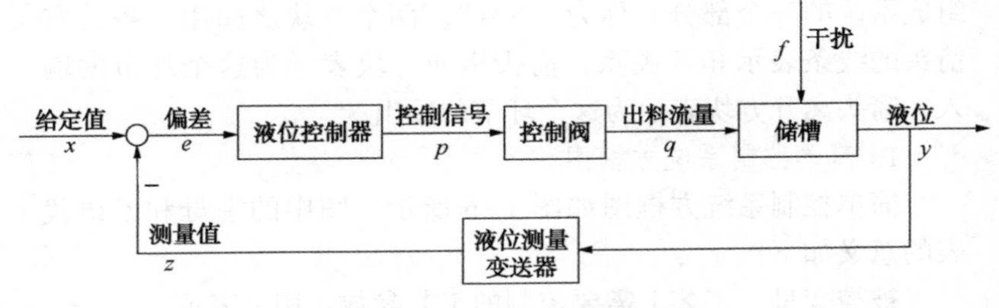

图 1–7　液位控制系统方框图

2. 自动控制系统的控制过程

以图 1–5 的液位控制系统为例，说明自动控制系统的控制过程。

来自各方面的干扰(其中包括外界扰动和给定值改变)，会引起被控变量偏离给定值。假设干扰为进料流量的波动，当进料流量增加，使储槽液位上升时，则液位变送器的输出增加，测量值大于给定值，负偏差值增加，经过控制器的控制作用，使控制阀门打开，出料流量增加，液位下降，当测量值重新回到给定值时，控制过程结束。

第四节　自动控制系统的分类

自动控制系统有多种分类方法，可以按被控变量来分类，如温度、压力、流量、液位等控制系统。也可以按控制器具有的控制规律来分类，如比例、比例积分、比例微分、比例积分微分等控制系统。此外，还有以下几种分类方法。

一、按系统的结构特点分类

如按照控制系统的结构来分有闭环控制系统和开环控制系统。

1. 闭环控制系统

也称反馈控制系统。它是根据被控参数与给定值的偏差进行控制的，最终达到消除或减小偏差的目的，偏差值是控制的依据。这是最常用、最基本的一种过程控制系统。由于该系统由被控变量的负反馈量构成一个闭合回路，故又称为闭环控制系统。

闭环控制的特点是按偏差进行控制，所以不论什么原因引起被控变量偏离设定值，只要出现偏差，就会产生控制作用，使偏差减小或消除，最终达到被控变量与设定值一致的目的，这是闭环控制的优点。由于闭环控制系统按照偏差进行控制，所以尽管扰动已经发生，但在尚未引起被控变量变化之前，是不会产生控制作用的，这将导致控制不够及时。此外，如果系统内部各环节配合不当，会引起系统剧烈震荡，甚至会使系统失去控制，这是闭环控制系统的缺点，在自动控制系统的设计和调试过程中应加以注意。

2. 开环控制系统

生产过程有时亦采用比较简单的开环控制方式，这种控制方式不需要对被控变量进行测量，只根据输入干扰信号进行控制。由于不测量被控变量，也不与设定值相比较，所以系统受到扰动作用后，被控变量偏离设定值，并且无法消除偏差，这是开环控制的缺点。

依据扰动作用进行控制的系统，虽然不一定能消除偏差，但是也有突出的优点，即控制作用不需等待偏差的产生，就开始进行控制作用，控制很及时，对于较频繁的主要扰动能起到补偿的效果。比如前馈控制系统就属于开环控制系统。

综上所述，开环控制与闭环控制各有特点，应根据各种情况和不同要求，合理选择适当的方式。前馈-反馈控制系统就是开环与闭环控制的组合形式，在不少情况下可获得很好的效果。

二、按给定值信号的特点分类

在分析自动控制系统特性时，经常遇到将控制系统按照需要控制的被控变量的给定值是否变化和如何变化来分类，这样可将系统分为三类，即定值控制系统、随动控制系统和程序控制系统。

1. 定值控制系统

由于工业生产过程中大多数情况下，工艺都要求系统的被控变量稳定在某一给定值上，因此，定值控制系统是应用最多的一种控制系统。前面讨论的液位控制系统就是定值控制系统的一个例子，这个控制系统的目的是使储槽内的液位保持在给定值不变。

2. 随动控制系统

也称自动跟踪系统。其控制的目的就是让被控变量能准确而快速地跟踪给定值的变化，而给定值是随时间任意随机变化的。例如，锅炉燃烧过程控制系统中，为保证达到完全燃烧，必须保证空气量随燃料的变化成比例变化。由于燃料量是随负荷变化的，因此控制系统就要根据燃料量的变化，自动控制空气量的大小，以求达到最佳燃烧状态。

3. 程序控制系统

这类系统的给定值是按预定的时间程序来变化，它是一个已知的时间函数。这类系统在间歇生产过程中应用比较普通。例如，退火炉温度控制系统的给定值是按升温、保温与逐次降温等程序自动变化，因此，控制系统按此预先设定的程序进行控制。

第五节　自动控制系统的过渡过程和品质指标

一、控制系统的静态与动态

自动控制系统的输入有两种形式，一种是给定值的变化或称给定作用，另一种是干扰的变化或称扰动作用。当输入恒定不变时，整个系统若能建立平衡，系统中各个环节将暂不动作，它们的输出都处于相对静止状态，这种状态称为稳态。值得注意的是这里所指的静态与习惯上所讲的静止是不同的。自动控制系统在静态时，生产还在进行，物料和能量仍然有进有出，只是平稳进行数量没有改变。例如图 1-5 所示的液位控制系统，当流入储槽的流量和流出储槽的流量相等时，液位恒定，此时系统处于静态。

同样对于任何一个环节来说，都存在稳态，在保持平衡时的输出与输入关系称为环节的稳态特性。系统和环节的稳态特性是很重要的。系统的稳态特性是控制品质的重要环节；对象的稳态特性是扰动分析、确定控制方案的基础；检测变送器的稳态特性反映其精度，控制器和执行器的稳态特性对控制品质有显著的影响。

假若一个系统原来处于稳态，由于出现了扰动或给定值改变，即输入有了变化，系统的平衡受到破坏，被控变量(即输出)发生变化，从而使控制器、控制阀等自动化装置改变原来平衡时所处的状态，产生一定的控制作用来克服干扰的影响，并力图使系统恢复平衡。一方面，从干扰变化开始，经过控制，直到系统重新建立平衡，在这段时间内，整个系统的各个环节和信号都处于变动状态之中，所以这种状态叫做动态。另一方面，在设定值变化时，也引起动态过程，控制装置力图使被控变量在新的设定值或其附近建立平衡。

同样，对任何一个环节来说，当输入变化时，也引起输出的变化，其间的关系称为环节的动态特性。在控制系统中，了解动态特性比了解稳态特性更为重要，也可以说稳态特性是动态特性的一种极限情况。在定值控制系统中，扰动不断产生，控制作用也就不断克服其影响，系统总是处于动态过程中。同样，在随动控制系统中，设定值不断变化，系统也总是处于动态过程中。因此，控制系统的分析重点要放在系统和环节的动态特性上，这样才能设计出良好的控制系统，以满足生产的各种要求。

二、控制系统的过渡过程

当自动控制系统的输入(即扰动或给定值)发生变化后，被控变量(即输出)随时间变化，系统进入动态过程。由于自动控制系统的负反馈作用，经过一段时间以后，系统应该重新恢复平衡。因此系统的过渡过程就是系统从一个平衡状态过渡到另一个平衡状态的过程。了解过渡过程中被控变量的变化规律对于研究自动控制系统十分重要。被控变量的变化规律首先取决于作用于系统的干扰形式，其中常用的就是阶跃干扰，如图 1-8 所示。因为生产过程中，阶跃扰动最为常见。例如负荷的改变、阀门开度的突然变化、电路的突然接通或断开等。另外，设定值的变化通常也是以阶跃形式出现，且这类输入变化对系统来讲是比较严重的情况。如果一个系统对这种输入有较好的响应，那么对其他形式的输入变化就更能适应。

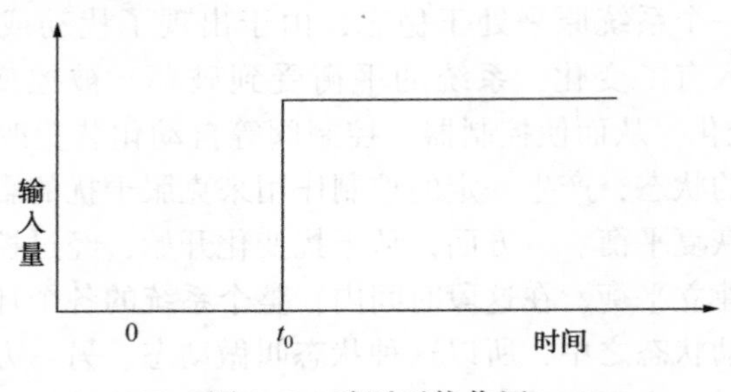

图 1-8　阶跃干扰作用

一般说来，自动控制系统在阶跃干扰作用下的过渡过程有如图 1-9 所示的几种基本形式。

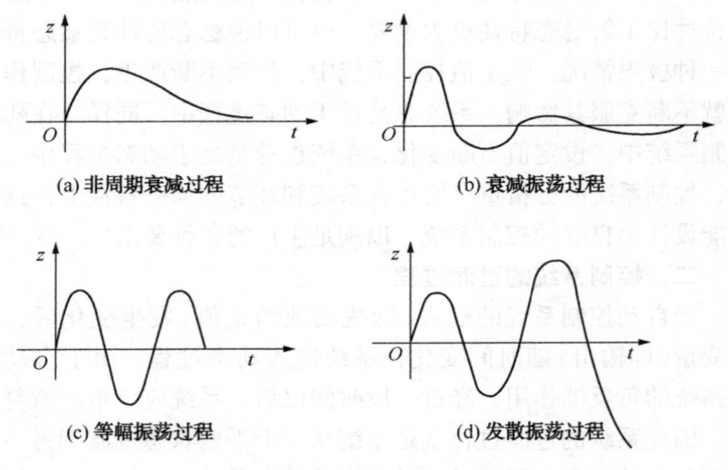

图 1-9　定值控制系统过渡过程形式

1. 非周期衰减过程

被控变量在给定值的某一侧作缓慢变化，没有来回波动，最后稳定在某一数值上，如图 1-9(a)所示。这是一种稳定过程。被控变量经过一段时间后，逐渐趋向原来的或新的平衡状态，但由于这种过渡过程变化较慢，被控变量在控制过程中长时间地偏离给定值，而不能很快恢复平衡状态，所以一般不采用，只是在生产上不允许被控变量有波动的情况下才采用。

2. 衰减振荡过程

被控变量上下波动，但幅度逐渐减少，最后稳定在某一数值上，如图 1-9(b)所示。这也是一种稳定过程，由于能够较快地使系统达到稳定状态，所以在多数情况下，这是所希望的过渡过程。

3. 等幅振荡过程

被控变量在给定值附近来回波动，且波动幅度保持不变，如图 1-9(c)所示。介于不稳定与稳定之间，一般也认为是不稳定过程，生产上不能采用，只是对于某些控制质量要求不高的场合，如果被控变量允许在工艺许可的范围内振荡(如双位式控制)，这种过渡过程的形式可以采用。

4. 发散振荡过程

被控变量来回波动，且波动幅度逐渐变大，即偏离给定值越来越远，如图 1-9(d)所示。发散振荡为不稳定的过渡过程，其被控变量在控制过程中，不但不能达到平衡状态，而且逐渐远离给定值，它将导致被控变量超出工艺允许范围，严重时会引起事故，这是生产上所不允许的，应竭力避免。

三、控制系统的品质指标

一个性能良好的过程控制系统当给定值发生变化或受到外界扰动作用时，被控变量应能平稳、迅速和准确地趋近或回复到给定值上。因此，在稳定性、快速性和准确性三个方面提出了各种单项控制指标和综合性控制指标。这些控制指标仅适用于衰减振荡过程。

假定自动控制系统在阶跃输入作用下，被控变量的变化曲线如图 1-10 所示。其中图 1-10(a)为定值控制系统的响应曲线；

图 1-10(b)为随动控制系统的响应曲线。下面是阶跃信号作用下控制系统过渡过程的各项单项控制指标。

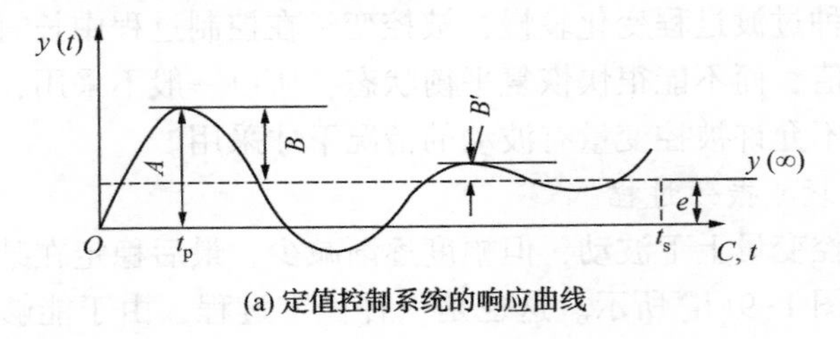

(a) 定值控制系统的响应曲线

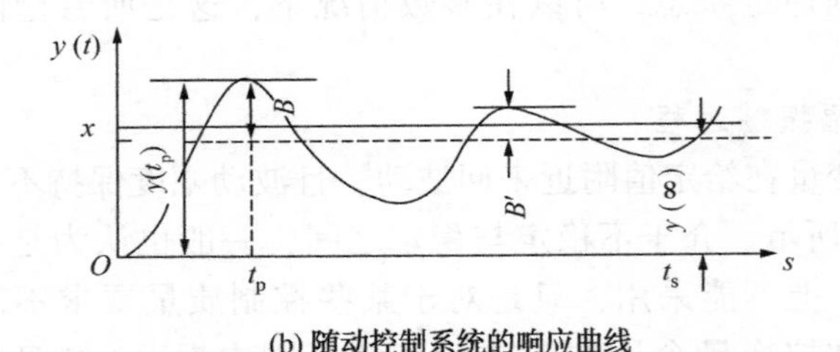

(b) 随动控制系统的响应曲线

图 1-10　阶跃信号作用下控制系统过渡过程响应曲线

1. 最大偏差或超调量

最大偏差或超调量是描述被控变量偏离给定值最大程度的物理量，也是衡量过渡过程稳定性的一个动态指标。对于定值控制系统，最大偏差是指在过渡过程中，第一个波的峰值，在图 1-10(a)中以 A 表示，$A=B+e$。对于随动控制系统，常用超调量来衡量被控参数偏离给定值的程度。超调量可定义为第一个波的峰值与最终稳态值之差，见图 1-10(b)中的 B，通常采用超调量这个指标来表示被控变量偏离设定值的程度。一般超调量以百分数给出，即

$$\sigma = \frac{y(t_p) - y(\infty)}{y(\infty)} \times 100\% = \frac{B}{y(\infty)} \times 100\%$$

最大偏差或超调量越大，生产过程瞬时偏离设定值就越远。对于某些工艺要求比较高的生产过程，例如存在爆炸极限的化学

反应，就需要限制最大动态偏差的允许值；同时，考虑到扰动会不断出现，偏差有可能是叠加的，这就更需要限制最大动态偏差的允许值。因此，我们必须根据工艺条件确定最大偏差或超调量的允许值。

最大偏差 A 或超调量 σ 是衡量控制系统的重要动态质量指标。

2. 衰减比

衰减比是衡量过渡过程稳定性的一个动态质量指标，它等于振荡过程的第一个波的振幅与第二个波的振幅之比，在图 1-10 中衰减比是 $B:B'$，习惯上表示为 $n:1$。n 越小，意味着控制系统的振荡过程越剧烈，稳定度也越低；$n<1$，过渡过程发散振荡；n 接近于 1 时，控制系统的过渡过程接近于等幅振荡过程；反之 n 越大，则控制系统的稳定度也越高；$n>1$，过渡过程衰减振荡；当 n 趋于无穷大时，控制系统的过渡过程接近于非振荡过程，衰减比究竟多大为合适，没有确切的定论。根据实际操作经验，一般要求 $n=4\sim10$ 为宜。

3. 余差

余差是控制系统过渡过程终了时给定值 x 与被控变量稳态值 $y(\infty)$ 之差，即 $e=x-y(\infty)$，其值可正可负。它是一个静态质量指标。对于图 1-10(a)的定值控制系统的过渡过程，$x=0$，其余差为负的 $y(\infty)$。对于图 1-10(b)的随动控制系统的控制系统的过渡过程，余差为 $e=x-y(\infty)$，$y(\infty)$ 是被控变量 $y(t)$ 的最终值。余差是反应控制准确性的一个重要稳态指标，一般希望余差愈小愈好，或者不超过预定的范围，但并不是所有的控制系统对余差都有很高的要求，如一般储槽的液位控制，对余差的要求就不是很高，而往往允许液位在一定范围内变化。

4. 过渡时间

系统从受到干扰作用发生变化开始，到建立新平衡所需时间即为过渡时间 t_s。严格地讲，对于具有一定衰减比的衰减振荡过渡过程来说，要完全达到新的平衡状态需要无限长的时间。但实际上当被控变量的变化幅度衰减到足够小，一般在稳态值的上下规定一个小的范围，当被控变量进入这一范围并不再越出时，就认为被控变量已经达到新的稳态值，或者说过渡过程已经结束。这个范围一般定为稳态值的±5%（也有的规定为±2%）。过渡时间短，表示控制系统的过渡过程快，即使扰动频繁出现，系统也能适应。显然，过渡时间越短越好，它是反映控制快速性的一个指标。

5. 振荡周期或频率

过渡过程同向两波峰（或波谷）之间的间隔时间叫振荡周期或工作周期，其倒数称为振荡频率。在衰减比相同的条件下，振荡频率与过渡时间成反比，振荡频率越高，过渡时间越短。因此振荡频率也可作为衡量控制快速性的指标，定值控制系统常用振荡频率来衡量控制系统的快慢。

综上所述，过渡过程的品质指标主要有：最大偏差（或超调量）、衰减比、余差、过渡时间等。这些指标在不同的系统中各有其重要性，相互之间既有矛盾，又有联系。高标准地要求同时满足这几项控制指标是很困难的。因此，应根据具体情况分清主次，区别轻重，对那些对生产过程有决定性意义的主要品质指标应优先予以保证。

四、影响控制系统过渡过程品质的主要因素

自动控制系统控制质量的好坏，取决于组成控制系统的各个环节，从前面的讨论中我们知道，一个控制系统可以概括成两大部分，即被控对象和自动化装置。对于一个自动控制系统，过渡过程品质的好坏，在很大程度上决定于对象的性质。例如在前所述的液位控制系统中，负荷的大小，储槽的结构、尺寸、材质等因素。此外，在控制系统运行过程中，影响控制系统过渡过程品质的因素，还与自动化装置，即测量变送装置、控制器和执行器等仪表的性能、控制器的结构形式和控制参数、控制方案的选择等有关。自动化装置的性能一旦发生变化，如阀门失灵、测量失真，也要影响控制质量。自动控制装置应根据被控对象的特性加以适当的选择和调整，才能达到预期的控制质量。如果过程和自动控制装置两者配合不当，或在控制系统运行过程中自动控制装置的性能或被控对象的特性发生变化，都会影响到自动控制系统的控制质量。总之，影响自动控制系统过渡过程品质的因素是很多的，在系统设计和运行过程中都应给予充分注意。

第六节 工艺控制流程图

在工艺流程确定后，工艺人员和自控设计人员应共同研究确定控制方案。控制方案的确定包括流程中各测量点的选择、控制系统的确定及有关自动信号、联锁保护系统的设计等。

一、工艺管道及控制流程图

在控制方案确定后，根据工艺设计给出的流程图按其流程顺序标注出相应的测量点、控制点、控制系统及自动信号与联锁保护系统等，便成了工艺管道及控制流程图。

图 1-11 是乙烯生产过程中脱乙烷塔的工艺管道及控制流程图。为了说明问题方便，对实际的工艺过程及控制方案都做了部

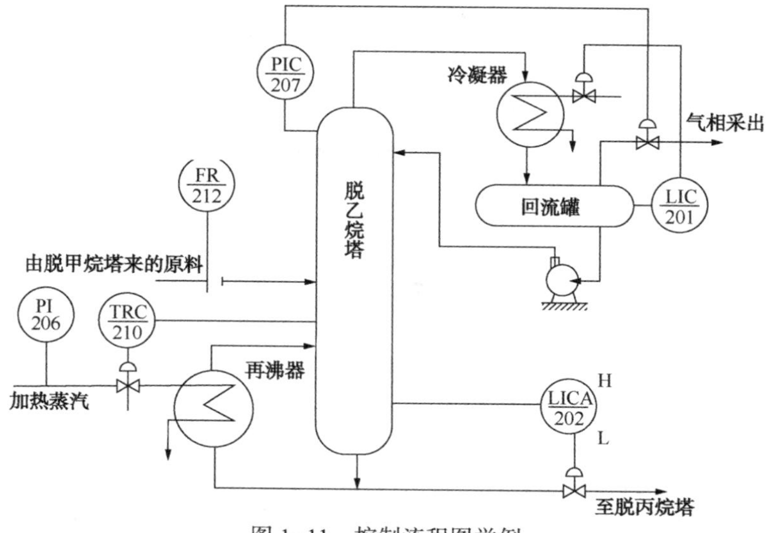

图 1-11 控制流程图举例

分修改。从脱甲烷塔出来的釜液进入脱乙烷塔脱除乙烷。从脱乙烷塔塔顶出来的碳二馏分经塔顶冷凝器冷凝后，部分作为回流，其余则去乙炔加氢反应器进行加氢反应。从脱乙烷塔底出来的釜液部分经再沸器后返回塔底，其余则去脱丙烷塔脱除丙烷。

二、控制流程图中图例符号的规定

在绘制控制流程图时，图中所采用的图例符号要按有关的技术规定进行，本书的规定按原化工部设计标准 HGJ7—87《化工过程检测控制系统设计符号统一规定》。下面结合图 1-11 对其中一些常用的统一规定做简要介绍。

1. 图形符号

(1) 测量点(包括检测元件、取样点)：由工艺设备轮廓线或工艺管线引到仪表圆圈的连接线的起点，一般无特定的图形符号。如图 1-12 所示。

(2) 连接线：用细实线表示。连接线交叉、相接及信号传递方向，如图 1-13 所示。

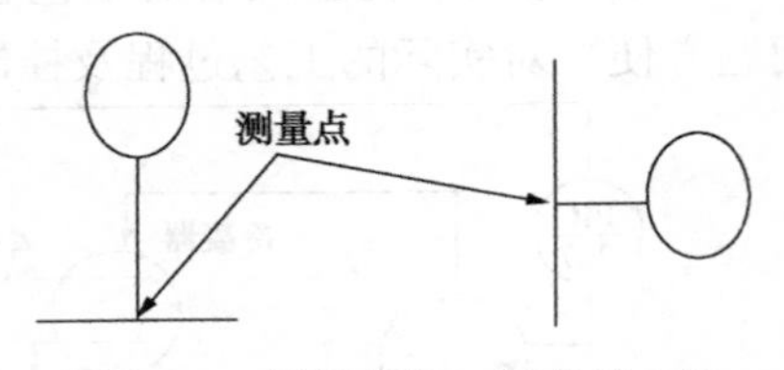

图 1-12　测量点的一般表示方法

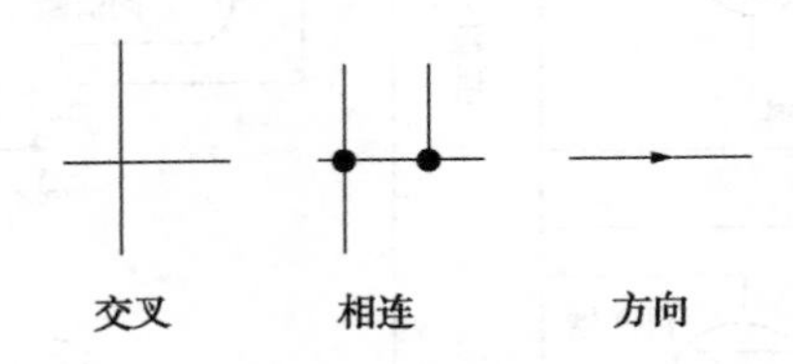

图 1-13　连接线的表示方法

(3) 仪表(包括检测、显示、控制)的图形符号是一个线圆圈，直径约 10mm。仪表安装位置的图形符号如表 1-1 所示。

表 1-1　仪表安装位置的图形符号

序号	安装位置	图形符号	备　注
1	就地安装仪表		
			嵌在管道中
2	集中仪表盘面安装仪表		
3	就地仪表盘面安装仪表		
4	集中仪表盘后安装仪表		
5	就地仪表盘后安装仪表		

对于处理两个或两个以上被测变量，具有相同或不同功能的复式仪表时，可用两个相切的圆或分别用细实线圆与细虚线圆相切表示(测量点在图纸上距离较远或不在同一图纸上)，如图 1-14 所示。

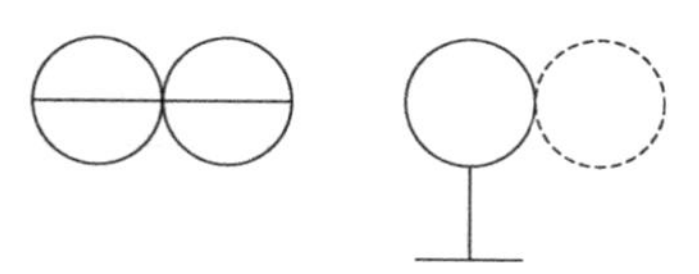

图 1-14　复式仪表的表示法

2. 字母代号

在控制流程图中，表示仪表的小圆圈的上半圆内，一般写有两位(或两位以上)字母，第一位字母表示被测变量，后继字母表示仪表的功能，常用被测变量和仪表功能的字母代号见表 1-2。

表 1-2　被测变量和仪表功能的字母代号

字母	第一位字母		后继字母
	被测变量	修饰词	功　能
A	分析		报警
C	电导率		控制(调节)
D	密度	差	
E	电压		检测元件
F	流量	比(分数)	
I	电流		指示
K	时间或时间程序		自动-手动操作器
L	物位		
M	水分或湿度		
P	压力或真空		
Q	数量或件数	积分、累积	积分、累积
R	放射性		记录或打印
S	速度或频率	安全	开关、联锁
T	温度		传送
V	黏度		阀、挡板、百叶窗
W	力		套管
Y	供选用		继动器或计算器
Z	位置		驱动、执行或未分类的终端执行机构

以图 1-11 的脱乙烷塔控制流程图为例，来说明如何以字母代号的组合来表示被测变量和仪表功能的。塔顶的压力控制系统中的 PIC-207，其中第一位字母 P 表示被测变量为压力，第二位字母 I 表示具有指示功能，第三位字母 C 表示具有控制功能，因此，PIC 的组合就表示一台具有指示功能的压力控制器。该控制系统是通过改变气相采出量来维持塔压稳定的。同样，回流罐液位控制系统中的 LIC-201 是一台具有指示功能的液位控制器，它是通过改变进入冷凝器的冷剂量来维持回流罐中液位稳定的。

在塔的下部的温度控制系统中的TRC-210表示一台具有记录功能的温度控制器，它是通过改变进入再沸器的加热蒸汽量来维持塔底温度恒定的。当一台仪表同时具有指示、记录功能时，只需标注字母代号“R”，不标“I”，所以TRC-210可以同时具有指示、记录功能。同样，在进料管线上的FR-212可以表示同时具有指示、记录功能的流量仪表。在塔底的液位控制系统中的LICA-202代表一台具有指示、报警功能的液位控制器，它是通过改变塔底采出量来维持塔釜液位稳定的。仪表圆圈外标有“H”、“L”字母，表示该仪表同时具有高、低限报警，在塔釜液位过高或过低时，会发出声、光报警信号。

3. 仪表位号

在检测、控制系统中，构成一个回路的每个仪表(或元件)都应有自己的仪表位号。仪表位号由字母代号组合和阿拉伯数字编号两部分组成。阿拉伯数字编号写在圆圈的下半部，其第一位数字表示工段号，后续数字(二位或三位数字)表示仪表序号，通过控制流程图，可以看出其上每台仪表的测量点位置、被测变量、仪表功能、工段号、仪表序号、安装位置等信息。例如图1-11中的PI-206表示测量点在加热蒸汽管线上的蒸汽压力指示仪表，该仪表为就地安装，工段号为2，仪表序号为06。

自动控制系统方框图与控制流程图到底有哪些区别呢？自动控制系统方框图中方块与方块之间的连接线只是代表方块之间的信号联系，并不代表方块之间的物料联系；方块之间的连接线箭头也只是代表信号作用的方向。而控制流程图工艺流程图上的物料线是代表物料从一个设备进入另一个设备，方块与方块之间的连接线代表了方块之间的物料联系。

第二章　检测仪表与传感器

第一节　概　　述

在工业生产中，为了正确地引导生产操作，保证安全生产、产品质量和实现生产过程的自动化，一项不可缺少的工作就是准确而及时地检测出生产过程中各个有关参数。反映工艺介质及装置设备的运行状况的参数如流量、温度、压力、转速、振动等都由仪表进行自动检测、显示、控制和保护联锁；没有检测仪表及自动控制系统，整个装置将无法运转。因此，仪表性能及工作状况的好坏，直接关系到工艺介质及装置设备的正常运行，甚至影响到生产的安全和经济效益。

例如，图 2-1 是利用蒸汽来加热冷物料的热交换器。冷液经加热后的温度是否达到工艺要求，就需要用测温元件热电偶或热电阻配上显示仪表来进行测量、指示和记录；冷液的流量可以用流量计进行检测；蒸汽压力可用压力表来指示，这些测量温度、流量、压力参数的仪表就称检测仪表。

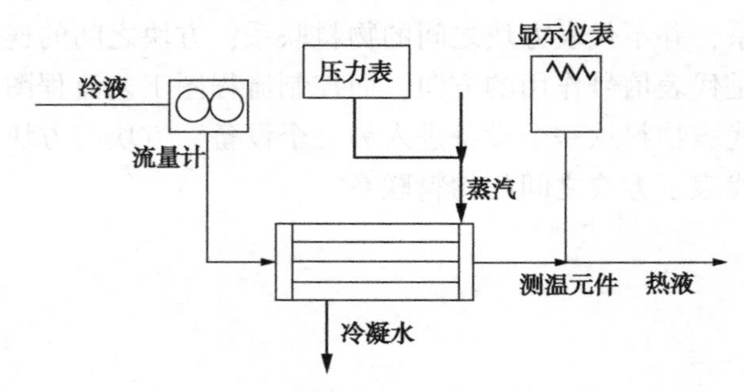

图 2-1　热交换器自动检测系统示意图

检测仪表由检测元件、变换放大、显示装置三部分组成，也可以是其中两部分。检测元件又叫敏感元件，生产现场将检测元件称为一次仪表；它直接接受工艺被测参数，并将其转换为与之对应的输出信号，这些信号可以是电压、电流、位移、电阻、频率、气压等类型的信号。由于检测元件的输出信号种类较多，一般都需要经过变送器转换成相应的标准统一信号(如电动变送器的输出信号为4～20mA DC或气动变送器的输出信号为20～100kPa)，以供指示、记录或控制。变送器和显示装置也称为二次仪表。有时将检测元件、变送器及显示装置统称为检测仪表。本章主要介绍有关压力、流量、物位、温度、成分等参数的检测方法，所用检测仪表的测量原理及结构、正确的使用安装维护、常见故障原因判断及排除方法。

一、检测过程及误差

1. 检测过程

检测仪表种类繁多，针对生产过程中不同的参数、工作条件、功能要求，相应的检测方法及仪表的结构原理各不相同。即使对同一参数，也有不同的检测方法。但从检测过程的本质看，检测过程就是测量过程，就是将被测参数变换、放大，然后与测量单位进行比较的过程。而检测仪表就是实现这种比较的工具。

在检测过程中，由于使用的检测工具本身不一定很准确，或者由于检测者的主观性及周围环境的影响等因素，使从检测仪表获得的被测值与被测变量真实值之间存在一定的差距，这一差距称为测量误差。

2. 测量误差的表示

(1) 绝对误差　绝对误差也称示值误差，是指仪表指示值 x 和被测值的真值 x_i 之间的差值，表示为

$$\Delta = x - x_i \tag{2-1}$$

真值是指被测物理量客观存在的真实数值，但无法真正得到，实际计算时，用精确度较高的标准表所测得的标准值或取多次测量的算术平均值代替真值。仪表在其标尺范围内各点读数的

绝对误差中数值最大的绝对误差称为最大绝对误差。

(2) 相对误差　相对误差为某一点的绝对误差与标准表在这一点的指示值之比，表示为

$$相对误差 = \frac{绝对误差}{真值} \times 100\% = \frac{x - x_i}{x_i} \times 100\% \qquad (2\text{-}2)$$

(3) 基本误差　基本误差又称引用误差或相对百分误差，是仪表在规定条件下(如规定了温度、湿度、电源电压等)测量时，允许出现的最大误差，数值等于最大绝对误差与测量仪表的量程之比，即

$$基本误差 = \frac{最大绝对误差}{仪表量程} \times 100\% \qquad (2\text{-}3)$$

式(2-3)中的仪表量程为仪表测量上限与测量下限之差。基本误差应不超过仪表的允许误差，而允许误差是根据仪表的使用要求，在仪表出厂时规定的一个允许最大误差值。如某台仪表的精度等级为1.5级，则该仪表的允许误差为±1.5%。

二、检测仪表的基本性能指标

判断一台检测仪表测量的参数准确与否，通常可以用以下的技术指标来衡量。

1. 精度和精度等级

精度也称精确度，工业上精度常用基本误差来表示，仪表的基本误差越大，表示该仪表的精度越低，反之，仪表的基本误差越小，仪表的精度就越高。

将仪表的基本误差规范化就形成仪表的精度等级。即允许误差去掉“±”和“%”，就是仪表的精度等级。如某台仪表的允许误差为±1.5%，则该仪表的精度等级为1.5级。目前按照国家统一规定所划分的仪表精度等级有0.005，0.01，0.02，0.04，0.05，0.1，0.2，0.4，0.5，1.0，1.5，2.5，4.0等。精度等级数值越小，表征该仪表的精确度等级越高，也说明该仪表的精确度越高。精度等级一般用一定的符号形式表示在仪表面板上，例如：(1.5)、△0.5……。精度等级数值在0.05以下的

仪表通常作为标准表，工业上使用的仪表精度等级数值一般不小于0.5级。

2. 变差

在外界条件不变的情况下，使用同一仪表对被测变量在全量程范围内进行正反行程测量时，即被测参数逐渐由小到大和逐渐由大到小，对应于同一测量值所获得的仪表读数之间的差值，如图2-2所示。变差的大小用正反行程间仪表输出的最大误差 Δ_{max} 和仪表量程之比的百分数表示，即

$$变差 = \frac{\Delta_{max}}{量程} \times 100\% \tag{2-4}$$

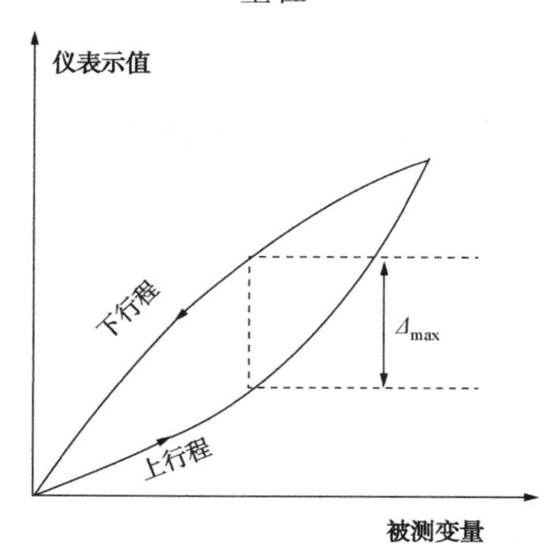

图2-2　检测仪表变差

造成仪表变差的原因很多，如传动机构的间隙、运动部件的摩擦，弹性元件的弹性滞后等。仪表机械传动部件越少，变差就越小。在仪表使用过程中，要求仪表的变差不能超过仪表的允许误差。

3. 灵敏度、不灵敏区

灵敏度是检测仪表对被测量变化的灵敏程度。表示为仪表输出变化量 Δy 与输入变化量 Δx 之比，即

$$灵敏度 = \frac{\Delta y}{\Delta x} \tag{2-5}$$

对于模拟仪表而言，Δy 指仪表指针的角位移或线位移。

不灵敏区指不引起仪表输出变化的最大输入变化量。不灵敏区与变差数值相等，校验时可代替变差。

三、检测仪表的分类

检测仪表分类方法很多，常用的方法有如下几种。

1. 按照检测的工艺参数类型分类

根据工艺要求检测的参数不同，可以将检测仪表分为压力检测仪表、物位检测仪表、流量检测仪表、温度检测仪表及成分分析仪表等。

2. 按仪表所使用的能源分类

可分为气动仪表、电动仪表、液动仪表。

3. 按仪表组合方式分类

可分为基地式仪表、单元组合仪表和综合控制装置。

4. 按仪表安装形式分类

可分为现场仪表、盘装仪表、架装仪表。

5. 按是否带微处理器分类

可分为智能仪表和非智能仪表。

6. 按仪表信号形式分类

可分为模拟仪表和数字仪表。

本章将根据检测的工艺参数类型的不同，分别对压力检测仪表、物位检测仪表、流量检测仪表、温度检测仪表及成分分析仪表进行介绍。

第二节　压力检测仪表

在化工、炼油等生产过程中，经常会遇到压力和真空度的测量，许多生产过程都是在一定的压力条件下进行的。如高压聚乙烯要求将压力控制在 150MPa 以上，而减压蒸馏则要在比大气压力低很多的真空下进行。为保证生产正常运行，必须对压力进行监测和控制。此外，通过压力测量，还可以间接地测量其他物理量，如温度、流量、物位等。因此，压力是生产过程中重要的工艺参数，压力测量在自动化生产中具有特殊的地位。

一、压力的检测方法

工业生产中，压力实际上是物理概念中的压强，就是指介质均匀垂直作用于单位面积上的力。用 p 表示，即

$$p=\frac{F}{S} \tag{2-6}$$

式中，F 表示垂直作用力，单位用牛顿(N)；S 表示受力面积，单位用平方米(m^2)，压力的单位为帕斯卡，简称帕(Pa)。$1Pa=1N/m^2=10^{-3}kPa=10^{-6}MPa$。

目前，帕斯卡规定为法定计量单位，但其他一些压力单位还在使用，它们之间的转换关系如表 2-1 所示。

表 2-1　压力单位换算表

压力单位	帕 Pa	工程大气压 kgf/cm^2	物理大气压 atm	毫米汞柱 mmHg	毫米水柱 mmH_2O	巴 bar
帕 Pa	1	1.01197×10^{-5}	9.869×10^{-6}	7.501×10^{-3}	1.0197×10^{-1}	1×10^{-5}
工程大气压 kgf/cm^2	9.807×10^{4}	1	0.96778	735.6	1×10^{4}	0.9807
物理大气压 atm	1.0133×10^{5}	1.0332	1	760	1.033×10^{4}	1.0133
毫米汞柱 mmHg	1.3332×10^{2}	1.3595×10^{-3}	1.3158×10^{-3}	1	13.595	1.3332×10^{-3}
毫米水柱 mmH_2O	9.806	1×10^{-4}	0.9678×10^{-4}	0.07355	1	0.9806×10^{-4}
巴 bar	1×10^{5}	1.0197	0.9869	750.1	1.0197×10^{4}	1

在压力测量中，压力的表示方法有表压、绝对压力、负压或真空度之分。其关系如图 2-3 所示。

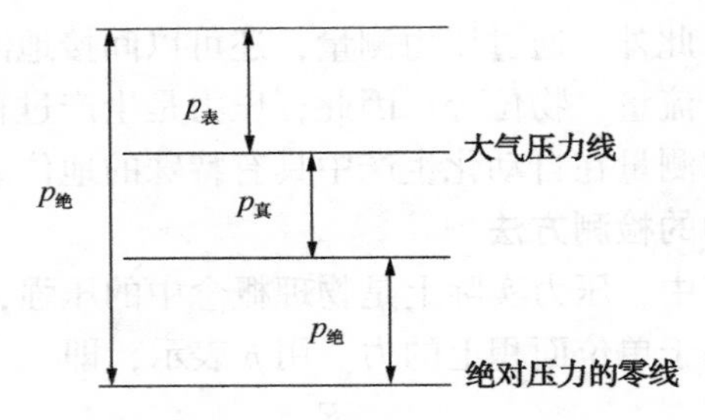

图 2-3 绝对压力、表压、负压(真空度)的关系

绝对压力是相对绝对零线所测的压力。大气压是地球表面上的空气质量所产生的压力。工程上称的压力是绝对压力与当地大气压之差，即表压，可表示为

$$p_{表压}=p_{绝对压力}-p_{大气压力} \tag{2-7}$$

当被测压力低于大气压力时，一般用负压或真空度来表示，即

$$p_{真空度}=p_{大气压力}-p_{绝对压力} \tag{2-8}$$

压力的检测方法多种多样，通常采用的有弹性变形法、电测压和重力平衡法。

1. 弹性变形法

当被测压力作用于弹性元件时，弹性元件便产生相应的形变，根据形变的大小便可测出压力的大小。常用的弹性元件有三类：如弹簧管式、波纹管式及薄膜式压力计等。

2. 电测压

电测法测量压力是通过转换元件直接把被测压力转换成电信号。可以通过某些机械和电气的元件来实现这一转换，如电磁式、电压式、电容式、电感式和电阻应变式等。

3. 重力平衡法

主要有液柱式和活塞式。液柱式是根据流体静力学原理，将被测压力转换成液柱高度进行测量；按其结构形式的不同，有U形管、单管、斜管压力计等。这类压力计结构简单、使用方便，其精度受工作液的毛细管作用、密度及视差等因素的影

响，测量范围较窄，可用来测量较低压力、真空度或压力差。一般用于实验室。活塞式将被测压力转换为活塞上所加的平衡砝码质量来进行测量。测量精度很高，允许误差可达 0.05%~0.02%，但结构复杂，价格较贵，一般作为标准表来检验其他类型的压力计。

二、弹性式压力计

利用各种形式的弹性元件，在被测介质压力的作用下，使弹性元件受压后产生弹性变形的原理而制成的测压仪表。具有结构简单、使用可靠、读数清晰、牢固可靠、价格低廉、测量范围宽以及有足够的精度等优点。可用来测量几百帕到数千兆帕范围内的压力。

1. 弹性元件

弹性元件是一种简易可靠的测压敏感元件。当测压范围不同时，所用的弹性元件也不一样。常见的几种弹性元件的结构如图 2-4 所示。

波纹管式弹性元件如图 2-4(e)所示，薄膜式弹性元件如图 2-4(c)和图 2-4(d)所示，多用于微压和低压测量。弹簧管式弹性元件有单圈[图 2-4(a)]和多圈[图 2-4(b)]弹簧管之分，可用于高、中、低压和真空度的测量，单圈弹簧管自由端位移较小，故测压范围较宽，在工业上应用最广泛。

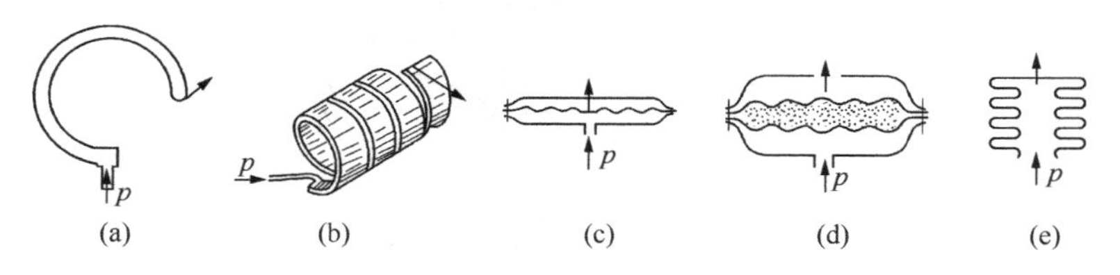

图 2-4　弹性元件示意图

2. 弹簧管式压力表

目前大多采用弹簧管作为弹性元件来测压，由于弹簧管受压后其形变位移和受力的大小具有比例关系，因此弹簧管式压力表已经成为工业生产中应用最广泛的一种测压仪表，具有结构简单、使用方便、价格便宜、测量范围宽、用途广泛的特点。弹簧管压力表属于就地指示型压力表，就地显示压力的大小，不具有远程传送显示、调节的功能。

（1）弹簧管的测压原理　弹簧管是弯成圆弧形的空心管子，其截面积呈扁圆形或椭圆形。被测压力由弹簧管的固定端引入，由于椭圆形截面积在压力作用下会趋向圆形，因此弹簧管的自由端就产生一定的位移，位移量的大小与被测压力之间具有线性关系。由于弹簧管输出的位移很小，因此一般都选用各种杠杆式或齿轮式的传动放大机构，把微小位移放大并转换成角位移并通过指针显示出压力的大小。

（2）弹簧管压力表的结构　弹簧管式压力表的结构如图 2-5 所示。弹簧管式压力表主要由弹簧管、传送放大机构、显示装置组成。

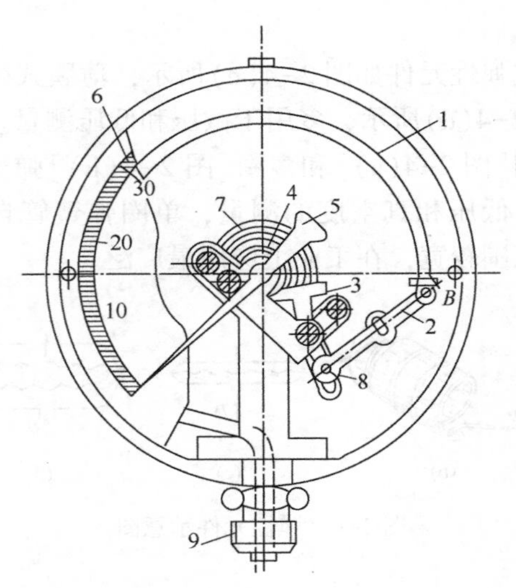

图 2-5　弹簧压力表

1—弹簧管；2—拉杆；3—扇形齿轮；4—中心齿轮；5—指针；6—面板；7—游丝；8—调整螺丝；9—接头

① 弹簧管　弹簧管作为敏感元件，是一根弯成270°圆弧、截面为椭圆形的空心金属管子，管子的自由端B封闭，另一端固定在接头9上。

② 传送放大机构　当压力p增加时，自由端B产生的位移经过二级放大，第一级放大是自由端B的位移通过拉杆2使扇形齿轮3作逆时针偏转；第二级放大是指针5通过同轴的中心齿轮4的带动作顺时针偏转，在面板6的刻度标尺上显示出被测压力p的数值。游丝7用来克服因扇形齿轮与中心齿轮间的传动间隙而产生的仪表变差。改变调整螺钉8的位置，可调整仪表的量程。

③ 显示装置　包括指针、刻度盘(0°~270°)。由于弹簧管自由端的位移与被测压力之间是正比关系，故刻度盘具有线性刻度。

按用途的不同，弹簧管压力表有普通压力表、耐震压力表、隔膜压力表和电接点压力表之分。普通压力表适用于测量无爆炸，不结晶，不凝固，对铜和铜合金无腐蚀作用的液体、气体或蒸汽的压力。隔膜压力表采用间接测量结构，适用于测量黏度大、易结晶、腐蚀性大、温度较高的液体、气体或颗粒状固体介质的压力。隔离膜片有多种材料，以适应各种不同腐蚀性介质。电接点压力表可实现压力的远传、报警等功能。

三、压力变送器

1. 压力变送器构成

压力表只能就地显示压力，但在生产中，我们还需要将压力转换成气动信号或电动信号进行控制和远传，把压力转换成气动信号或电动信号的设备就是压力变送器。压力变送器分为气动压力变送器和电动压力变送器。电动压力变送器是一种将压力转换成电信号并进行远距离传输及显示的仪表，它能够满足自动化系统集中检测显示和控制的要求。一般由压力传感器、测量线路和过程连接件三部分构成，如图2-6所示。传感元件感受压力变化，并将其转换成便于检测的物理量(如位移、电阻、电容等)，再由测量电路转换成电流或电压信号，传感元件和测量电路构成压力传感器。测量线路包含补偿电路、放大转换电路等。压力变送器能将测压元件传感器感受到的气体、液体等物理压力参数转变成标准的电信号(如4~20mA DC等)，以供给指示报警仪、记录仪、调节器等二次仪表进行测量、指示和过程控制。下面以1151系列电容式压力变送器为例详细叙述电动压力变送器的结构原理及性能。

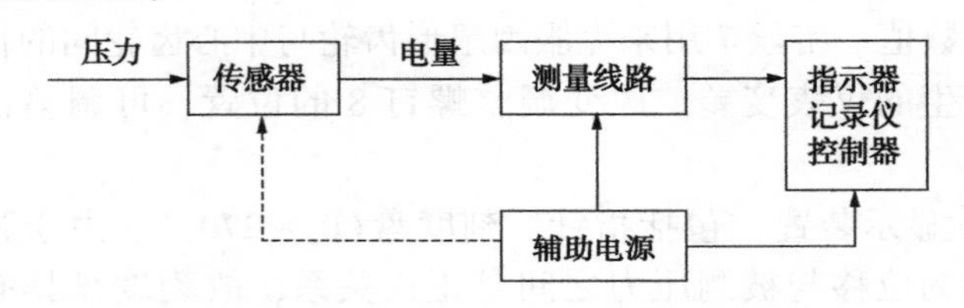

图2-6 电气式压力变送器组成方框图

2. 1151系列电容式压力(差压)变送器

电容式压力(差压)变送器由测量和转换两部分构成。测量部分将被测压力(差压)转换为电容的变化量，转换部分将电容的变化量转换成标准电流输出。

(1) 结构原理 电容式压力(差压)变送器测量部分的结构如图2-7所示。中心感应膜片1作为可动电极，与固定电极2构成两个差动电容 C_1、C_2。当隔离膜片4两边的压力 p_1、p_2 相等时，膜片处在中间位置与左、右固定电容间距相等，因此两个电容相等，电容的变化量为零；当被测压力作用于隔离膜片使 $p_1 > p_2$ 时，膜片弯向 p_2，那么两个电容量一个增大、一个减小，间距增加的电容量减小，间距减少的电容量增加，此时电容变化量不为零；通过引出线将两个差动电容引出，测出电容的变化量，就可以知道被测压力(差压)的大小。当压差反向时，差动电容变化量也反向。

(2) 主要性能 1151系列分A、B、E、G四种型号。其中A、B型为测量绝对压力，E、G型为测量相对压力。A、E型输

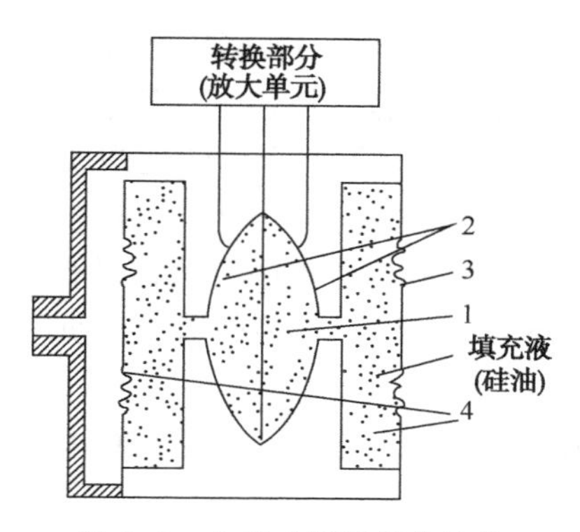

图 2-7　电容式测量部分结构

1—中心感应膜片(可动电极)；2—固定电极；3—测量侧；4—隔离膜片

出范围为 4～20mA DC，B、G 型输出范围为 10～50mA DC。性能指标包括精度、线性度、变差、重复性误差和稳定性在内，误差为刻度范围的+0. 25%。1151 系列压力变送器采用两线制串联工作方式，与其他仪表连接如图 2-8 所示。

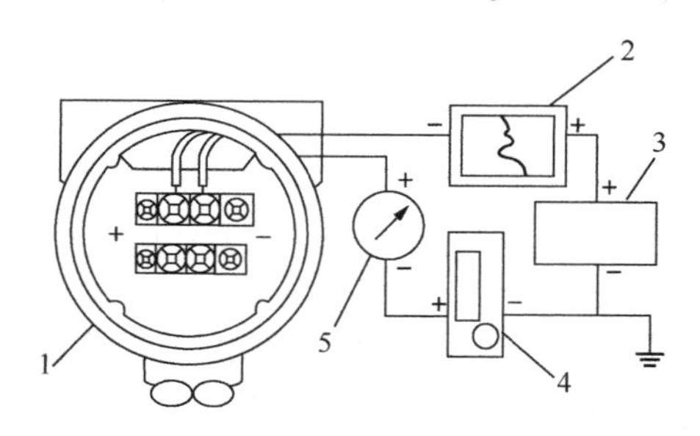

图 2-8　1151 压力变送器电气接线图

1—1151 压力变送器；2—记录仪；3—电源；4—调节器；5—指示器

电容式压力(差压)变送器具有结构简单、体积小、抗腐蚀、耐震性好、过压能力强、性能稳定可靠、精度较高、动态性能好、电容相对变化大、灵敏度高等优点，在工业中已得到广泛应用。

(3) 智能压力变送器　智能压力变送器是在传统变送器的基

础上增加微处理器电路而形成的智能压力检测仪表。除检测功能外智能压力变送器还具有静压补偿、计算、显示、报警、控制、诊断等功能，与智能式执行器配合可就地构成控制回路，实现现场总线控制。特点是精度高(0.1级)、量程范围宽(100∶1)，可以通过手持通信器编制各种程序，远程进行零点量程的调整，还有自修正、自补偿、自诊断等多种功能，使用维护方便，可直接与计算机通信。

图2-9是美国罗斯蒙特公司生产的3051C型智能型两线制差压变送器。

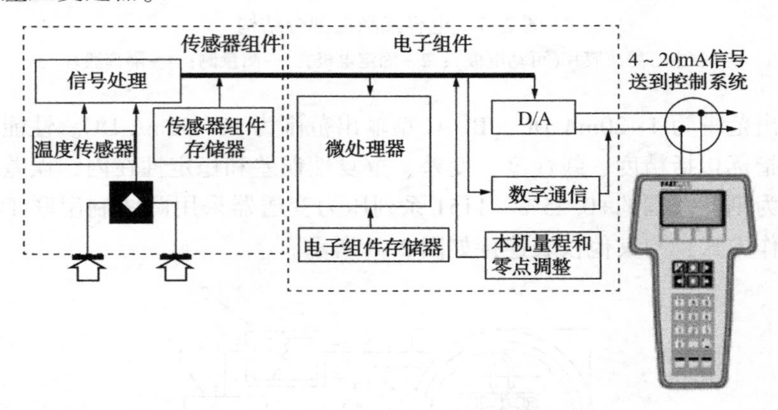

图2-9　3051C HART变送器原理框图

3051C型智能型变送器采用差动电容传感器，测量信号经A/D转换后送微处理器，微处理器完成传感器的线性化、温度补偿、数字通信、自诊断等功能，它输出符合HART协议的数字信号与经D/A转换输出的4～20mA DC信号叠加后，送到控制器或上位机。通信电路输出频移键控(FSK)信号，同时对模拟信号进行监测，实现二进制数字信号与FSK之间的转换。手操器可进行参数设定，量程、零点调整，输入输出信号及单位选择，阻尼时间常数设定，自诊断等操作。

手操器自身带有键盘及液晶显示器，可以接在现场变送器的信号端子上，就地设定和检测，也可以在远离现场的控制室中，接在某个变送器的信号线上进行远程设定和检测，如图 2-10 所示。

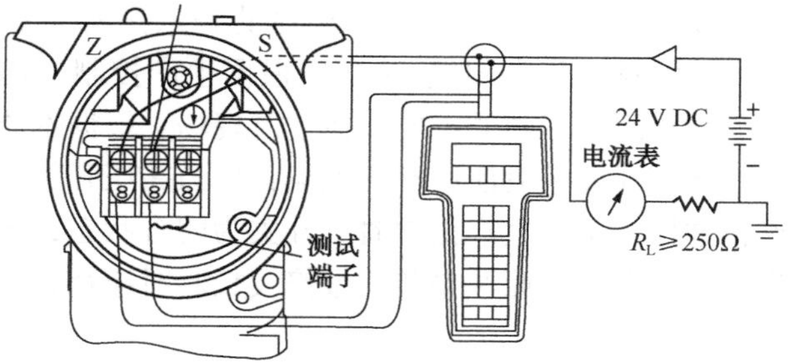

图 2-10　手操器的连接示意图

四、压力开关

1. 工作原理

压力开关是一种借助弹性元件受压后产生位移以驱动微动开关工作的压力检测仪表。通常应用于报警或联锁保护系统中。压力开关检测压力的变化，利用弹性元件的自由端由于受压产生形变位移，直接或经过比较后推动开关元件，改变开关元件的通断状态，达到控制被测压力的目的。

2. 结构类型

压力开关采用的弹性元件有单圈弹簧管、膜片、膜盒及波纹管等；开关元件有磁性开关、水银开关、微动开关；开关形式有常开式和常闭式两种。

压力开关的分类方法很多，按结构原理进行分类，压力开关有机械式和电子式两类，电子式压力开关是市场上这几年比较流行的类型。普通机械式压力开关外形及结构如图 2-11 所示。按接触介质分类，压力开关可分为本安型和隔爆型，隔爆压力开关需通过 UL、CSA、CE 等国际认证；按报警压力的高低来分，压力开关分为高压开关和低压开关两种类型，高压开关是当压力升高至设定压力时，开关动作；低压开关是压力降低至设定压力时，开关动作。压力开关的输出信号是一个开关量，因此，压力开关的输出信号常用来作为报警关停信号。大多数压力开关都提供两组触点：常开点(NO)和常闭点(NC)。在压力开关不受压(放空)的情况下，与公共端(C)不相通的触点是常开点(NO)，与公共端相通的触点是常闭点(NC)，根据生产控制的需要，可以将不同的触点用于不同的需要。在生产现场，根据本质安全的原则，压力低压开关一般使用常开触点，压力高压开关一般使用常闭触点，这样，工艺生产正常时，开关为闭合状态，异常报警时开关为断开状态，因此在安装、维修及校验时应特别注意高低开关的使用触点。

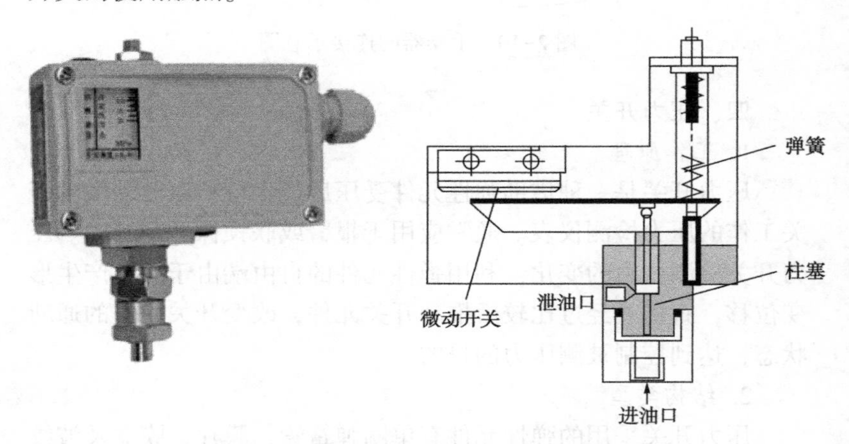

图 2-11　压力开关外形及结构原理图

3. 压力开关的安装及日常维护

(1) 压力开关的安装

① 根据工况要求，核对型号，规格，量程，接头和接口规格以及防爆等级。

② 对周围环境的要求，温度-40~70℃，湿度不大于85%，振动以及压力波动时要求仪表能可靠工作。

③ 仪表安装力求反应该点的被测压力。

④ 安装和拆卸时，用扳手夹持传感器六角体，不能让开关壳体与传感器壳体移位。

(2) 压力开关的日常维护

① 检查压力开关是否有腐蚀，过程连接是否渗漏。

② 指示是否正确，有没有松动。

③ 接线是否牢固，电缆进线密封是否完好。

④ 标识是否齐全，保温是否到位。

(3) 压力开关的校验

① 准备好必要的工具：标准压力计、压力发生器，将压力开关与标准压力计、压力发生器进行正确连接。

② 调节压力使压力在检验点上来回变化，检验触点的上切换值或下切换值，是否在校验点上，是否符合技术指标要求。

压力开关都有设定点，校验压力开关时，用压力发生器给压力开关提供标准压力，改变压力的大小，观察压力开关动作时压力发生器所提供的标准压力是否与压力开关的设定点一致。现场校验压力开关时，要预先通知中控室，对一些关停信号进行旁通；校验高压开关或高高压力开关时，逐渐升高压力观察压力开关的动作值，如果与设定点不一致，需要调整调节机构，直到开关在设定点动作为止，然后降低压力，观察开关的复位值；校验低压开关或低低压力开关时，先给开关打压到压力开关复位，然后逐渐降低压力观察压力开关的动作值。当压力开关动作后，再升高压力，当压力开关再次动作时的标准压力就是压力开关的复位值。

③ 进行不少于 3 次复现性检查。

④ 每次检验结果均应符合技术要求，不合要求的要修理或调整。

⑤ 填写压力开关校验结果报告。

(4) 压力开关的故障排除步骤

① 根据故障现象，确认故障内容。

② 准备好备件、工具，现场办理好工作许可，穿戴好合适的个人防护用品，通知生产人员。

③ 拆卸压力开关时，先由生产人员卸压、排空，达到要求，才可拆卸。

④ 能修理尽量修理好，修理好并测试合格后才能使用。

⑤ 更换压力开关，须拆线时，必须断电并做好标识及记录，换上的开关触头容量大于额定值，压力量程及设定值要达到工艺要求。

⑥ 接线时，电缆入口压紧螺母螺紧。

⑦ 检修结束，清理现场，通知生产人员调试，检查合格，回签工作许可。

⑧ 填写压力开关维修记录。

五、压力检测仪表的选用及安装

1. 压力表的选用

压力表的选用应根据工艺生产过程对压力测量的要求，结合其他各方面的情况，加以全面的考虑和具体的分析，一般考虑以下几个问题。

(1) 仪表类型的选用

仪表类型的选用必须满足工艺生产要求，根据被测介质的物理化学性能、现场环境条件等综合考虑。例如是否需要远传、记录和报警，特殊介质(如腐蚀性、高低温度、高黏度、脏污程度、易燃易爆性能等)、安装位置(如电磁场、震动、现场条件等)对仪表提出的特殊要求。总之，正确选用仪表类型是保证仪表正常工作及安全生产的重要前提。

例如普通压力表的弹簧管，当压力 $p \geqslant 19.6$MPa 时，多选用合金钢或不锈钢的材料；当压力 $p < 19.6$MPa 时，可选用磷青铜或黄铜的材料。所测流体种类不同，所用弹簧管的材料也不同。如测量氨气压力表的弹簧管用不锈钢，不允许采用铜合金。因为氨气对铜的腐蚀性极强，使用普通压力表很容易被损坏。

为保证连接处严密不漏，安装时，应根据压力的特点和介质的性质加装密封垫片。但测量氧气时，垫片上严禁沾有油脂或使用有机化合物垫片，以免发生爆炸；测量乙炔时禁止使用铜垫片。

（2）测量范围的确定

应根据生产中被测压力的大小确定压力表的测量范围。在进行压力测量时，为了保证压力表的测量精确度，延长仪表的使用寿命，避免弹性元件因受力过大而损坏，压力表的上限应该高于工艺生产中可能出现的最大压力值。根据《自动化仪表选型设计规定》(HG/T 20507—2000)，在测量稳定的压力时，压力表的正常压力为量程的1/3~2/3，最高不能超过量程的3/4。在测量脉动的压力时，压力表的正常压力为量程的1/3~1/2，最高不能超过量程的2/3。在测量高压压力时，压力表的正常压力最高不能超过量程的3/5。

根据被测压力的最大值和最小值计算出压力表的上、下限后，还不能以此数值作为压力表的测量范围。只有按照有关标准进行圆整，选取系列值中的数值作为压力表的量程。

（3）精度等级的选取

根据工艺生产上所允许的最大测量误差来确定。在满足生产要求的情况下，尽可能选用精度较低，价廉耐用的压力表。

2. 压力计的安装

（1）测压点的选择

① 所选择的测压点，应该能反映被测压力的真实情况，要选择在直线段，避开弯管、分叉、死角的地方。

② 取压点与流动方向垂直，连接处无毛刺。

③ 测液体时，取压点在管道下半部，如图 2-12(a)所示，使导压管内不积存气体。测气体时，取压点在管道上半部，如图 2-12(b)所示，使导压管内不积存液体。

（2）导压管铺设

① 原则上导压管的长度和直径大小对压力信号的传递并无影响，但会影响系统的动态特性，所以一般要求导压管的长度为

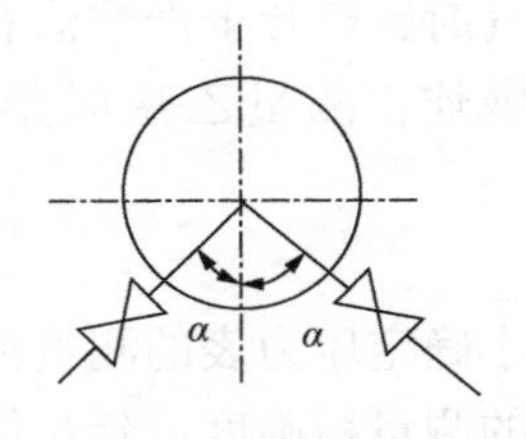

(a) 介质为液体$\alpha<45°$

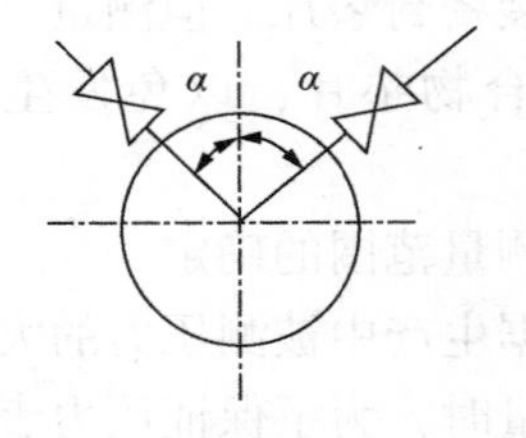

(b) 介质为气体$\alpha<45°$

图 2-12　取压口位置

3~50m，内径为 6~10mm。

② 在取压口与压力表之间，靠近取压口的位置应安装切断阀。

③ 介质易冷凝和冻结时必须加保温伴热管线。

(3)压力表的安装

① 安装地点要便于观察、检修。

② 避开高温。

③ 测量液体压力时，如果压力表位于生产设备之下，仪表指示值会比实际值高，这时应对仪表读数进行修正。

④ 测量特殊介质(高温、腐蚀、黏性)时，应采取相应措施。测量蒸汽压力时，应加装凝液管，以防止高温蒸汽直接与测压元件接触，如图 2-13(a)所示。测量腐蚀性介质时，应加装充有中性介质的隔离罐，如图 2-13(b)所示。

六、压力表投用、停用的注意事项

① 压力表投用时，有放空阀门的应先检查放空阀门是否关闭。

② 压力表的一次阀门应该缓慢开启，并观察放空阀和压力表接头有无泄漏，若有泄漏，应立即关闭一次阀门，处理漏点。

③ 压力表一次阀门不要开启太大，只要压力表指示正常即可。

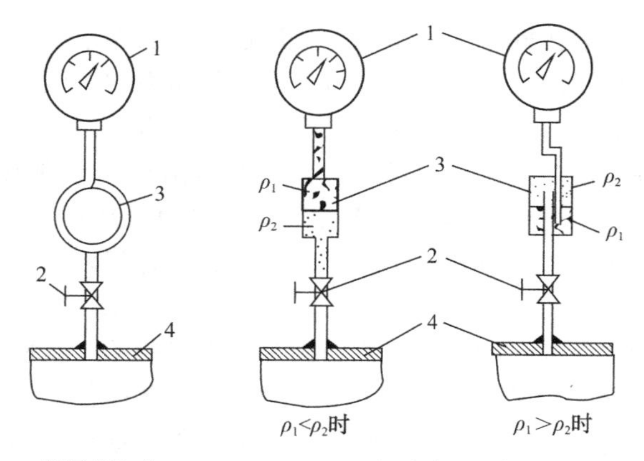

(a) 测量蒸汽时　　(b) 测量有腐蚀性介质时

图 2-13　压力计安装示意图

1—压力计；2—切断阀门；3—凝液管；4—取压容器

④ 高压压力表有两道一次阀门，投用时，两道阀门应交替开启。一般情况，离工艺管道或设备近的为第一道阀门，远的为第二道阀门。投用时，应先将第二道阀门开启 1/6 扣，再将第一道阀门开启 1/6 扣，确认放空阀和压力表接头无泄漏，如此交替打开两道阀门，直到仪表指示正常，若有泄漏，应立即关闭一次阀门，处理漏点。

⑤ 压力表停用时，关闭一次阀门(高压压力表关闭两道一次阀门)即可。

⑥ 压力表拆换时，确认一次阀门已经关闭后，等到一次阀后介质冷却，缓慢泄压，确认无内漏、无憋压后将放空阀开至最大，拆下压力表。

七、压力检测仪表的故障及排除

仪表出现故障现象是化工生产过程中经常遇到的事情。由于检测过程中出现的故障现象比较复杂，正确判断、及时处理仪表故障，不但直接关系到化工生产的安全与稳定、涉及到化工产品的质量和消耗，而且也最能反映操作人员实际工作能力和业务水平。由于化工生产操作管道化、流程化、全封闭的特点，工艺操作与检测仪表休戚相关，工艺人员通过检测仪表显示的各类工艺参数，例如反应温度、物料流量、容器的压力和液位、原料的成分等来判断工艺生产是否正常，产品质量是否合格，根据仪表指示进行提量或减产，甚至停车；仪表指示出现异常现象（指示偏高、偏低、不变化、不稳定等）其本身包含两种因素：一是工艺因素，仪表真实地反映出工艺异常情况；二是仪表因素，由于仪表（测量系统）某一环节故障出现工艺参数误指示。如果这两种因素混淆在一起，很难马上判断出来。有经验的工艺操作人员往往首先判断是否是工艺原因。一个熟练的工艺操作人员除了对工艺介质的特性、化工设备的特性应掌握以外，如果还熟悉仪表工作原理、结构、性能特点，熟悉测量系统中每一个环节，就能拓宽思路，在生产过程出现异常的情况下，快速准确地分析和判断故障现象，并加以排除，提高应急处理故障的能力。

1. 压力检测故障判断

压力控制仪表系统故障分析步骤如下：

① 压力控制系统仪表指示出现快速振荡波动时，首先检查工艺操作有无变化，这种变化多半是工艺操作和控制器 PID 控制参数整定不合适造成。

② 压力控制系统仪表指示出现死线，工艺操作变化了压力指示还是不变化，一般故障出现在压力测量系统中，首先检查测量引压导管系统是否有堵的现象，否则，检查压力变送器输出系统有无变化，有变化时，说明控制器测量指示系统有故障。具体的故障部位要根据压力检测仪表的类型进行分析。

2. 压力表常见故障及排除

压力表是压力检测仪表中最简单实用方便的一种仪表类型，快速准确地掌握其故障并予以有效排除，在压力测量中起着举足轻重的作用，下面是弹簧管压力表的常见故障及排除方法。

(1) 指针不在零位，在表盘某一刻度上

给压力表加压，发现其压力值从某一刻度开始成比例地变化，产生这种现象的原因主要是压力表通常用在振动比较大的场所，或压力表不小心受到摔碰，使压力表在回零过程中，扇形齿轮和中心轴之间瞬间不啮合造成的，排除这种故障的方法是取下指针，重新定针。

（2）增加压力，弹簧管压力表的示值逐渐地增大或减小

上述误差叫线性误差，产生的主要原因是传动比发生了变化，只要移动调整螺钉的位置，改变传动比，就可以将误差调整到允许的范围之内。当被检表误差为正值，并随压力的增加而逐渐增大时，将调整螺钉向外移，降低传动比；当被检表的误差为负值，并随压力的增大而逐渐减小时，将调整螺钉向内移，增大传动比。

（3）非线性误差

压力表的示值误差随着压力的增大不成比例的变化，这种误差叫非线性误差。产生这种现象的原因主要是压力表经过长期使用，各部件之间的配合发生了改变，排除这种故障的方法是改变扇形齿轮和拉杆的夹角，会遇到下面两种情况：

① 指针在前半程走得快，在后半程走得慢，调小拉杆与扇形齿轮的夹角。

② 指针在前半程走得慢，在后半程走得快，调大拉杆与扇形齿轮的夹角。

拉杆与扇形齿轮夹角的调整可以通过转动机芯来达到。具体做法是：旋松底板固定螺丝，转动机芯至合适位置，然后旋紧底板固定螺丝，加压重新校验。一般情况下在调整拉杆与扇形齿轮夹角的同时，也要调节调整螺钉的位置。

（4）游丝绞乱

游丝绞乱是由于使用过程中超负荷或者受到较大冲击或自行拆卸造成人为损坏所致。当它处于正常位置时，给中心齿轮一反时针方向的线性平稳的回复力，如果游丝被绞乱，这种回复力将消失，就会出现指针跳摆，数值不稳，偶然误差增大，零位误差大，系统误差加大。排除这种故障的方法是：重盘游丝或配换游丝。

（5）齿啮合面和配合轴孔角部磨损严重

此故障会引起数值误差大而且不稳定，出现卡针的现象。产

生这种损坏主要是因为压力表在一固定的不稳的载荷下长时间使用造成的(如动力空压机)，因而压力传递过程中有了较大补偿或毛刺阻碍而使计量值超差。排除方法：更换新的配件；采取缩孔修复，对损坏齿啮可经过调整以避开损坏齿面继续使用。

(6) 指针不回零

如果经升压后又卸压，指针回不到零位，说明此表零位状态增加了回复力方向的力，这种力来自摩擦阻力或形变的剩余张力；摩擦阻力主要发生在游丝连杆、铰链啮合部位，如果游丝粘圈或绞乱，连杆铰链活动不灵，啮合部位有毛刺，都将使摩擦力急增，使指针回不到零位。所以这些部件恢复到正常的状态即可排除不回零现象。

3. 压力变送器常见故障及排除流程

如发现某一化工容器压力指示不正常，偏高或偏低或不变化，首先应了解被测介质是气体、液体还是蒸汽，了解简单的工艺流程。以电动压力变送器为例，有关的故障判断、处理思路如图 2-14 所示，故障排除方法见表 2-2。

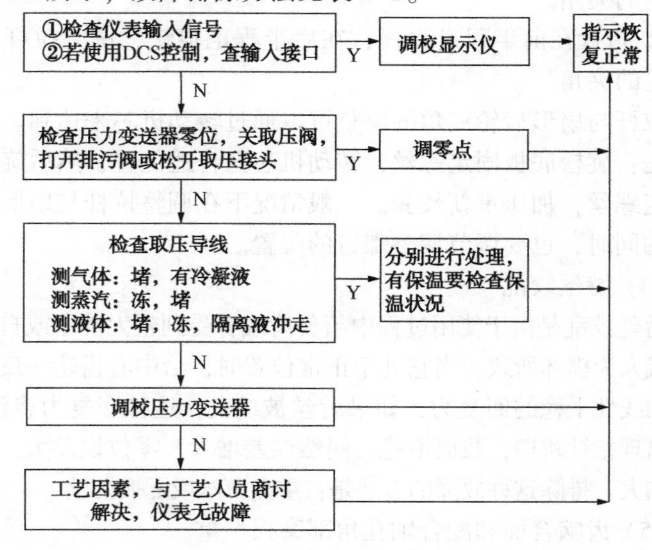

图 2-14　压力检测故障判断流程

表 2-2　电动压力变送器常见故障及排除方法

故障现象	故障部位	故障原因	排除方法
输出高	导压管道	管线有泄漏或堵塞	换管或清除堵塞物
		变送器过程法兰有沉积物	排除沉积物
	变送器的电气连接	卡口连接处有脏物	清除脏物
		敏感元件引出线不好	连接好
		卡口引线没有接到仪表外壳上	将引线接外壳
	电子器件	放大器板损坏	更换新放大器板
		刻度板损坏	更换刻度板
	敏感元件	隔离膜片被刺破	更换敏感元件
		填充油泄漏	更换敏感元件
	电源	电源电压不正确	调整到正确值
输出低或无输出	导压管	导压管连接不正确	按规定重新连接
		导压管有泄漏或堵塞	更换导压管或清除堵塞物
		液体管线中有残余气体	排除残余气体
		过程法兰中有沉积物	清除沉积物
	变送器的电气连接	同输出高的原因	同输出高的部分
		敏感元件引线短路	排除短路
	试验二极管	损坏	更换
	敏感元件	同输出高	排除同输出高
	回路布线	电源极性连错	正确连接
		电路阻抗不符合要求	调整回路阻抗
		电路中有短路或多点接地（注意检查回路时电压不得超过 100V）	排除短路和接触
输出不稳定	回路布线	有周期性的短路、开路或多点接地	检查并排除
	过程流体	脉动	调节阻尼调节

续表

故障现象	故障部位	故障原因	排除方法
输出不稳定	导压管线	液体管线中有残留气体	排出气体
	变送器的电气连接	有短路或开路处	连接好
	电子器件	同输出高	排除同输出高

4. 压力检测故障实例分析

(1) 压力联锁失灵

① 工艺过程：某石化企业重油总管压力测量报警联锁 PAS-723，其自控流程如图 2-15 所示。

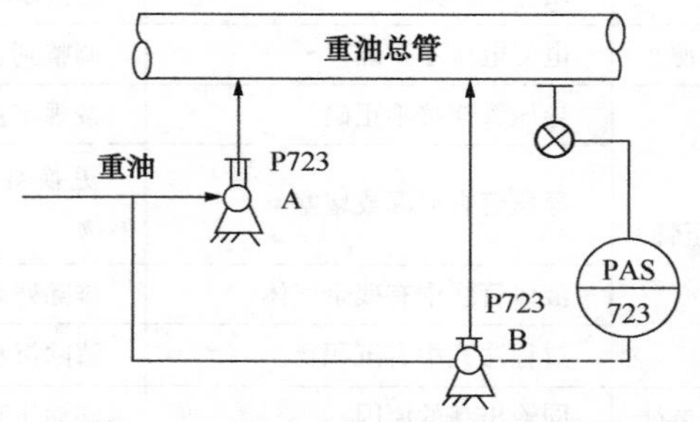

图 2-15　重油总管压力测量系统图

② 故障现象：锅炉燃料油中的重油总管压力下降，备用泵 P723B 不能自动启动，导致重油压力继续下降，直到锅炉联锁动作切断重油而停车，造成故障。

③ 故障分析与判断：正常情况下，当重油总管压力下降到某一值时，备用油泵 P723B 应自动启动，使重油保持一定的流量和压力，现在，P723B 没有启动，说明备用泵没有收到压力下降的信号，也就是说 PAS-723 压力变送器(传感器)没有感受到总管压力的变化。检查原因是导压管内隔离液被放掉，重油进入导压管以及变送器的弹簧管内，由于采用隔离液测量总管压力，导压管和仪表没有采用伴热保温，重油凝固点比较低，因此在导压管和弹簧管内冻结，不能感应和传递总管压力的变化。同时，

由于重油固化使体积膨胀，传感元件受力使指示偏高并保持。当总管压力下降时，还是一直保证这个值不变，所以备用泵不启动，直至锅炉停车。

④ 处理办法：用蒸汽吹扫导压管，拆下弹簧管用汽油清洗干净。仪表重新投用前导压管内要充满隔离液，清洗和充液后，仪表指示正常，联锁报警系统正常，在日常维护时要注意隔离液的存在，不能随便排污。

（2）压力测量值波动

① 故障现象：天然气压力调节系统波动，引起后工段调节系统波动，将调节器置于手动控制，后工段各系统波动消失，但压力调节器的测量值指示照样波动，但波动幅度明显减弱。

② 故障分析与判断：检查压力变送器，将排污阀打开后（未关根部阀），压力很快卸掉，还有一点气体，由此判断是根部阀堵塞所致。当根部阀堵死，由于导压管很长，介质管道中压力变化之后，需要很长时间才能将压力传递到变送器的感测元件中，这种滞后引起的压力传递导致变送器的输出始终在变化，当调节器投自动运行时，调节器对错误信号进行调节，必然引起介质的压力波动。

③ 处理办法：拆去导压管，发现阀门被炭黑堵死，用铁丝捅通根部阀，安装上仪表，运行正常。

（3）裂解汽油压力指示回零

① 工艺过程，某石化企业裂解汽油压力调节系统，如图 2-16 所示。

② 故障现象：裂解汽油压力测量系统中测压导压管保温蒸汽关闭后不久，出现压力指示回零，调节阀关死，裂解塔不出料，造成塔液位太高而停车的事故。

③ 故障分析与判断：由于裂解汽油压力波动较大，所以采用将进口阀开大，用针形阀调节阻力的办法，来减少仪表指示的波动。在日常维护中如果不了解生产工艺，不了解进口阀口径比较大，很难控制的特点，就会出现下面的操作：即看到仪表指示波动太大，就把进口阀关小，一旦进口阀关小到压力指示波动不大时，实际上该阀门已处于全关状态。如检查没有注意到这个问

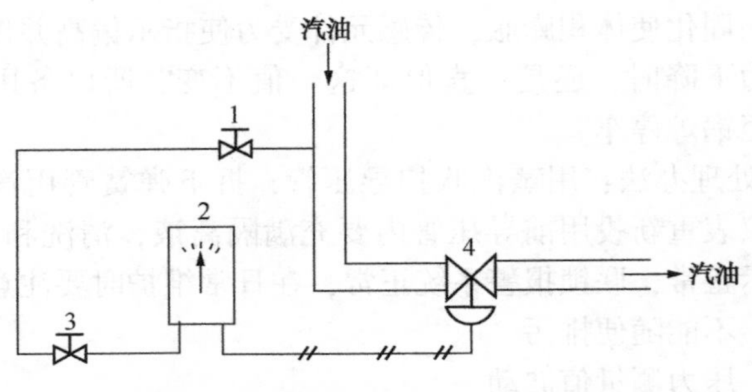

图 2-16　裂解汽油压力调节系统

1—取压阀；2—压力指示调节器；3—针行阀；4—调节阀

题，待天热关闭蒸汽保温后，导压管冷却了，使导压管内原来全部汽化的介质冷凝成液体，体积减小，压力骤降几乎到零，如进口取压阀门没有关死，介质冷凝成液体，体积减小，而裂解塔内将补充介质并传递压力，压力指示不变。如进口取压阀门关死变成一个盲区，保温蒸汽阀不关闭的话，介质还处于全部汽化状态，则压力指示维持不变。如进口阀和保温阀都关闭，仪表压力指示就回零了，仪表信号为零，通过调节器的控制作用，使调节阀全关，塔液位就迅速上升以致造成停车事故。

处理方法很简单，打开进口阀，指示就正常了。应当注意，这类压力波动较大的检测控制系统常常采用加节流阻力来减小测量波动，但阻力要适当添加，一般使指针尚有波动就好，否则就会出现上述故障，造成恶劣后果。

第三节　流量检测及仪表

流量是控制现代化生产过程达到优质高产、安全生产以及进行经济核算所必需的一个重要参数。它是指单位时间内流过管道某一横截面的流体数量，一般称为瞬时流量。而在某一段时间间隔内流过管道某一截面的流体量的总和，即瞬时流量在某一段时间内的累积值，则称为总量或累积流量，如用户的水表、气表指示的就属于累积流量。

工程上讲的流量常指瞬时流量，若无特别说明均指瞬时流量。

流量的表示方法有体积流量，用符号 F 表示，单位为立方米每小时(m^3/h)，也可以用质量流量，用符号 M_F 表示，单位为吨每小时(t/h)、千克每小时(kg/h)。体积流量与质量流量的关系为

$$M_F = \rho F \tag{2-9}$$

一、流量检测方法

生产过程中各种流体的性质各不相同，流体的工作状态(如介质的温度、压力等)及流体的黏度、腐蚀性、导电性也不同，很难用一种原理或方法测量不同流体的流量。尤其工业生产过程的情况复杂，某些场合的流体是高温、高压，有时是气液两相或液固两相的混合流体。目前流量测量的方法很多，测量原理和流量传感器(或称流量计)也各不相同，从测量方法上一般可分为速度式、容积式和质量式三大类。

1. 速度式流量测量原理

速度式流量测量是通过测量流体在管路内已知截面流过的流速大小来实现流量测量。差压式、转子、涡轮、电磁、旋涡和超声波等流量检测仪表都属于此类。

2. 容积式流量测量原理

容积式流量测量是根据已知容积的容室在单位时间内所排出流体的次数来测量流体的瞬时流量和总量。常用的容积式流量计有椭圆齿轮式、腰轮式、活塞式和刮板式流量计等。

3. 质量式流量测量原理

质量式流量测量方法可以分为直接法和间接法两类。间接法是根据质量流量与体积流量的关系，测出体积流量再乘以被测流体的密度，从而间接求出质量流量；如工程上常用的补偿式质量流量计，它采取温度、压力自动补偿。直接法是直接测量质量流量，如热电式、惯性力式、动量矩式和科里奥利质量流量计等。直接法测量具有不受流体的压力、温度、黏度等变化影响的优点，是一种正在发展中的质量流量计。

下面介绍几种常用的流量计。

二、差压式流量计

差压式(也称节流式)流量计，是基于流体流动的节流原理，

利用流体流经节流装置时产生的压力差来实现流量测量。它是目前工业生产中检测气体、蒸汽、液体流量最常用的一种检测仪表。

1. 差压节流式流量计组成

差压节流式流量计由节流装置、导压管路(信号传输)和差压计(或变送器)三部分组成。

节流装置是差压节流式流量计产生差压的装置，主体就是一个流通面积比管道狭窄的阻力件。当流体经过该阻力件时，流束局部收缩，速度和压力都会改变，从而在节流装置前后产生压力差。在单元组合仪表中，由节流装置产生的压差信号，通过差压变送器转换成相应的电信号(或气信号)，以供显示，记录或控制用。

2. 检测原理

当流体经过节流装置上的阻力件时，流束局部收缩，速度和压力都会发生变化的现象，称节流现象。

当流体在管道内流动，流经阻力件时，流通截面突然变小，流速加大，根据能量守恒，当流体动能增大时，必然导致势能即静压力降低。流量越大，静压力降低就越大。因此在阻力件前后就产生一定的压力差。因为流体具有一定的惯性，静压力最小处不在阻力件后，而在阻力件后流束收缩最小处，此处流速最大。此后流速开始减小，压力也回升，经过一段距离后，压力趋于稳定，但因为有压力损失存在，压力恢复不到原来的数值。

如果阻力件(如孔板)的结构尺寸、测压位置确定，并满足阻力件前后直管段长度要求，在流体参数一定的情况下，流量 F (或 M_F)与差压 Δp 的平方根成正比。因此可以通过差压变送器测量阻力件前后的差压来测量流量。介质流动的流量越大，在阻力件前后产生的差压就越大，但由于流量与差压是非线性关系，如果要直接显示流量大小，还需要在差压变送器的输出加上开方器或直接使用差压式流量变送器。

3. 标准节流装置

节流装置分为标准节流装置和非标准节流装置。标准节流装置就是按照统一的标准、数据，使用标准化的公式和图表进行设计，不必进行实验标定，就可以直接投入使用的节流装置。非标准节流装置也称特殊节流装置。如偏心孔板、双重孔板、1/4 圆缺喷嘴等，主要用于特殊介质或特殊工况条件的流量测量，可以利用已有的实验数据进行估算，但必须用实验方法单独进行标定。

节流装置包括节流件、取压装置、节流件前后直管段，如图 2-17 所示。

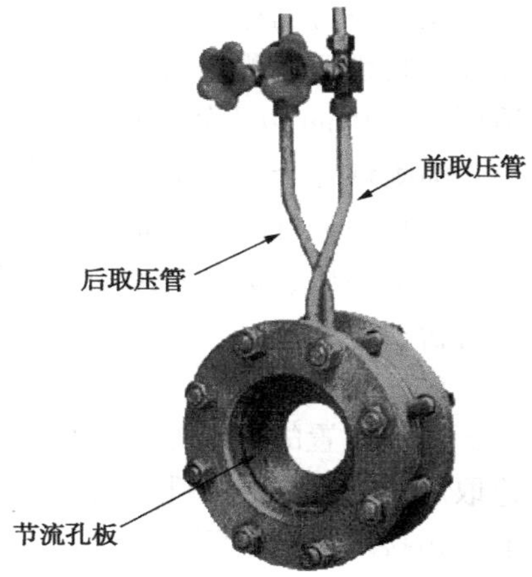

图 2-17　节流装置结构图

（1）节流件

包括标准和非标准节流件。标准节流件有孔板、喷嘴、文丘里管，如图 2-18 所示。孔板容易加工制造和安装，价格便宜，有一定的测量精度，但压损大，刻度为非线性，一般场合下可以选用它来测量普通介质的流量。

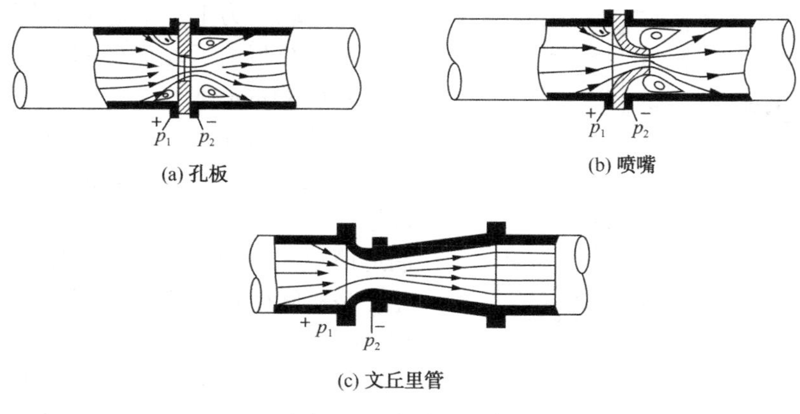

图 2-18　标准节流件

文丘里管制造工艺复杂，造价昂贵，但压力损失小，测量精度高，特别适于测量高黏度、有腐蚀性、有沉淀的介质流量。不适用于200mm以下管径的流量测量，工业上应用较少。

喷嘴性能介于孔板和文丘里管之间。

选择节流件的依据是测量要求的精度、允许的压力损失、被测介质的性质、被测对象的具体条件与参数范围、使用条件以及经济价值等。

(2) 取压方式

节流装置的取压方式有角接取压、法兰取压、径距取压、理论取压及管接取压。孔板可以使用上述五种取压方式，但喷嘴只能用角接取压和径距取压。

标准的取压方式有角接取压、法兰取压、径距取压三种。

角接取压包括环室取压和单独钻孔取压两种结构，如图2-19所示。上、下游侧取压孔轴心线与孔板(喷嘴)前后端面的间距各等于取压孔直径的一半，或等于取压环隙宽度的一半，因而取压孔穿透处与孔板端面正好相平。

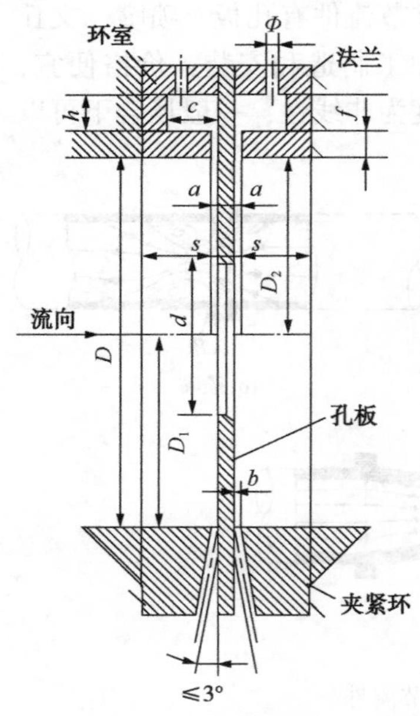

图2-19 角接取压装置示意图

法兰取压为上、下游侧取压孔中心至孔板前后端面的间距为(25.4±0.8)mm处。

比较角接取压和法兰取压，角接取压精度高、所需要的直管段短、但管线易阻塞。法兰取压制造简单、使用方便，但精度稍差，是实际生产上广泛使用的一种取压方式。

径距取压为上游侧取压孔中心与孔板(喷嘴)前端面的距离为1D，下游侧取压孔中心与孔板

(喷嘴)后端面的距离为 $D/2$，D 为管道实测内径。

(3) 节流件前后直管段

要保证节流件上游至少为 $10D$，下游至少为 $5D$ 的直管段长度，D 为管道内径，要实地测量。对节流件前后直管段具体长度的要求，还与节流件上游所安装的局部阻力部件的结构类型有关。具体的直管段长度可以从相关手册中查出。

4. 差压式流量计的安装

差压式流量计的安装要求包括管道条件、管道连接情况、取压口结构、节流装置上下游直管段长度以及差压信号管路的敷设情况等。

安装要求必须按规范施工，偏离要求产生的测量误差，虽然有些可以修正，但大部分是无法定量确定的，因此现场的安装应严格按照标准的规定执行，否则产生的测量误差甚至无法定性确定。

(1) 节流装置的安装

包括节流件、差压信号管路的安装。

① 节流件安装时应保持节流件垂直、入口边缘尖锐，节流件应与管道或夹持环(采用时)同轴，并注意流体的流向。

② 差压信号管路的安装。

a. 取压口。取压口一般设置在法兰、环室或夹持环上，当测量管道为水平或倾斜时取压口的安装方向，如图 2-20 所示。节流装置输出的压力差是从节流装置的前后取压孔取出的。如果被测流体是液体，导压管应从节流装置的下方引出，以免混杂在液体中的气体影响取压，如图 2-20(a)所示。如果被测流体是气体，导压管应从节流装置的上方引出，以免混杂在气体中的液滴堵住取压管，如图 2-20(b)所示。被测流体为蒸汽时，在取压口的出口处要设置冷凝罐，冷凝器的作用是使导压管中的蒸汽冷凝，并使正负导压管中冷凝液面有相等的高度，且保持恒定，如图 2-20(c)所示。

当测量管道为垂直时，取压口的位置在取压位置的平面上，

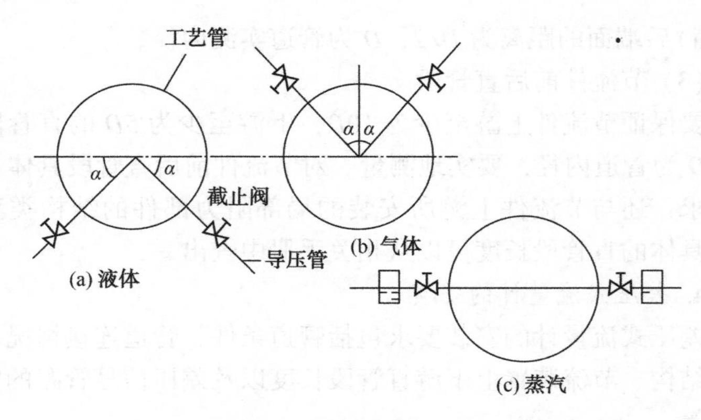

图 2-20　取压点位置

方向可任意选择。

b. 导压管。导压管的材质应按被测介质的性质和参数确定，其内径不小于 6mm，长度最好在 16m 以内，导压管应垂直或倾斜敷设，其倾斜度不小于 1 ∶ 12，黏度高的流体，其倾斜度应增大。

当导压管长度超过 30m 时，导压管应分段倾斜，并在最高点与最低点装设集气器(或排气阀)和沉淀器(或排污阀)。

被测介质为液体时，在导压管的各最高点处应安装集气器(或排气阀)，以便收集和定期排出导压管中的气体，当差压变送器安装位置高于主管道时更应装设集气器(或排气阀)。被测介质为气体或液体时，在导压管的各最低点应装设沉降器(或排污阀)，以便收集和定期排放导压管中的污物或气体导压管中的积水。隔离器应用于高黏度、腐蚀、易冻结、易析出固体物的被测介质，它可以保护差压变送器的检测元件不与被测介质接触。两个隔离器安装时应尽量靠近取压口，安装在同一高度。测量液与隔离分界面在流体不流动时必须是同一液位。

正负导压管应尽量靠近敷设，防止两管子温度不同使信号失真，严寒地区导压管应加防冻保护，用电或蒸汽加热保温，要防止过热，导压管中流体汽化会产生假差压应予注意。

(2)安装实例

① 被测流体为清洁液体时的管路安装示意图，如图 2-21 所示。

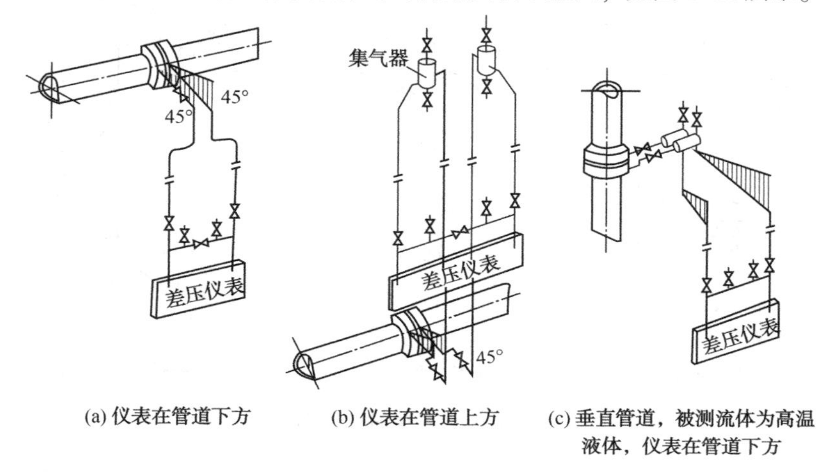

(a) 仪表在管道下方　(b) 仪表在管道上方　(c) 垂直管道，被测流体为高温液体，仪表在管道下方

图 2-21　被测流体为清洁液体时的管路安装示意图

测量液体的流量时，应该使两根导压管内都充满同样的液体而无气泡，以使两根导压管内的液体密度相等。这样，由两根导压管内液柱所附加在差压计正、负压室的压力可以相互抵消。

a. 取压点应该位于节流装置的下半部，与水平线夹角应为 0°~45°，如图 2-21(a)所示。如果从底部引出，液体中夹带的固体杂质会沉积在引压管内，引起堵塞。

b. 在引压导管的管路内，应有排气的装置。如果差压计只能装在节流装置之上，则须加装集气器，如图 2-21(b)所示。

c. 测量高温液体时，应加装隔离器，且隔离器最好水平放置，如图 2-21(c)所示。

② 被测流体为气体时的管路安装示意图，如图 2-22 所示。

a. 取压点应在节流装置的上半部，引压导管最好垂直向上，或至少应向上倾斜一定的坡度，以使引压导管中不滞留液体；被测流体为清洁干气体时的管路安装示意图如图 2-22(a)、(b)所示。

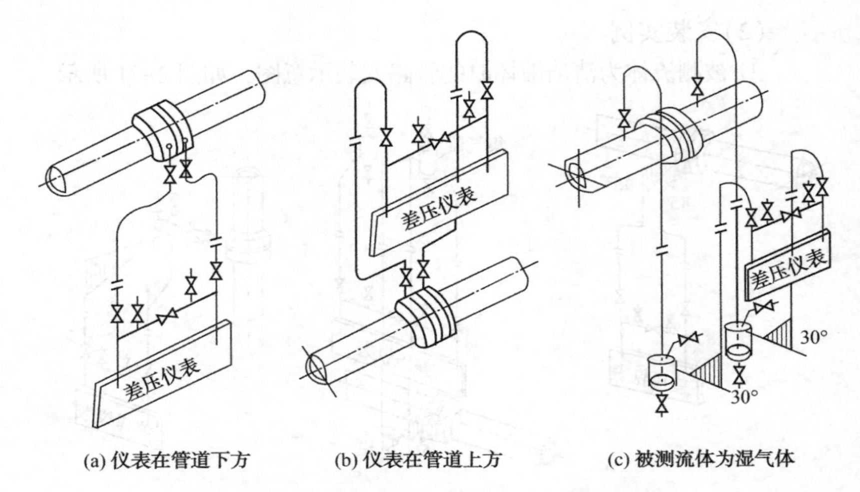

(a) 仪表在管道下方　　(b) 仪表在管道上方　　(c) 被测流体为湿气体

图 2-22　被测流体为气体时的管路安装示意图

b. 被测流体为湿气体时，如果差压计必须装在节流装置之下，为使管内不积聚气体中可能夹带的液体，则须加装储液罐和排放阀，如图 2-22(c) 所示。

③ 被测流体为水蒸气时，基本原则与上述相同，另外必须解决蒸汽冷凝液的液位问题，以消除冷凝液液位的高低对测量精度的影响。最常见的管路安装示接法如图 2-23 所示。取压点从节流装置的水平位置接出，并分别安装了凝液罐，这样，两根导管内都充满了冷凝液，而且液体一样高，从而实现了差压的准确

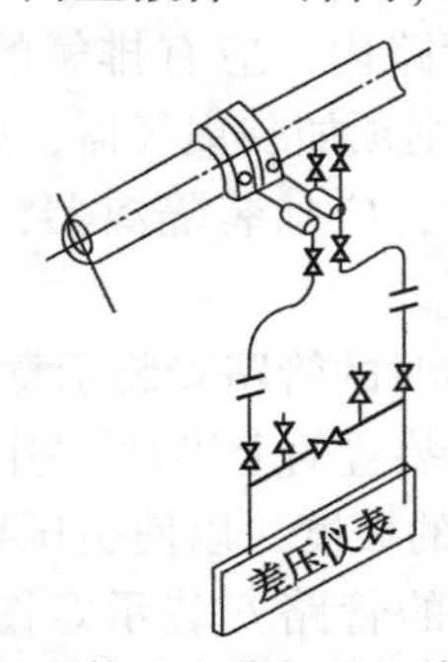

图 2-23　被测流体为水蒸气时的管路安装示意图

测量。从凝液罐至差压计的接法与测量液体流量相同。

5. 差压式流量计的投运

流量计启动前，必须先使引压管内充满液体或隔离液，引压管中的空气要通过排气阀和仪表的放气孔排除干净。

不装隔离器的差压式流量计的投运步骤如下，参看示意图 2-24。

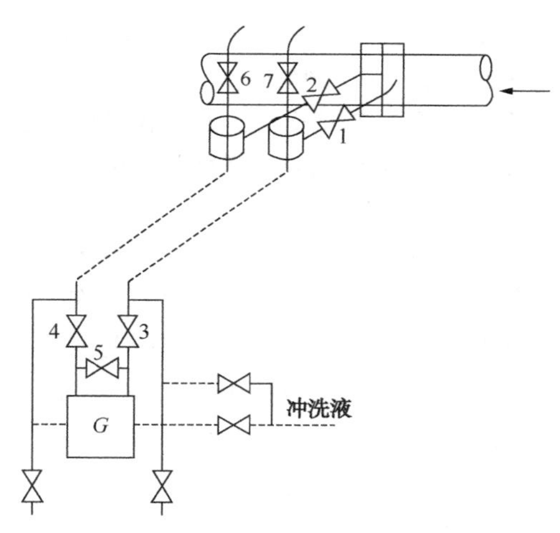

图 2-24 差压式流量计投运示意图

① 打开节流装置根部截止阀 1 和 2；

② 打开平衡阀 5，并逐渐打开正压侧切断阀 3，使差压计的正、负压室承受同样压力；

③ 开启负压侧切断阀 4，并逐渐关闭平衡阀 5，仪表即投入运行。

仪表停运时，与投运步骤相反，即先打开平衡阀 5，然后关闭正、负侧切断阀 3、4，最后再关闭平衡阀 5。

对于安装有隔离器的差压式流量计，投运原则就是除了不能使测量元件单向受压或受热外，还要保证不能让导压管内的凝结水或隔离液流失；即不允许出现三阀组同时打开的状态。因此启动步骤为：先开平衡阀 5→开正压阀 3→关平衡阀 5→开负压阀

4。停运步骤是：关负压阀 4→开平衡阀 5→关正压阀 3。

差压节流式流量计结构简单、牢固，性能稳定可靠，价格低廉，应用范围最广泛，可应用于全部单向流体，包括液、气、蒸汽皆可测量，亦可应用于部分混相流，如气固、气液、液固等。差压节流式流量计的缺点是流体通过节流装置后，会产生不可逆的压力损失。

另外，当流体的温度、压力变化时，流体的密度将随之改变。所以必须进行温度、压力修正。

其次，现场安装条件要求较高，如需较长的直管段；检测元件与差压显示仪表之间引压管线是薄弱环节，易产生泄露、堵塞、冻结及信号失真等故障。

当用差压变送器测量蒸汽流量时，应先关闭三阀组正负取压阀门，打开平衡阀，检查零位。待导压管内蒸汽全部冷凝成水后再启动仪表。防止蒸汽未冷凝时开表出现振荡现象，有时会损坏仪表，还有另一种启动方式，即利用环室取压阀后一个隔离罐，在开表前通过隔离罐往导压管内充冷水，这样在测量蒸汽流量时就可以立即启动仪表，不会引起振荡。

三、转子流量计

转子流量计由测量和显示两部分构成，结构如图 2－25 所示。

测量部分包括锥形管、浮子(转子)。锥形管与管道垂直连接，浮子可以在锥形管中随着流量变化而升降，设计时要求浮子材料的密度大于被测介质的密度。

显示部分有就地显示和远传显示，根据传输信号的不同，转子流量计又分为电远传式和气远传式转子流量计。

1. 检测原理

当流体自下而上流经锥管时，浮子受流体的冲击向上运动，随着浮子上移，流通面积增大，冲击力下降，当冲击力与浮子重力平衡时，浮子就停止运动，浮子的高度就反映了被测流量的大小。

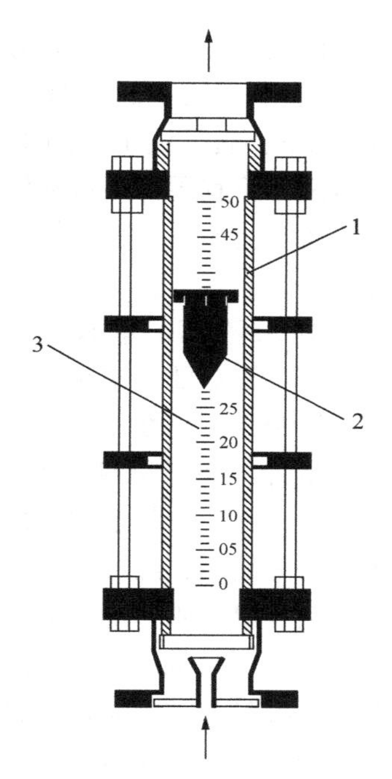

图 2-25　转子流量计

1—锥形玻璃管；2—转子；3—刻度

① 在测量过程中，当锥形管的锥度、浮子的横截面积、体积和密度及介质的密度均为常数时，体积流量 F 与浮子的高度 H 成正比。

② 改变锥度和浮子质量，可以改变仪表量程，一般改变锥度进行细调，改变浮子质量进行粗调。

③ 流量 F 受介质的密度的影响，所以当转子流量计出厂时应标明适于测量的介质的温度、压力、密度、黏度。一般情况下，用标准状态的水或空气进行标定，实际测量时，如果工作状态与标定状态不一致时，应对仪表读数进行修正。

2. 安装、使用、特点

① 安装时要保证转子流量计前 $5D$ 后 $3D$ 直管段长度，一般

应竖直安装，介质自下而上，必要时需加装旁通管路和过滤器。

② 转子流量计适用于小管径和低流速中小流量的测量，常用的管径为40~50mm以下；转子流量计的主要测量介质是单相液体或气体，需定期清洗，不宜用来测量易使浮子沾污的介质的流量；有些应用场所只要监测流量不超过或不低于某值即可，可用作流量报警、流量监控。

③ 对上游直管段要求不高。量程比10∶1，基本误差1.5%~2.5%，对玻璃管转子流量计来说，结构简单，成本低，直观，但是被测介质需透明，可靠性差，不能测高温高压介质。

对于金属管转子流量计，在开车时，由于检修停车时间长，工艺动火焊接法兰等因素，在工艺管道内可能有焊渣、铁锈、微小颗粒等杂物，应先打开旁路阀，经过一段时间后开启金属管转子流量计进口阀，然后打开出口阀，最后关闭旁路阀，避免新安装的金属管转子流量计开表不久就出现堵的故障。另外，要注意开关阀门的顺序，对于离心泵为动力输送物料的工艺路线，开关顺序要求不高；若是活塞式定量泵输送物料，阀门开关顺序颠倒(先关旁路阀，再开进口阀与出口阀，且开关阀门时间间隙又大一些，即关闭旁路阀后没有立即开启金属管转子流量计出口阀)，往往引起管道压力增加，损坏仪表，出现一些其他故障。

四、容积式流量计

容积式流量计安装在封闭管道中，由若干个已知容积的测量室和一个机械装置组成。利用机械测量元件将流体连续不断地分割成单个已知的体积部分，根据计量室逐次、重复地充满和排放该体积部分流体的次数来测量流体体积流量和总量。

容积式流量计检测精度高，没有前后直管段要求，可用于高黏度流体的测量，属于直读式仪表。常见的有椭圆齿轮流量计、腰轮流量计和刮板流量计。下面以椭圆齿轮流量计为例，介绍其检测原理和安装使用方法。

椭圆齿轮流量计属于容积式流量计的一种。

1. 检测原理

椭圆齿轮流量计由测量和显示两部分构成。测量部分包括两个相啮合的椭圆齿轮 A 和 B、外壳(计量室)、轴，如图 2-26 所示。

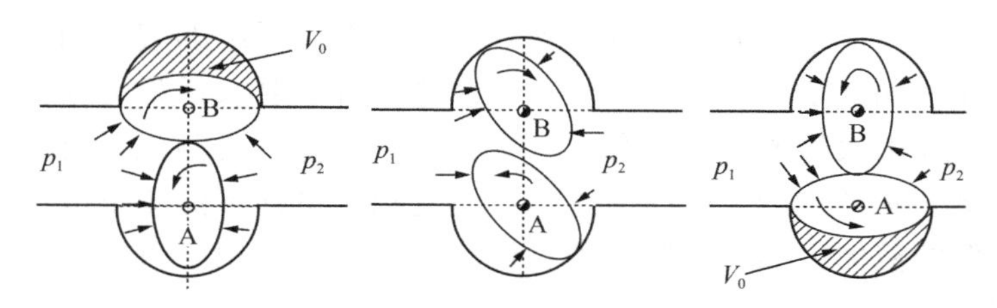

图 2-26　椭圆齿轮流量计结构原理图

当流体流经流量计时产生差压，在差压作用下，产生力矩使齿轮转动，从而排出齿轮与壳体间半月形容积的介质，齿轮每转一周所排出的介质为半月形容积的 4 倍，即

$$F=4nV_0 \tag{2-10}$$

式中，F 为体积流量；n 为齿轮转动频率，周/s；V_0 为计量室容积。

由式(2-10)可知，当椭圆齿轮流量计的计量室容积已知时，测出 n 即可知流量 F 大小。

2. 安装使用特点

椭圆齿轮流量计没有前置直管的要求，适用于高黏度流体的测量，测量范围宽，范围可达 10∶1 或更大，不需要外部能源，可直接获得累积总量。

椭圆齿轮流量计结构复杂，体积大，一般只适用于中、小口径；由于高温下零件膨胀变形，低温下材料变脆等问题，不适用于高、低温场合，目前可使用温度范围大致在-30~160℃，压力最高为 10MPa；大部分只适用于洁净单相流体。椭圆齿轮流量计需要进行定期维护，在放射性或有毒流体等不允许人们接近维护的场所则不宜采用。

五、电磁流量计

电磁流量计由传感器和转换器组成。传感器把被测介质的流量转换为感应电势，再经转换器转换成标准信号输出。

电磁流量计的测量通道是一段无阻流检测件的光滑直管，阻力损失极小，适用于测量含有固体颗粒或纤维的液、固两相流体，如纸浆、矿浆、泥浆和污水等；对于要求低阻力损失的大管径供水管道最为适合；可选流量范围宽；可测正、反双向流量、脉动流量、腐蚀性流体；但电磁流量计不能测量电导率很低的液体，如石油制品和有机溶剂等，不能用于较高温度的液体测量。

1. 检测原理

电磁流量计基本原理基于法拉第电磁感应定律，当导电的液体在磁场中作垂直于磁力线方向的流动而切割磁力线时，如图 2-27所示。在电场力的作用下，电极两端会产生感应电势 E_x。感应电势的大小与磁场的磁感应强度 B、导体在磁场内的有效长度即测量管直径 D 及导体垂直于磁场的运动速度 v 成正比，当 D、B 一定时，E_x 与 v 即体积流量 F 成正比，通过测量感应电势 E_x 来测量 F 大小。

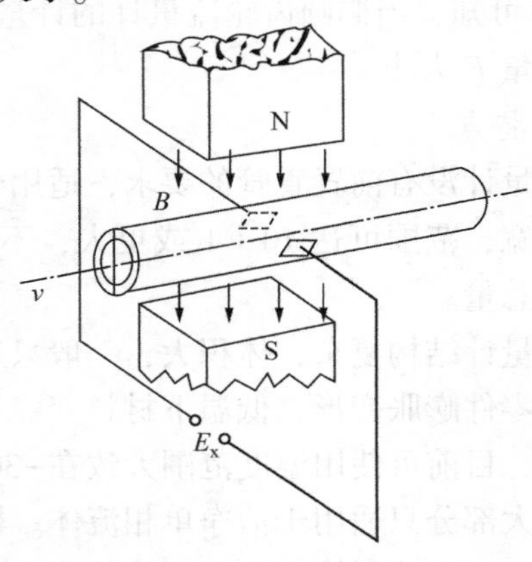

图 2-27　电磁流量计基本原理图

2. 特点、安装与使用

（1）电磁流量计的特点

① 电磁流量传感器的结构简单，管道内没有任何可动部件，也没有任何阻碍流体流动的节流部件，所以流体通过传感器时无阻力损失，有利于系统的节能。

② 可测量肮脏介质和腐蚀性介质及悬浊性固液两相流体的流量。

③ 电磁流量计，在测量过程中，不受被测介质的温度、黏度、密度影响，因此，电磁流量计只需经过水标定后，就可以用来进行其他导电液体的测量。

④ 电磁流量计的输出只与被测介质的平均速度成正比，而与对称分布下的流动状态(层流或湍流)无关，所以电磁流量计测量范围极宽，其测量范围可达 100∶1。

⑤ 电磁流量计无机械惯性，反应灵敏，可测量瞬时的脉动流量，也可测量正反两个方向的流量。

⑥ 工业用电磁流量计的口径范围宽，从几毫米到几米，国内已有口径达 3m 的电磁流量计。

（2）安装与使用

要保证电磁流量计的测量精度，正确的安装使用是很重要的。一般要注意以下几点：

① 电磁流量计最好安装在室内干燥通风处，避免安装在环境温度过高的地方，不应受到强烈振动，尽量避开有强烈磁场的设备，如大容量的电动机、变压器等。避免安装在有腐蚀性气体的场合，安装地点应便于检修，这是保证电磁流量计正常运行的环境条件。

② 为保证电磁流量计测量管内充满被测流体，最好垂直安装，流向自下而上，尤其对固液两相流体，必须垂直安装，这样，一则可以防止固液两相流体低速时产生流速不均匀，二则可以使流量计内的衬里磨损比较均匀，延长使用寿命。如现场只能水平安装，则必须保证两个电极处在同一水平面，这样不至于造成下面的一个电极被沉淀沾污，而上面一个电极被气泡吸附。

③ 为了保证测量信号的稳定，流量计的外壳与金属管的两端应良好接地，不要与其他电器设备共地。

④ 为了避免流速分布对测量的影响，流量调节阀应装在流量计的下游，对小口径的电磁流量计，因电极到进口的距离比管道的直径 D 大好几倍，管道内流速分布是均匀的，一般上游没有严格的直管段要求。而对于大口径流量计，应在上游安装有 $5D$ 以上的直管段，以确保管道内流速分布均匀。

(3) 安装实例

为避免因夹附空气和真空度降低损坏橡胶衬垫引起测量误差，可参照图 2-28 建议的位置进行安装。

水平安装电磁流量计时，应安装在管道的上升部分，如图 2-29 所示。

在敞开进料或出料时，电磁流量计应安装在低的一段管道上，如图 2-30 所示。

当管道向下且超过 5m 时，要在下游安装一个空气(真空)阀，如图 2-31 所示。

在长管道中，控制阀和截流阀不能安装在流量计的上游，且流量计不能安装在泵的吸入口一端，如图 2-32 所示。

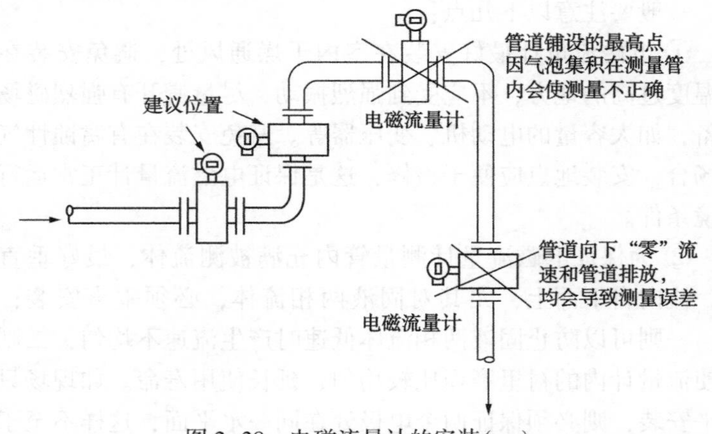

图 2-28　电磁流量计的安装(一)

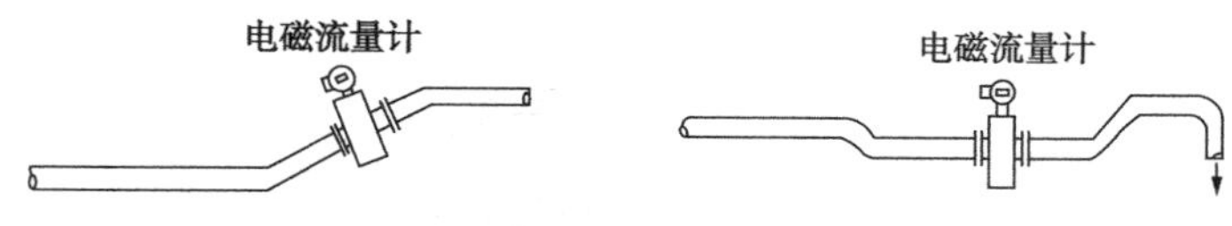

图 2-29 电磁流量计的安装(二)　图 2-30 电磁流量计的安装(三)

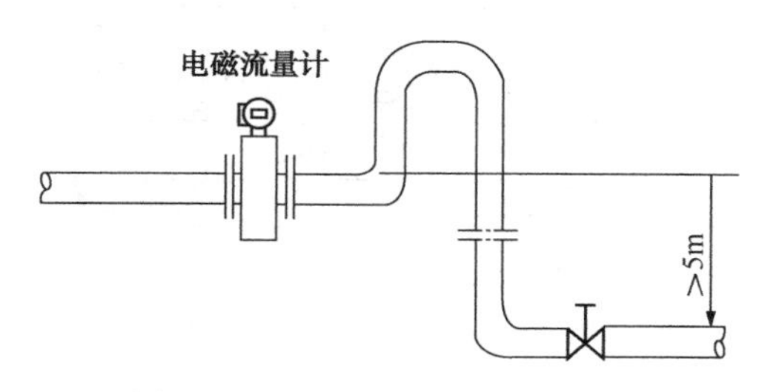

图 2-31 电磁流量计的安装(四)

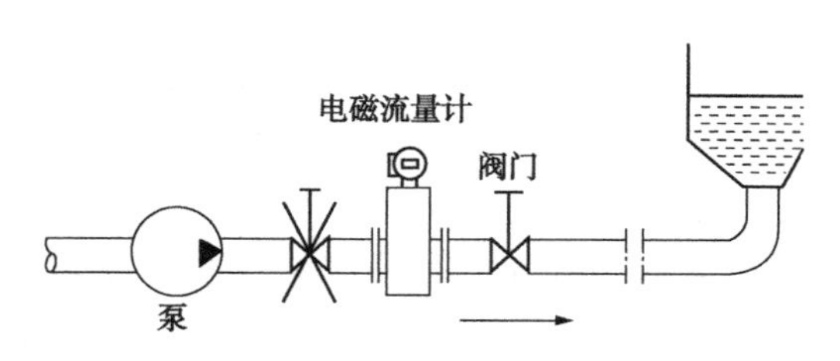

图 2-32 电磁流量计的安装(五)

六、涡轮流量计

涡轮流量计由传感器和转换显示仪表组成。传感器的结构如图 2-33 所示。

1. 检测原理

流体冲击叶片使涡轮旋转，从而切割磁力线改变通过线圈的磁通量，使线圈感应出脉冲电信号。

实践表明：在一定流量范围内，对一定黏度的流体介质，涡轮的旋转角速度与通过传感器的流体速度成正比，即传感器输出的脉冲信号的频率 f 与涡轮的旋转角速度成正比。

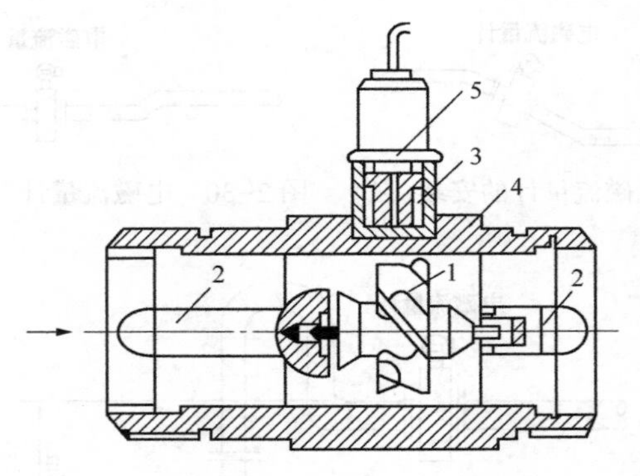

图 2-33　涡轮传感器结构

1—涡轮；2—导流器；3—磁电感应转换器；4—外壳；5—前置放大器

2. 特点、安装与维护

（1）特点

涡轮流量计精确度高、重复性好，输出脉冲频率信号，适于总量测量及与计算机连接，抗干扰能力强；信号分辨率高；结构紧凑轻巧，流通能力大；适于高压、大口径测量；压力损失小，价格低，可不断流取出叶轮，方便安装维护。缺点是有可动部件，轴承易磨损，不适用于较高黏度、脉动流和混相流介质的流量测量；对被测介质的清洁度要求较高，需要定期校验。

（2）安装

① 管道的配置。在涡轮流量计的上、下游都必须有足够的直管段，用来平直因管道的接头配件等引起的流体扰动，防止对测量精度的影响。上游侧的直管道应在 20*D*（*D* 为管道的直径）以上，下游侧直管道的长度不应小于 5*D*。连同流量计和稍大于 15*D* 的管道区称作流量计工作区。

② 安装。涡轮流量计是一种高精度的测量设备，安装时要格外小心。除特殊设计外，涡轮流量传感器应水平安装，流量计的水平线与实际理想水平线的偏离不大于 3°。流量计的位置建议放在高压部位，即上游远离阀门，下游远离泵。在管道的低点处容易沉降固体杂质和冷凝液，所以涡轮流量计不应安装

在管道的低点。涡轮流量计是一个有特别严格公差要求的精密仪表，必须在其上游安装过滤器，过滤掉所有的杂质，保证叶轮不被损坏。任何新的或拆下的部件都必须严格清洗后才能安装回去。

安装时要注意流量计的方向，标有 INLET 的(即传感器上的箭头指向)为流体流入口；方向千万不能安装错误，否则将严重影响测量精度和仪表的重复性，并且叶轮容易损坏。安装时垫片不得突入管内，否则会造成流场偏移，使流量系数发生偏移。

(3) 维护

涡轮流量计是一种精密仪表，要长时间保持高精度的流量测量，除注意使用事项外，还得定期保养维护。

① 定期清洗流量计前的过滤器，一般要求每半年清洗一次；

② 检查感应线圈，如果感应线圈的电阻减小要及时更换(感应线圈的电阻一般为 2.5kΩ)；

③ 防止前置放大器防潮，保持电路板干燥；

④ 防止流量计振动。

七、涡街流量计

涡街流量计由传感器和转换器组成，如图 2-34 所示。传感器又包括漩涡发生体和漩涡频率检测器。

在流动的流体中放置一根其轴线与流向垂直的非流线型柱形体(如三角柱、圆柱等)，称之为漩涡发生体。当流体沿漩涡发生体绕流时，会在漩涡发生体下游产生不对称但有规律的交替漩涡列，这就是所谓的卡门。如图 2-35 所示。

图 2-34　涡街流量计

实验证明，当两列漩涡的距离 h 和同列两漩涡的距离 L 之比满足 $h/L=0.281$ 时，则产生的涡街是稳定的。漩

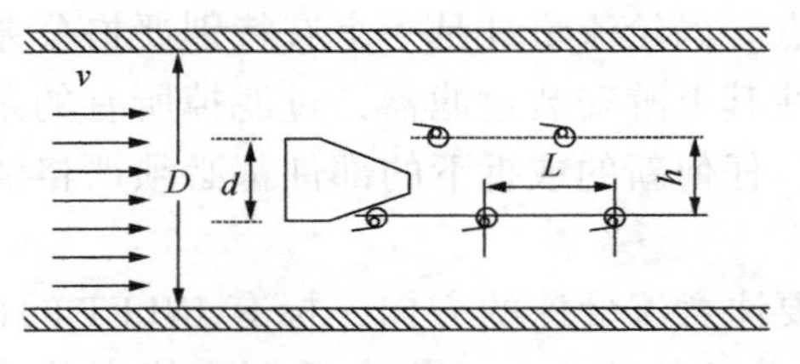

图 2-35　卡门涡街

涡的频率与流速成正比，即与体积流量 F 成正比。与流体的种类、压力、温度、密度等参数无关。

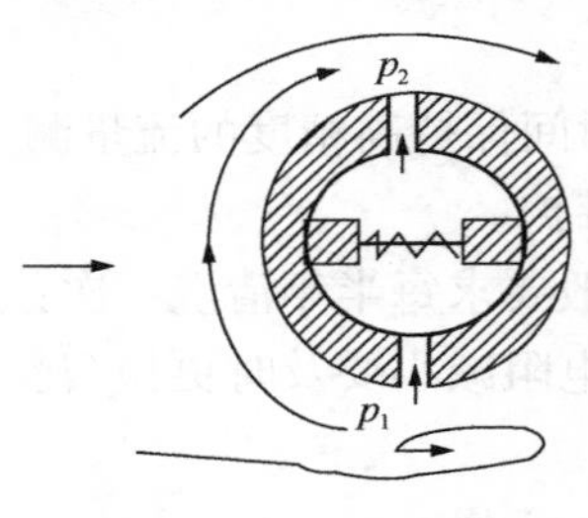

图 2-36　圆柱检测器

漩涡频率检测器可以设置在漩涡发生体内，以检测作用在发生体上漩涡交替变化的频率。检测方法如图 2-36 所示。

圆柱体表面有导压孔与圆柱体内部的空腔相通，空腔由隔墙分为两部分，隔墙中间有一小孔，小孔上装有一根被加热的细铂丝。在产生漩涡的一侧，流速降低，静压升高（p_1），没有漩涡的一侧，流速增加，静压降低（p_2），于是，在圆柱体上、下方形成压力差，在压力差作用下，流体从圆柱体下方进入空腔，经过隔墙中间的小孔，从圆柱体上方流出。流体经过加热的铂丝时，带走了铂丝上的热量，使铂丝温度降低，导致电阻值减小。由于漩涡是在圆柱体上、下方交替出现，所以铂丝阻值的变化也是交替的，铂丝阻值的变化频率与漩涡频率相对应，为漩涡频率的两倍，所以可以通过检测铂丝阻值的变化频率来检测流量。

涡街流量计结构简单，安装维护方便，适用于液体、气体、蒸汽和部分混相流体的流量测量，但在高黏度、低流速、小口径的情况下，应用受到限制。

八、超声波流量计

超声波在流动的流体中传播时就载上了流体流速的信息。因此通过接收到的超声波就可以检测出流体的流速，从而换算成流量。根据检测声波方法的不同可分为：时差法、相位法和频率法。

下面介绍采用时差法来检测流量的超声波流量计。

在管道中安装两对声波传播方向相反的超声波传感器，其中 T_1 和 T_2 为发射超声波传感器，R_1 和 R_2 为接受超声波传感器，如图 2-37 所示。设声波在静止流体中的传播速度为 C，流体的流速为 u，超声波传感器 T_1 到接受超声波传感器 R_1 之间的距离为 l。

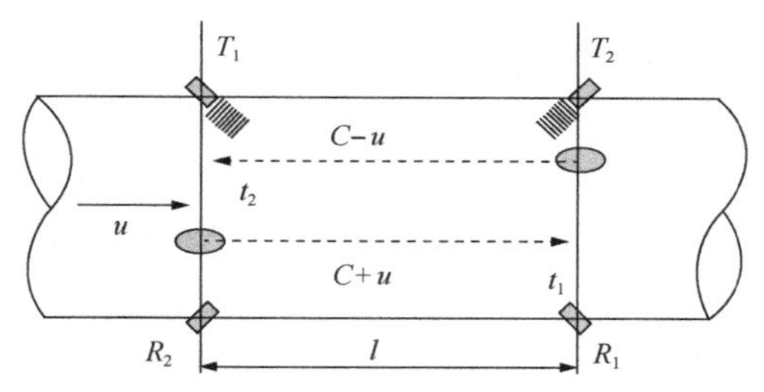

图 2-37　超声波测量原理图

超声脉冲穿过管道从发射到达接受传感器，顺着流动方向的声脉冲会传输得快些，而逆着流动方向的声脉冲会传输得慢些。这样，顺流传输时间 t_1 会短些，而逆流传输时间 t_2 会长些。两者的时差 Δt 可表示为

$$\Delta t \approx 2lu/C^2 \tag{2-11}$$

当声速 C 和传播距离 l 已知时，测出时差 Δt 就能测出流体流速 u，进而求出流量。

超声波传感器一般安装在管道外侧。可以用两对传感器，也可以用一对传感器，每个传感器兼有发射和接受功能，如图 2-38 所示。

超声波流量计为非接触式测量，不会破坏管道及流体的流动状

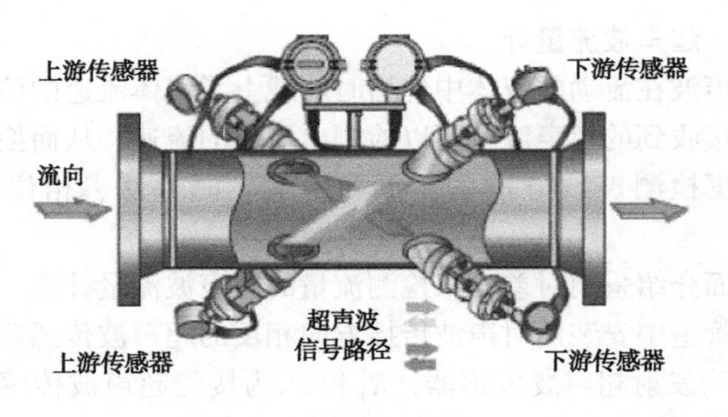

图 2-38　超声波流量计

态，特别适用于大口径管道的液体流量测量。但流速的分布情况会影响测量结果，所以必须保证测量管前后有足够的直管段长度。

九、科里奥利质量流量计

质量流量计按测量方法可以分为直接式和间接式。

科里奥利质量流量计是一种直接式质量流量计，它以科里奥利效应作为测量基础。不受温度、压力、密度、黏度、流速分布和电导性变化的影响，无可动部件，测量精度高，测量范围宽（20∶1），适用于多种工作条件下各种流体的质量流量测量。

科里奥利质量流量计的结构如图 2-39 所示。主要由流量传感管、电磁振动器和电磁感应器组成。

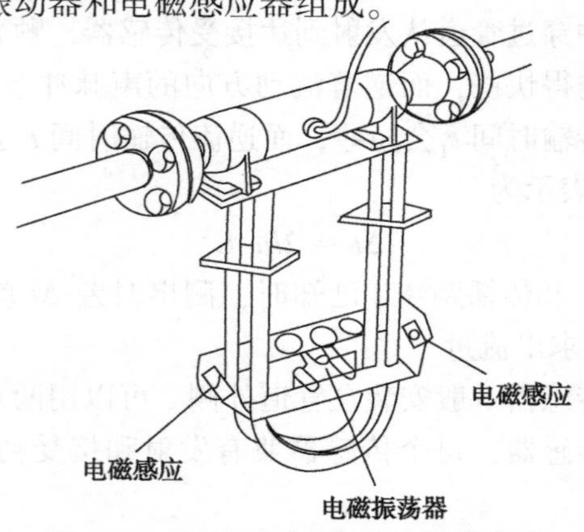

图 2-39　科里奥利质量流量计结构图

流量传感管有直管、弯管、单管、双管等多种形式，以双管应用最多。双弯管流量传感管就是由两根 U 形管组成，其中一根为流量测量管，另一根为平衡管。

电磁振动器驱动流量传感管以固有的频率振动。双管型流量传感管两根 U 形管的振动方向相反。

电磁感应器分别安装在 U 形管的左右两侧的中心附近，用来检测 U 形管的扭转角。

当流体流经流量传感管时，如果在振动的半周期，管子向上运动，流入传感管的流体向下压，流出传感管的流体向上推，两个作用方向相反的力合成的力矩引起传感管扭曲的效应，称为科里奥利效应，如图 2-40 所示。在振动的另外半周期，管子向下运动，扭曲方向相反。传感管的扭转角的大小与流体的质量流量成正比。

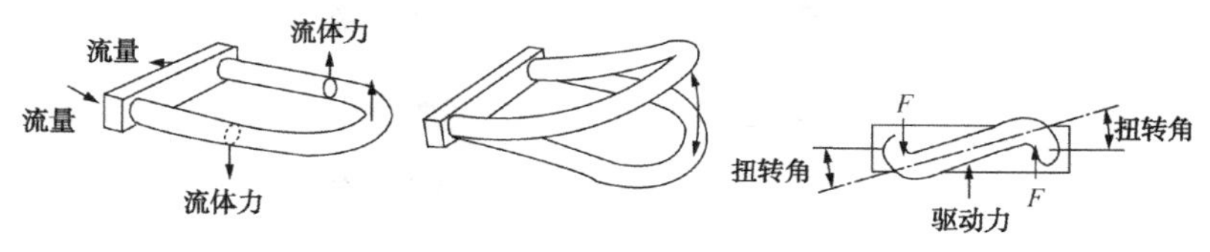

(a) 向上运动时在一根传感管上的作用力　(b) 振荡中的传感管　(c) 表示力偶及管子扭曲的传感管端面视图

图 2-40　科里奥利效应

由于测量管形状及结构设计的差异，同一口径、相近流量范围、不同型号传感器的重量和尺寸差别很大，安装要求亦千差万别。例如有些型号的流量传感器直接连接到管道上即可，有些型号却要求设置支撑架或基础。为隔离管道振动影响仪表，有时候传感器与管道之间要用柔性管连接，而柔性管与传感器之间又要求一段有支撑件分别固定的刚性直管。

十、其他流量计

1. V 锥流量计

V 锥流量计是在管道中心悬挂一个锥形节流件，锥形件阻碍介质流动，是一种差压式流量计，当介质接近锥体时，其压力为 p_1，在介质通过锥体的节流区时，速度会增加压力会降低为 p_2，将 p_1 和 p_2 通过锥形流量计的取压口引到差压变送器上。流速发生变化时，锥形流量计的两个取压口之间的差压值会增大或缩小。当流速相同时，若节流面积大，则产生的差压值也大，流量的大小与差压平方根成正比。

V 锥流量计由 V 锥传感器和差压变送器组成。有分体型安装和一体型安装两种结构，如图 2-41 所示。

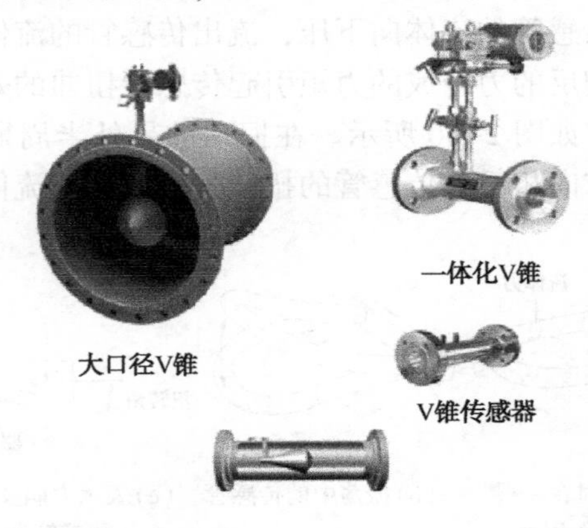

图 2-41　V 锥流量计

分体型安装由独立的 V 锥传感器和差压变送器组成。V 锥传感器和差压变送器之间的引压管连接可由使用者来完成，与差压变送器配套使用。一体型安装是产品出厂时已将差压变送器、三阀组与 V 锥传感器连接成一体，使用时不需再连接引压管。

V 锥流量计具有良好的准确度（≤0.5%）和重复性（≤0.1%），较宽的量程比（15∶1），自整流功能，几乎不需要直管段，可测脏污和易结垢流体，适合高炉煤气等杂质较多的介质。同时具有自保护功能，节流件关键部位不磨损，能保持长期稳定地工作，耐高温、高压、耐腐蚀、抗震动。

2. 楔形流量计

楔形流量计是一种差压式流量计，其基本流量方程式来自于伯努利原理(能量守衡和连续方程)，通过楔块产生差压，该差压的平方根与流量成正比。楔形流量计的检测元件为V形的节流件，如图2-42所示。圆滑顶角朝下，有利于含悬浮颗粒的液体或黏稠的液体及脏污介质顺利通过，属于非标准类节流装置。楔形流量计由楔形传感器和差压变送器组成。有分体型安装和一体型安装两种结构。楔形流量计结构独特，不仅可用于黏滞性液体的流量测量，如测量燃油、渣油及重油等，也适用于含悬浮颗粒的液固混合物，如浆状流体、污水等的流量测量。雷诺数使用范围极广，除液体外，还可用于气体、蒸汽之类流体的流量测量。

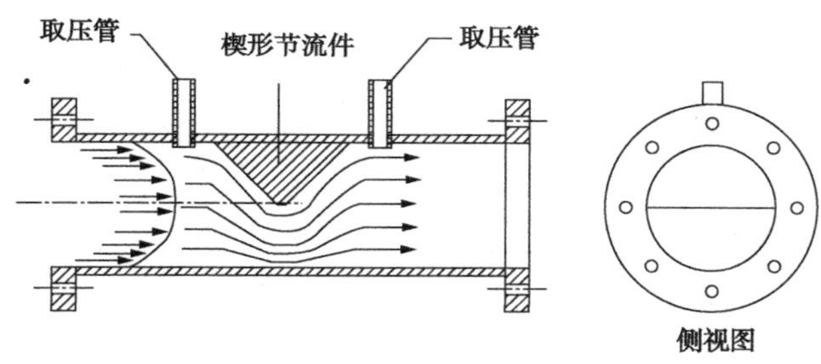

图2-42 楔形节流装置

3. 阿牛巴流量计

阿牛巴流量计(又称威力巴流量计或笛形均速管流量计)是根据皮托管测速原理发展起来的一种新型差压式流量计，它输出差压信号，与差压变送器配套使用，可准确测量圆形管道、矩形管道中的多种液体、气体和蒸汽(过热蒸汽和饱和蒸汽)的流量，并以其精度高、压力损失小、安装方便等优点逐渐取代孔板和其他检测元件，在动力工业(包括核工业)、化学工业、石油和金属冶炼等工业中得到广泛应用。

阿牛巴流量计传感器的检测杆(也称均速管)结构如图2-43所示。是由一根中空的金属管组成，迎流面钻多对总压孔，它们分别处于各单元面积的中央，分别反应了各单元面积内的流速大小。当流体流过均速管探头时，在其前部产生一个高压分布区，高压分布区的压力略高于管道的静压。由于各总压孔是相通的，传至检测杆中的各点总压值平均后，由总压引出管引至高压接头，送到传感器的正压室。根据伯努利方程原理，流体流过均速管探头时速度加快，在探头后部产生一个低压分布区，低压分布区的压力略低于管道的静压。流体从探头流过后在探头后部产生部分真空，并在探头的两侧出现旋涡。在传感器的背面或侧面设有检测孔，代表了整个截面的静压。经静压引出管由低压接头引至传感器的负压室。正、负压室压差的平方根与流量截面的平均流速成正比，以此可推算出流体的流量。

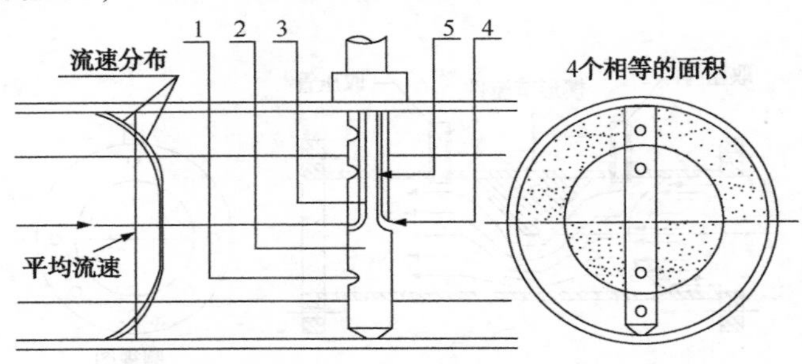

图 2-43　阿牛巴流量计传感器测量原理图

1—全压孔(迎流孔)；2—检测杆；3—总压均值管；

4—静压孔；5—静压引出管

均速流量探头的截面形状、表面粗糙状况和低压取压孔的位置是决定探头性能的关键因素。低压信号的稳定和准确对均速探头的精度和性能起决定性作用。阿牛巴均速流量探头能精确地检测到由流体的平均速度所产生的平均差压。

阿牛巴流量计以其安装简便、压损小、强度高、不受磨损影响、无泄漏等优点而成为替代孔板的理想产品。阿牛巴流量计可广泛用于工矿企业的高炉煤气、压缩空气、蒸汽和其他液体、气体的流量测量。

十一、流量检测故障判断

1. 流量检测故障判断

如果出现流量指示不正常，应先了解工艺情况，如被测介质情况，机泵类型，简单工艺流程等，了解故障情况后，可以按照以下步骤分析流量控制仪表系统故障：

① 流量控制仪表系统指示值达到最小时，首先检查现场检测仪表，如果正常，则故障在显示仪表。如现场检测仪表指示也为最小时，则检查调节阀开度，若调节阀开度为零，则一般是调节阀到调节器之间的故障。当现场检测仪表指示最小，调节阀开度正常，故障原因很可能是系统压力不够、系统管路堵塞、泵的扬程不够、介质结晶、操作不当等原因造成。若是仪表方面的故障，原因可能有：孔板差压流量计正压引压导管堵塞；差压变送器正压室泄漏；机械式流量计齿轮卡死或过滤网堵塞等。

② 流量控制仪表系统指示值达到最大时，则检测仪表也常常会指示最大。此时可手动遥控调节阀开大或关小，如果流量能降下来则一般为工艺操作原因造成。若流量值降不下来，则是仪表系统的原因造成，检查流量控制仪表系统的调节阀是否动作；检查仪表测量引压系统是否正常；检查仪表信号传送系统是否正常。

③ 流量控制仪表系统指示值波动较频繁，可将控制改到手动方式。如果波动减小，则是仪表方面的原因或是控制器 PID 控制参数不合适；如果波动仍频繁，则查找工艺操作方面原因。

以电动差压变送器为例，判断变送器流量检测故障流程如图 2-44 所示。

2. 流量检测故障实例分析

（1）蒸汽流量指示偏低

① 工艺过程：某化工企业催化剂再生装置加热蒸汽流量指示调节，采用节流装置(孔板)和差压变送器测量蒸汽流量，导压管配冷凝液罐，如图 2-45 所示。

② 故障现象：蒸汽流量指示慢慢往下跌，或者说流量指示

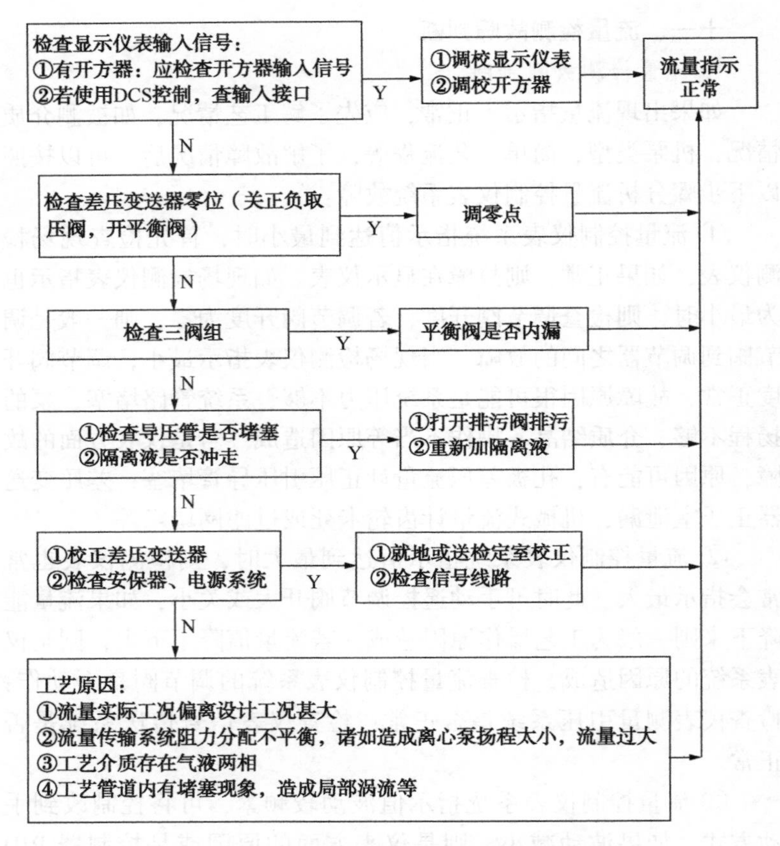

图 2-44　差压变送器流量检测故障判断流程

不断地偏低。

③ 故障分析与判断：首先检查差压变送器的零位是否偏低、漂移，再检查取压系统，发现差压变送器的平衡阀有微量泄漏。由于平衡阀有泄漏，正压侧压力 p_1 通过平衡阀传递到负压侧，使负压侧压力 p_2 增加，造成压降 $\Delta p=p_1-p_2$ 减小，指示偏低。因为是微量泄漏，Δp 下降很慢，所以流量指示表现为慢慢下跌。如泄漏量很大，则 $p_1=p_2$，$\Delta p=0$，流量指示就为零了。另外，在孔板两边压差作用下导压管内的冷凝液会被冲走，虽然蒸汽冷

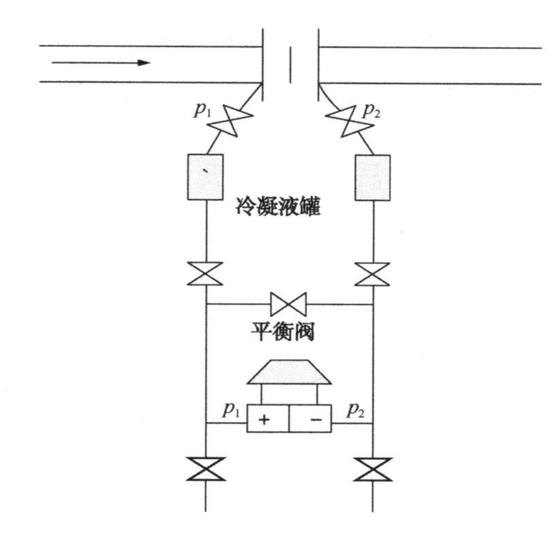

图 2-45　蒸汽流量测量

凝会补充一些冷凝液，但速度慢，补偿不了冷凝液被冲走的量，这样造成正压导压管内冷凝液慢慢地下降，流量指示也慢慢地偏低。

找到原因，处理比较简单，更换平衡阀或处理造成平衡阀泄漏的原因，流量指示即可恢复正常。

除了三阀组中的平衡阀未关严或阀虽旋紧仍有内漏，会引起仪表示值偏低以外，下列的原因均有可能引起仪表示值偏低。

a. 孔板方向装反，这时流速缩颈与孔板距离比正确安装为远，致使孔板后取压孔测压值增高，造成压差下降，需重新装正。

b. 正压阀、正压侧的排污阀漏或堵。

c. 变送器静压误差大。

d. 变送器零点偏低。

e. 仪表的实际工作条件与设计条件不一致，例如实际温度高于设计温度，致使流体的密度下降，由于流体的质量流量与流体的密度开方成正比，所以流量指示也就偏低。

（2）流量示值波动大

① 工艺过程：某石化企业裂解炉原料油加入量流量指示调节，采用节流装置配差压变送器测量原料油流量。它的安装形式有一个特点，即孔板与差压变送器安装在同一个水平高度，而导压管向下弯了一个 U 形后再与差压变送器相连接，如图 2-46 所示。

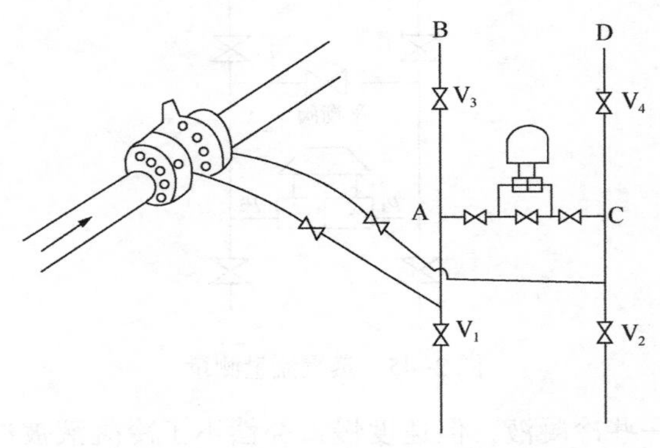

图 2-46 乙烯裂解原料油测量

② 故障现象：仪表大修后开车投料，发现 FIC-01 裂解炉原料油流量指示波动大。

③ 故障分析与判断：首先对导压管进行排污，排污后流量指示波动仍然大。分析原因：由于大检修，将导压管和仪表本体内所有原料油都排放干净，因此空气进入导压管和仪表表体中。开车以及排污时，导压管内空气一部分从排污阀 V_1、V_2 中排掉，另一部分通过差压变送器表体上的正负压室排气、排液孔中排除。从图 2-46 中可知，导压管 AB 段和 CD 段内的空气无法从 V_1、V_2 以及差压变送器本体排液、排气阀中排除，而积聚在导压管顶部。由于空气可以压缩具有弹性，当原料油压力作用在空气团上方时，它先受压缩然后膨胀，产生弹性振动，流量指示自然就波动不稳定了。

处理办法是通过顶部排气阀 V_3 和 V_4 进行排气，直至原料油连续排出而无气泡为止，关上排气阀 V_3 和 V_4，原料油流量指示恢复稳定。

现场运行中差压变送器怎样检查其工作是否正常呢？由于差压变送器的故障多是零点漂移和导压管堵塞，所以在现场很少对刻度逐点校验，而是检查它的零点和变化趋势，具体方法如下：

a. 零点检查：关闭正、负压侧截止阀，打开平衡阀，此时电动差压变送器电流应为4mA。

b. 变化趋势检查：零点检查结束后，各阀门恢复原来的开表状态，打开负压室的排污阀，这时电动差压变送器的输出应指示最大即为20mA以上；打开正压室排污阀，电动差压变送器输出应为最小，即为4mA；若打开正或负侧排污阀时，被测介质排出很少或没有，说明导压管有堵塞现象，就要设法疏通。

（3）流量指示来回波动

① 故障现象：电磁流量计安装后流量计运行正常，测量准确度高，在使用一段时间后发现流量计显示有时会回零，而且显示值也有波动现象。

② 故障分析：经过现场检查发现因为电磁流量计为分体安装，传感器安装在竖井中，因为下雨的关系竖井中有很深积水，传感器经过长时间浸泡有潮气进入接线盒，导致励磁线圈与大地间绝缘电阻降低，以至于流量计无法正常工作。

处理方法：将传感器处的接线盒打开，用电吹风把接线盒里的水汽烘干，使绝缘电阻大于20MΩ，再用硅胶将接线盒进线口密封。

第四节　物位检测仪表

在生产过程中为了监控生产的正常和安全运行，保证物料平衡，经常需要对物位进行检测。物位是指存放在容器或工业设备中物料的位置高度，包括液位、界位和料位。液位指容器中液体介质的高低，界位指两种密度不同、互不相容的液体介质的分界面的高低，料位指设备或容器中固体或颗粒状物质的堆积高度。

一、物位检测方法

物位检测受到工业生产具体的工作条件、被测介质的物理化学性质的影响，检测物位的方法多种多样，如按检测原理来分可将物位检测方法分为直读式、差压式、浮力式、电气式、超声波式、核辐射式、光学式等。

1. 直读式

直接用与被测容器连接的玻璃管或玻璃板显示容器中液位的高低，是一种最简单最常见的方法。此方法准确可靠，但只能就地显示，且被测容器的压力不宜过高。

2. 差压式

利用流体静力学原理，将容器内已知液体的高度转变为静压力，通过测量压力(差压)来测量液位的大小。由于此方法比较简单，所以在化工生产中获得广泛应用。基于这种检测方法的液位计有差压式、吹气式液位计。

3. 浮力式

分为恒浮力和变浮力两种方法。恒浮力是基于浮子浮于液体中，高度随液位而变化；变浮力是基于浮子(沉筒)所受浮力随所浸没的液位的变化而改变的原理。基于这种检测方法的液位计有浮子式、沉筒式、磁翻板式等。

4. 电气式

通过置于被测介质中的敏感元件，将物位的变化转变成电量(如电阻、电容、电磁场等)，这种方法既适于液位测量又可用于料位测量。如电容式物位计、电阻式液位计等。

5. 超声波式

利用超声波在气体、液体或固体中的衰减程度，穿透能力和辐射阻抗等各不相同的性质来测量物位。如超声波液位计等。

6. 核辐射式

利用 γ 射线通过物料时，强度随厚度变化的原理。

二、玻璃管液位计

玻璃管液位计是目前石油化工生产中最常用的一种现场液位

显示液位仪表，它是利用连通原理来指示液位的，所以在液位波动不大的情况下它指示的液位是没有误差的。它由与过程设备相连接的连通器玻璃导管和标尺组成，如图 2-47 所示。玻璃管液位计具有价格便宜，可操作性好，指示准确，易安装，易保养的优点。也有玻璃管易碎，耐压不高，玻璃管易脏的缺点。因此要定期对液位计玻璃管内部进行清洗，保证玻璃管的清洁，防止玻璃管被损坏。

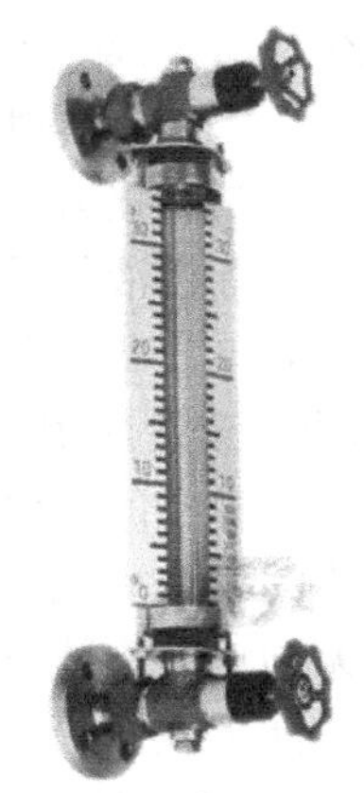

图 2-47 玻璃管液位计

三、磁翻板液位计

磁翻板液位计根据浮力原理和磁性耦合作用原理工作。结构如图 2-48 所示。

用非导磁的不锈钢制成的浮子室内装有带磁铁的浮子，浮子室与容器相连，紧贴浮子室壁装有带磁铁的红白两面分明的翻板或翻球的标尺。当被测容器中的液位升降时，液位计主导管中的浮子也随之升降，浮子内的永久磁钢通过磁耦合传递到现场指示器，驱动红、白翻板或翻球翻转 180°，当液位上升时，翻板或翻球由白色转为红色，当液位下降时，由红色转为白色，指示器

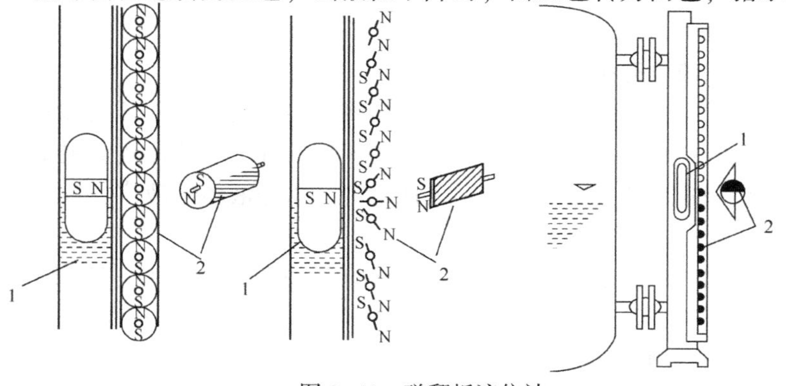

图 2-48 磁翻板液位计

1—内装磁铁的浮子；2—翻球

的红、白界位处为容器内介质液位的实际高度，从而实现液位的指示。如果配合其他的开关和仪表则可更方便地实现远距离检测、控制和报警。

磁翻板液位计是一种新颖的现场检测仪表，具有指示直观、结构简单、测量范围大、不受容器高度的限制，可全面取代玻璃管(板)液位计用来测量密闭和敞开容器的液位。磁翻板液位计安装在容器的外侧或上面，特别适合用于高温、高压、强腐蚀性介质的场合。主体管采用无缝钢管，连接管处采用拉孔焊接，内部无划痕，主体下端密封形式可根据需要加装排污阀。

使用磁翻板液位计时应注意以下问题：

① 液位计投入运行时，应先开上阀门，然后慢慢开下阀门，避免容器内介质急速流入筒体，使浮标急速上升，翻板跟踪指示失灵或浮子受冲击而损坏。

② 当容器做内压试验时，应将浮标取出。

③ 在使用中，由于液位突变或其他原因造成个别翻板不翻转可用校正磁钢纠正。

④ 液位计在使用一段时间后，如介质有沉淀物时，需定期清洗，保持磁性浮子活动自由，清洗时先关掉上下阀门，排出液体，拆下下盖，取出浮子，再进行清洗。磁翻板要定期打黄油让其活动自由。

四、液位开关

液位开关是另一种类型的液位检测仪表，也称水位开关或液位传感器；顾名思义，就是用来控制液位的开关。从形式上主要分为接触式和非接触式。它适于测量油、水等液体的液位，具有耐温、耐压性能较好的特点。

常用的非接触式开关有电容式液位开关，接触式开关有浮球式液位开关、音叉液位开关、电导式液位开关等，其中以浮球式液位开关应用最广泛。电极式液位开关、电子式液位开关、电容式液位开关也可以采用接触式方法实现。

1. 电容式液位开关

电容式液位开关是一种高智能液位检测仪表，它克服了以往测量方式的报警精度低和调校步骤复杂带来的问题，已广泛应用于化工、冶金、石油、机械、食品饮料等行业。

电容式液位开关采用先进的数字智能补偿技术，将容器内的液位变化量转换成电容变化量。探极内有两个极板，介质的变化改变电极间的介电常数，从而得到电容量的变化，通过电子插件把电容量转换成脉冲数字信号，再通过微处理器来完成报警点的设计和报警动作的实现。电容式液位检测是目前液位开关中最有优势的检测方法，其最大优势在于可以隔着任何介质检测到容器内液位或液体的变化，所以实际应用很广泛，具有稳定性、可靠性高的特点。外形结构如图 2-49 所示。

图 2-49　电容式液位开关

2. 浮球式液位开关

浮球式液位开关主要由浮子、带磁性的传动杆和微动开关组成。浮子在液体中受两个力作用，一个是垂直向下的重力(即浮子和传动杆的重力)，另一个是液体对浮子的向上浮力。当这两个力平衡时浮子和传动杆处于静止状态；当液体上下波动时浮子和传动杆也随液体的波动而上下波动；当液位上升或下降到某一点时传动杆上的磁性触头吸合微动开关上的磁铁，由此带动微动开关动作，使开关的状态发生变化。外形结构如图 2-50 所示。

浮球式液位开关的维护及检修主要包括：

电气部分的检修：检查微动开关触点动作是否正常；检查连线有无损坏，端子连接有无松动；磁性开关活动是否正常，连接导线是否接地。

机械部分检修：检查浮子是否破裂，向导管内灌水看浮子是

图 2-50　浮球式液位开关

否动作。检查浮子和传动杆活动是否灵活；检查挂浮子的弹簧是否损坏。

液位开关电气部分的接线：当为液位高高开关或液位高开关时，一般接常闭点；当为液位低低开关或液位低开关时，一般接常开点。

3. 音叉液位开关

音叉式液位开关是一种新型的液位开关，它是利用音叉振动的原理设计制作的。在音叉液位开关的感应棒底座，透过压电晶片驱动音叉棒，并且由另外一压电晶片接受振动信号，使振动信号得以循环，并且使感应棒产生共振。当物料与感应棒接触时，振动信号逐渐变小，直到停止共振，此时控制电路会输出电气接点信号。由于感应棒感度由前端向后座依次减弱的自然原理，所以当桶槽内物料与桶周围向上堆积，触及感应棒底座(后部)或排料时，均不会产生错误信号。外形结构如图 2-51 所示。

图 2-51　音叉液位开关

简单地说，音叉在压电晶体激励下产

生机械振动，这种振动具有一定的频率和振幅。当音叉被液体或固体浸没时，音叉的振动频率和振幅将发生变化。这个频率变化由电子线路检测出来并输出一个开关量。音叉式液位开关适用于所有液体介质，同时也用于测量能自由流动的中等密度的固体粉末或颗粒。由于音叉液位开关基本没有活动部件，机械磨损比较小，因此无需维护和调整，使用简单方便，目前已广泛应用于化工、冶金、建材、轻工、粮食等行业中物位的检测和自动控制。

五、浮筒液位变送器

液位变送器是一种对被检测对象的液位进行连续检测并按需要进行远传的现场检测仪表。一般情况下它的供电电压为 24V DC，可输出 4~20mA DC 或 1~5V DC 信号。

DL-100 浮筒液位变送器应用于工艺流程中敞口或密封容器内液位、界位的连续测量。该液位计具有动圈式或数字式现场指示，并可输出 4~20mA DC 信号，实现工艺流程的液位检测及自动控制。

1. 工作原理

此液位变送器用浮筒作为检测元件，感受液位的变化，当液位为零时，在杠杆的一端所挂浮筒受到液体向上的浮力为零，根据杠杆力平衡的原理，在杠杆的另一端测力传感器，产生向上的作用力最大，向下的作用力为零，此时变送器输出为 4mA；当液位为测量上限时，浮筒所受浮力最大，测力传感器产生向上的作用力最小，产生向下的作用力最大，此时变送器输出为 20mA；当液位为测量范围内的某一数值时，通过测力传感器及相应的放大电路，变送器输出与液位变化相应的 4~20mA 信号。DL-100 浮筒液位计原理图如图 2-52 所示，接线图如图 2-53 所示。

2. 安装及注意事项

① 液位变送器只能垂直安装。

② 安装前，检查安装法兰表面是否与容器成水平位置，然

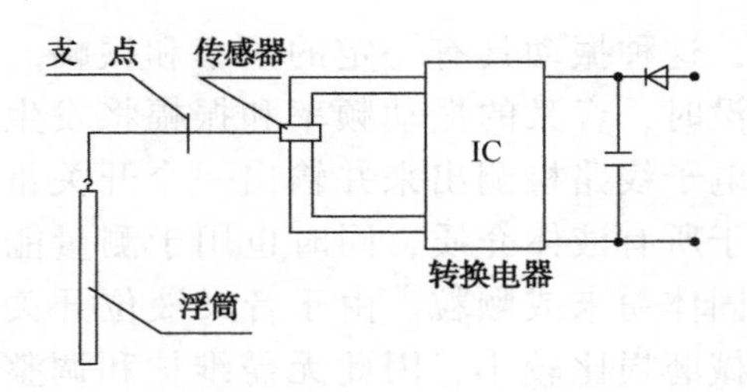

图 2-52　DL-100 浮筒液位计原理图

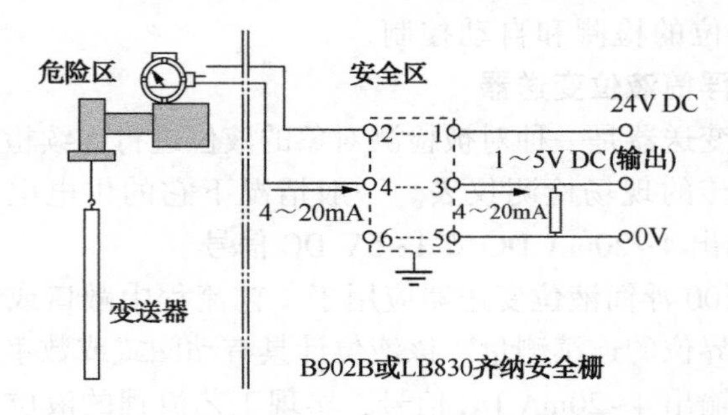

图 2-53　DL-100 浮筒液位计接线图

后装上垫圈，把浮筒挂在连接链上，插入容器或外装腔体。

③ 在加挂或拆卸浮筒时，应避免用过大的拉力或推力，以免损坏仪表。

④ 在安装浮筒时，应保证浮筒不与周围任何物体接触，产生摩擦力，影响测量精度。

⑤ 仪表的内外接地应牢固可靠。

⑥ 正常使用中，切勿打开传感器和显示表外壳。当需检查时，只许打开显示表后盖。操作时，应切断电源。

3. DL-100 浮筒液位计的维修和保养

① 定期清洗连通导管，保持浮筒活动灵活。

② 电子单元保持干燥清洁。

③ 严禁调节表头上用红色油漆标记的地方。

④ 严禁有较强电磁波发射的设备或仪器靠近该型号的液位变送器。

六、差压式液位计

1. 测量原理

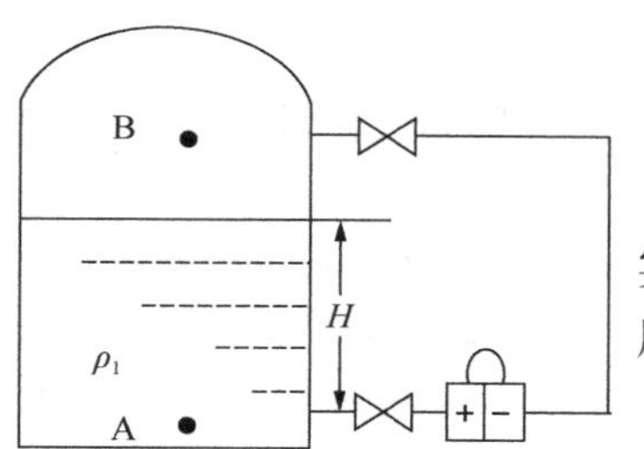

图 2-54　静压法测液位

通过测量液位高度产生的静压实现液位的测量。原理如图2-54所示。

设容器上部空间为干气体，压力为 p_B，选定的零液位处压力为 p_A，被测介质密度为 ρ_1，则 $p_A = p_B + \rho_1 gH$，零液位到液柱高 H 处所产生的静压力差为 $\Delta p = p_A - p_B = \rho_1 gH$

当被测介质密度不变时，测量 Δp 就可以测出液位的大小。

(1) 压力式液位计

如果容器是敞开的，如图 2-55 所示，可以用普通的压力表来测量液位。如需远传，可以用压力变送器。

安装时，液位计可直接与导压管进行连接，但如果要测量有腐蚀性或含有结晶颗粒以及黏度大、易凝固等液体的液位时，就要加装隔离罐，或用法兰式压力变送器。

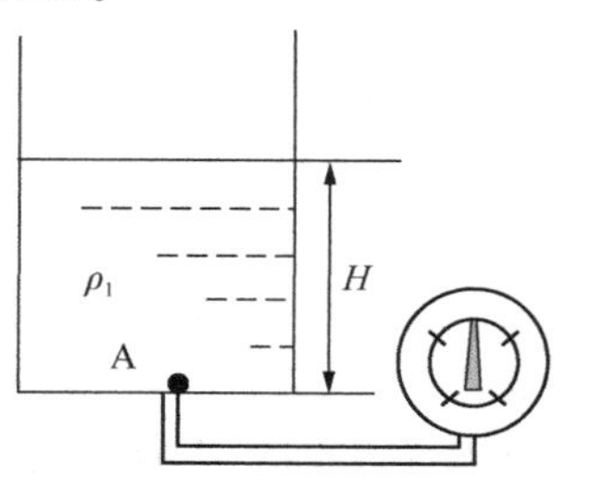

图 2-55　压力有测液位

需要注意的是当取压点与压力表不在同一水平时，应对其位置高度差引起的指示值误差进行修正，另外测量中应保持介质密度恒定。

(2)差压式液位计

测量敞开容器的液位时，差压变送器的负压室与大气“相通”，测出表压力即可知液位的高低。在有压力的密闭容器测量液位时，采用差压变送器，可消除气相压力的影响，如图 2-54。这时作用于正负压室的压力差为

$$\Delta p = \rho_1 gH \qquad (2-12)$$

由式(2-12)可见，差压变送器测得的差压与液位高度成正比。

2. 零点迁移

零点迁移只用于液位测量系统，由于现场液位计安装情况的不同，造成在液位为最低液位时，液位计指示不在零点（对于DDZ-Ⅲ型差压变送器，输出应为4mA），而是指示正或负的一个固定差压值，这个差压值称为迁移量。如果迁移量为正值，称系统正迁移；如果为负值，称系统负迁移；如果为零，则表示无迁移。

（1）无迁移

当差压变送器的正压室（或压力表进压口）与被侧液位的零位在一个水平线上时（图2-54和图2-55），$\Delta p=\rho_1 gH$。对于DDZ-Ⅲ型差压变送器，当$H=0$时，差压信号$\Delta p=0$，变送器输出$I=4mA$；当$H=H_{max}$时，差压信号$\Delta p=\Delta p_{max}$，变送器输出$I=20mA$。不需要进行零点迁移。

（2）正迁移

实际测量中，由于安装条件的限制，差压变送器安装在液位基准面下方h处，如图2-56所示。差压与液位的关系为

$$\Delta p=\rho_1 gH+\rho_1 gh \quad (2-13)$$

由式（2-13）可知，当$H=0$时，差压信号Δp将不为零，而是$\Delta p=\rho_1 gh$，这就是说，当液位H为零时，差压变送器仍有一个固定差压$\rho_1 gh$输入，变送器的输出将大于4mA；为了保持差压变送器的零点与液位零点相一致，就要抵消这一固定差压的作用，即进行零点迁移。一般在差压变送器上设有迁移装置，通过调整迁移装置可以抵消$\rho_1 gh$的作用。因为$\rho_1 gh>0$，所以称为正迁移。

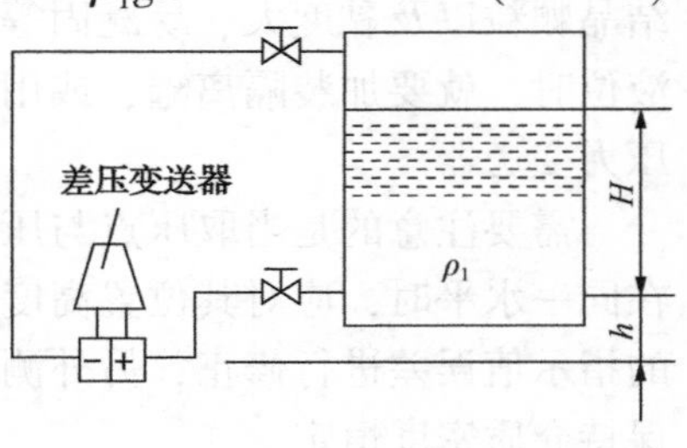

图2-56 正迁移

（3）负迁移

在测量中，如果气相介质进入负压室后容易冷凝，会使负压室的液柱高度发生变化，从而引起测量误差，或如果测量介质具

有腐蚀性，为防止腐蚀性介质进入变送器，需要在变送器的正负压室与取压口之间分别装上隔离罐，如图 2-57 所示。

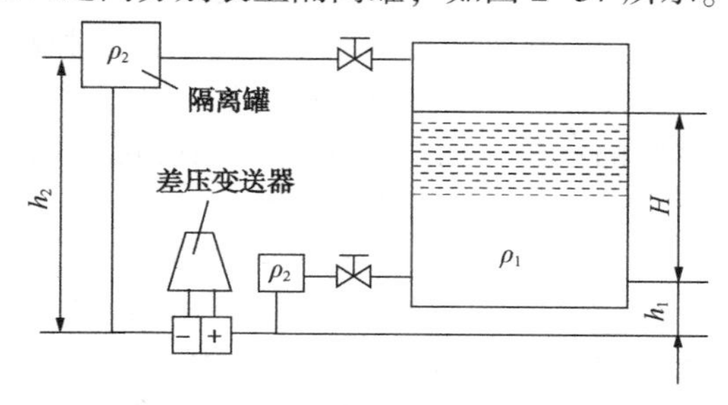

图 2-57　负迁移

若隔离液密度为 ρ_2，则正、负压室压力 p_1、p_2 分别为

$$p_1 = \rho_1 gH + \rho_2 gh_1 + p_{\text{气相}}$$

$$p_2 = \rho_2 gh_2 + p_{\text{气相}}$$

压力差为

$$\begin{aligned}\Delta p &= p_1 - p_2 \\ &= \rho_1 gH + \rho_2 gh_1 - \rho_2 gh_2 \\ &= \rho_1 gH - \rho_2 g(h_2 - h_1)\end{aligned} \tag{2-14}$$

由式(2-14)可知，当液位 H 为零时，差压变送器多了一项 $\rho_2 g(h_1-h_2)$，这一固定差压作用在负压室，使变送器的输出小于 4mA。因此，通过调整迁移装置可以抵消掉 $\rho_2 g(h_1-h_2)$ 的作用。因为 $\rho_2 g(h_1-h_2)<0$，所以称为负迁移。

从上述分析可知，正、负迁移的实质是通过迁移装置改变差压变送器的零点，即同时改变变送器的测量范围，但变送器的量程不变。在差压变送器产品手册中，通常注明是否带有迁移装置以及相应迁移量范围。

3. 特殊介质的液位测量

(1) 法兰式差压变送器

法兰式差压变送器主要用来测量有腐蚀性或含有结晶颗粒以及黏度大、易凝固等液体的液位。

在插入式法兰、毛细管和变送器的测量室所组成的密闭系统内充有硅油，硅油作为传压介质，使被测介质不进入毛细管和变送器，以免堵塞。毛细管外套用金属蛇皮管保护。

法兰式差压变送器根据测量形式分为单法兰和双法兰两种；按法兰的结构又分为平法兰和插入式法兰。单法兰差压变送器适于测量敞开容器的液位，而气相不易结晶的可选用平法兰，反之，则选用插入式法兰。如图 2-58 所示。

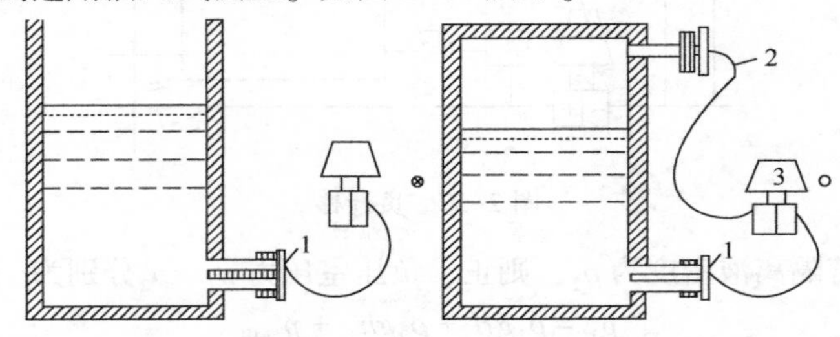

图 2-58　法兰式差压变送器

1—插入式法兰；2—毛细管；3—差压变送器

采用单法兰差压变送器测量密闭容器液位时，通常加入负迁移，这种测量方法是在负压连通管内充液，因此当重新安装后，要注意在负压连通管内加液，加液高度和液体密度的乘积等于法兰变送器的负迁移量。所加液体一般和被测介质即容器内物料相同。

（2）吹气法测量

对于测量有腐蚀性、高黏度或含有结晶颗粒的液体的液位，也可以采用吹气法进行测量。如图 2-59 所示。在敞开容器中插

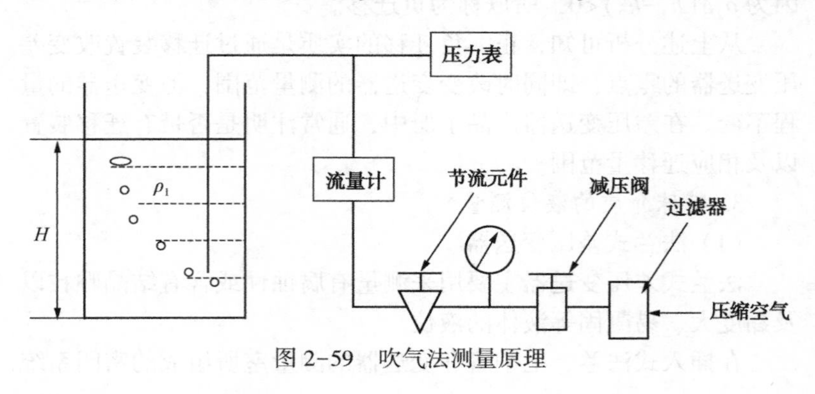

图 2-59　吹气法测量原理

入一根导管，压缩空气经过过滤器、减压阀、节流元件、转子流量计，最后由导管下端敞口处逸出。

压缩空气的压力根据被测液位的范围，由减压阀控制在某一数值上，调整节流元件，保证液位上升至最高点时，仍然有微量气泡从导管下端逸出。当液位上升或下降时，液封压力也随之升高或降低，导致从导管下端逸出的气量也要随之减少或增加。由于供气量恒定，当从导管排出的气体流量很小时，导管内气体压力基本上与导管口的液体压力相等，即导管内的压力随液封压力变化。因此，用压力表(或差压变送器)即可测量出液位的高度。

七、电容式物位计

1. 测量原理

两同轴圆柱极板构成圆柱形电容器作为检测元件，如图 2-60 所示。当电容器的几何尺寸和介电常数保持不变时，电容的变化量 C_x 与被测液位 H 成正比，只要测出 C_x，就可知道液位的高度。

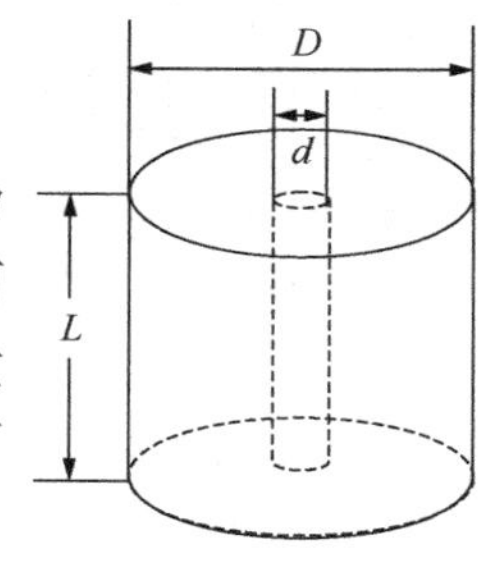

图 2-60 电容式物位计测量原理

2. 非导电液体的液位测量

利用被测液体液位变化时，两极之间的填充介质的介电常数发生变化，从而引起电容量的变化这一特征进行液位测量。

两根同轴装配相互绝缘的不锈钢管分别作为圆柱形电容的内外电极，结构如图 2-61 所示。外电极上开有很多小孔，介质能顺利通过。

这种类型的电容液位计适合测量电导率小于 10^{-2} s/m 的液体。

3. 导电液体的液位测量

利用传感器两电极的覆盖面积随被测液体液位的变化而变化，从而引起电容量变化的关系，进行液位测量。

电容传感器的结构如图 2-62 所示。不锈钢棒是内电极，金属容器外壳和导电液体构成外电极，内外电极之间用聚四氟乙烯套管绝缘。

当液位上升时，两电极极板覆盖面积增大，电容量就增大，因此通过测量传感器的电容量大小，就可以获知被测液位的高度。

若介质是黏性导电液体，那么测量结果中将存在一个虚假液位，会影响仪表的测量精度，甚至使仪表不能工作。因此，这种类型的电容液位计不适于测量黏性导电介质。

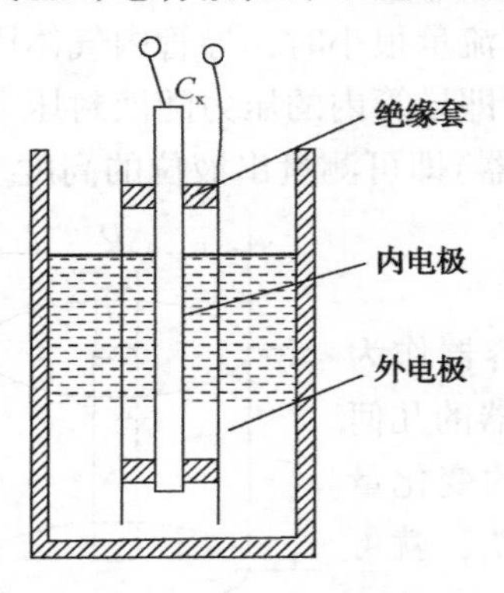

图 2-61　非导电流体的液位测量

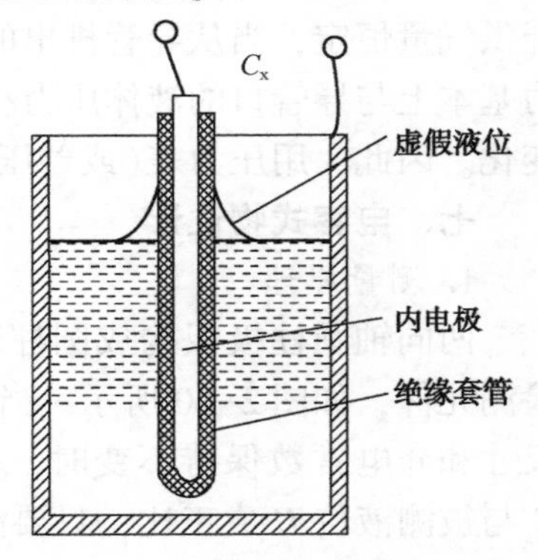

图 2-62　导电液体的液位测量

八、超声波物位计

1. 测量原理

超声波在穿过介质(气体、液体、固体)时会被吸收而产生衰减，气体吸收最强，衰减最大，固体吸收最弱，衰减最小。当声波从一种介质向另一种介质传播时，在密度、声速不同的分界面上传播方向要发生改变，即一部分声波被反射，一部分声波折射入相邻介质内。如声波从液体或固体传播到气体，由于两种介质的密度相差悬殊，声波几乎全部被反射。因此，当置于容器底部的探头向液面发射短促的声脉冲波时，如图 2-63 所示，经过时间 t，探头便可接收到从液面反射回来的回波声脉冲。若设探头到液面的距离为 H，声波在液体中的传播速度为 v，则液位高度 H 与从发到收所用时间 t 之间的关系可表示为

$$H = \frac{1}{2}vt \tag{2-15}$$

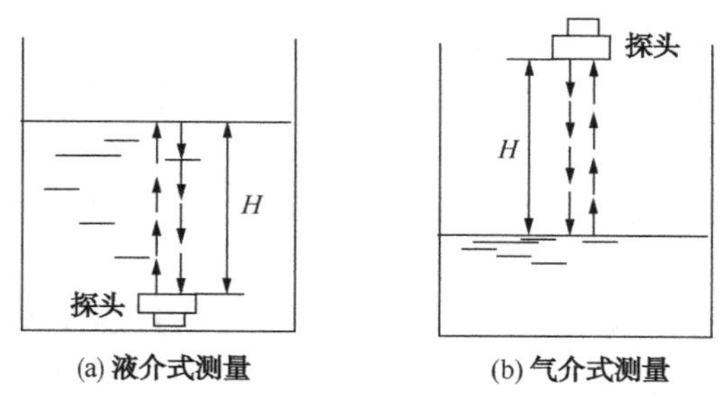

图 2-63　超声波测量方法

在声波传播速度 v 为已知的情况下，测出时间 t 即可知道液位高度。

2. 类型及特点

根据传播介质的不同，有液介式[图 2-63(a)]、气介式[图 2-63(b)]和固介式，根据探头的工作方式，又有自发自收的单探头方式和收发分开的双探头方式，实际应用中可以相互组合得到不同的测量方案。雷达式液位计采用的就是气介式测量方法。

声波物位测量属于非接触式测量，特别适于腐蚀性、有毒、高黏度等液体的液位测量，没有机械可动部件，寿命长，测量范围宽，但被测液体不能有气泡和悬浮物，液面要求平稳，声速受到介质的温度、压力影响，电路复杂，造价较高。

由于超声波液位变送器是使用塑料螺丝连接，所以它不能用于高温或高压场所。

3. 安装及注意事项

(1) 安装

① 超声波有盲区，安装时必须计算预留出传感器安装位置与测量液体之间的距离。

② 探头发波是个扩散过程，既有方向角，安装的时候要注意，否则可能打到池壁的凸物或渠道边缘。

③ 探头发射面到最低液位的距离，应小于选购仪表的量程。

④ 探头发射面到最高液位的距离，应大于选购仪表的盲区。

⑤ 探头的发射面应该与液体表面保持平行。

⑥ 探头的安装位置应尽量避开正下方进、出料口等液面剧烈波动的位置。

⑦ 若池壁或罐壁不光滑，仪表安装位置需离开池壁或罐壁0.3m以上。

⑧ 若探头发射面到最高液位的距离小于选购仪表的盲区，需加装延伸管，延伸管管径大于120mm，长度0.35~0.50m，垂直安装，内壁光滑，罐上开孔应大于延伸管内径。或者将管子通至罐底，管径大于80mm，管底留孔保持延伸管内液面与罐内同高。

(2)注意事项

① 仪表在室外安装建议加装遮阳板以延长仪表使用寿命。

② 电线、电缆保护管，要注意密封防止积水。

③ 仪表虽然自身带有防雷器件，但仪表在多雷地区使用时，建议在仪表的进出线端另外安装专用的防雷装置。

④ 仪表在特别炎热、寒冷的地方使用，即周围环境温度有可能超出仪表的工作要求时，建议在液位仪周围加设防高、低温装置。

九、物位检测仪表故障及排除

1. 液位检测故障判断

如某液位计指示不正常，偏高或偏低的话。首先要了解工艺状况、工艺介质，被测对象是蒸馏塔、反应釜，还是储罐(槽)、反应器。用浮筒液位计测量液位，往往同时配置玻璃液位计，工艺人员通常会以现场玻璃液位计为参照来判断电动浮筒液位变送器的指示是否偏高或偏低，因为玻璃液位计比较直观。液位控制仪表系统故障分析步骤如下：

① 液位控制仪表系统指示值变化到最大或最小时，可以先检查检测仪表是否正常，如指示正常，将液位控制改为手动方式遥控液位，看液位变化情况。如液位可以稳定在一定的范围，则故障在液位控制系统；如无法控制液位，一般为工艺系统造成的故障，要从工艺方面查找原因。

② 差压式液位控制仪表指示和现场直读式指示仪表指示不

一致时，首先检查现场直读式指示仪表是否正常，如指示正常，检查差压式液位仪表的负压导压管封液是否有渗漏；若有渗漏，重新灌封液调零点；无渗漏，可能是仪表的负迁移量不正确，重新调整迁移量使仪表指示正常。

③ 液位控制仪表系统指示值变化波动频繁时，首先要从液面控制对象的容量大小来分析故障的原因，容量大一般是仪表故障造成，容量小首先要分析工艺操作情况是否有变化，如有变化很可能是工艺造成的波动频繁，如没有变化可能是仪表故障造成。

以电动浮筒液位变送器为检测仪表的液位检测故障判断流程如图 2-64 所示。

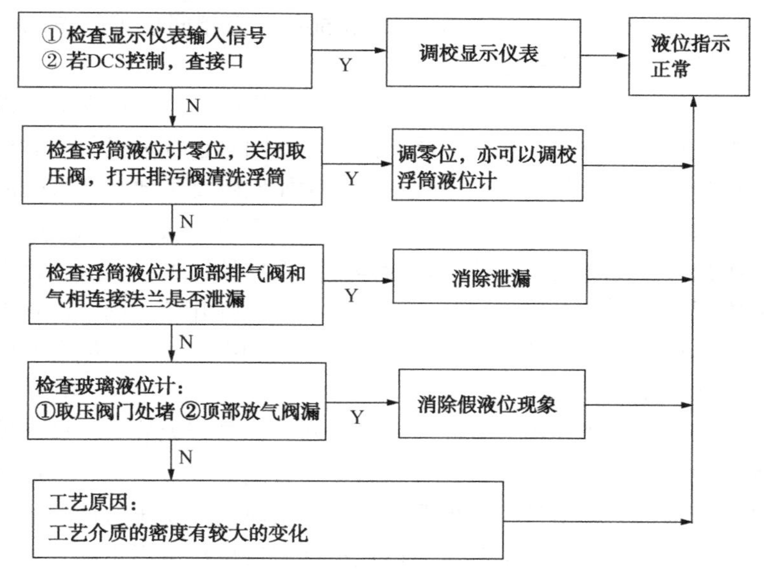

图 2-64　液位检测故障判断流程

2. 液位检测故障实例分析

(1)两个液位计指示不一致

① 工艺过程：T-501 塔液位测量采用浮筒液面计，如图 2-65 所示。

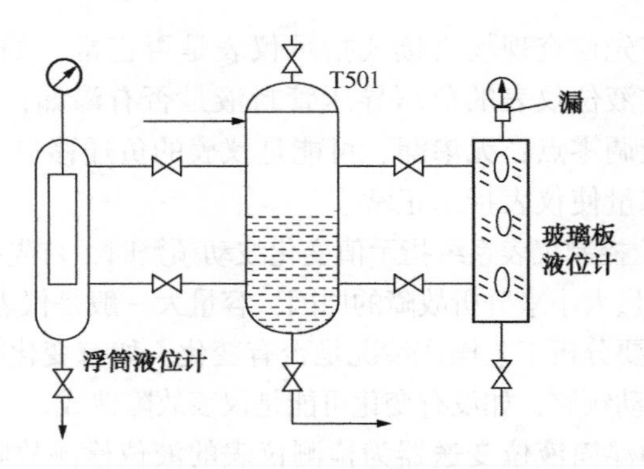

图 2-65　T-501 液体检测

② 故障现象：浮筒液面计指示 50%，而相同位置的玻璃板液面计指示已是满刻度。

③ 故障分析与判断：用浮筒液面计测量精馏塔的液位是常用的一种测量方法，在安装浮筒液位计的同时也常常安装玻璃板液位计，以便操作工在生产现场巡检时能比较直观地观察塔的液位，这种安装方法往往会出现两个仪表指示不一致的现象。出现这类故障，操作人员往往会认为是浮筒液位计坏了，一般也首先检查浮筒液位计，关闭浮筒液位计取样阀，打开排污阀，检查零位，然后在外浮筒内加液，检查指示是否相应变化，对应刻度值，如不正确，加以校正。

针对此故障现象，首先检查浮筒液位计是否无故障，检查玻璃板液位计是否有堵塞情况，然后进行查漏试验，结果发现玻璃液面计顶部的压力计接头处漏，由于微量泄漏，使压力计气相压力偏低，液面相对就上升了，造成玻璃板液位指示不正确。

处理方法是将气相压力表处接头拧紧不漏，仪表指示即恢复正常，两表指示一致。

还有一种情况，即玻璃板液位计取样阀处堵塞，当液位下降时，浮筒液位计指示随之下降，而玻璃板液位计由于取压阀门处堵塞，仪表内液位不变，造成两表指示不同。

（2）锅炉汽包液面指示不准

① 工艺过程：某石化企业锅炉液位指示控制系统采用差压变送器检测液位，同时在汽包另一侧安装玻璃板液位计，如图2-66所示。

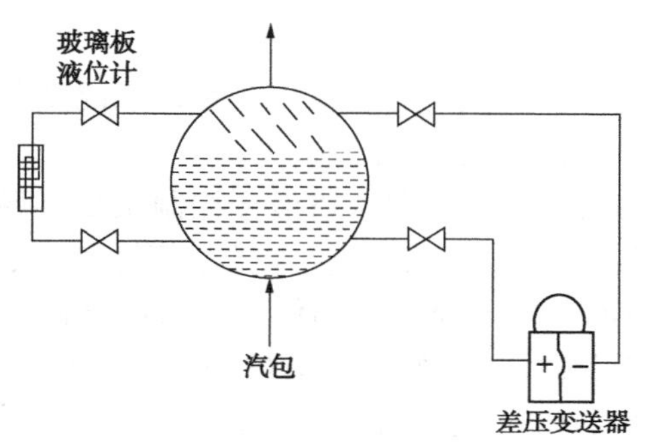

图 2-66　锅炉汽包液位检测

② 故障现象：开车时，差压变送器输出比玻璃板液面计指示值高很多。

③ 故障分析与判断：采用差压变送器检测密闭容器液位时，导压管内充满冷凝液，用100%负迁移将负压管内多于正压管内的液柱迁移掉，使差压变送器的正负压力差 $\Delta p=\rho g\ h$，其中，h 为液面高度，ρ 为水的密度。差压变送器的量程就是 $\rho g\ H$，H 为汽包上下取压阀门之间的距离。

调校时，水的密度取锅炉正常生产时沸腾状态的值，即 $\rho=0.76\mathrm{g/cm^3}$。锅炉刚开车，炉内温度和压力没有达到设计值，此时水的密度为 $\rho=0.98\mathrm{g/cm^3}$，虽液位不变，但 $\rho g\ h$ 值增大了，输出就相应增加。而玻璃板液位计只和 h 有关系，所以它指示正常，出现差压变送器指示液面高度大于玻璃液面计高度。这种情况是暂时的现象，过一段时间锅炉达到正常运行时，两表指示就能保持一致，不必加以处理。工艺人员也要清楚这种现象产生的原因，防止出现仪表工解释不清楚原因，而工艺人员又坚持要两表指示一致，这时仪表工将差压变送器零位下调，直至两表一致。待锅炉运行一段时间后，如不将差压变送器零位调回来，将导致差压变送器指示偏低。

(3) 铜洗塔液位变送器测量值信号不变化

① 工艺过程：由一台浮筒液位变送器与控制室控制器组成铜洗塔液位调节系统。

② 故障现象：液位变送器在工艺系统工况变化时，常出现测量值信号不变化现象，导致调节失调。

③ 故障分析与判断：铜洗塔液位控制系统要保证铜洗塔液位控制在有效范围，如果液位高于控制范围的高限，将引起压缩机带液，如果液位低于控制范围低限，高压气体将进入低压系统，后果不堪设想。工况要求该液位调节系统必须灵、准、稳，但是铜铵液介质在低温条件下容易结晶，结晶体卡住浮筒或堵塞取样管，当液位变化时，变送器输出信号将不会变化，不能达到系统正常控制的目的。

④ 处理方法：

a. 更换高质量的大口径一次取压阀门；

b. 尽量缩短设备与浮筒的距离；

c. 在取压阀门和浮筒体周围安装蒸汽伴管保温，保温介质温度控制适当；

d. 在浮筒液位变送器旁装一就地变送器指示输出信号，在仪表工巡回检查时，观察液位变化情况。

第五节　温度检测及仪表

温度是工业生产中既普遍又重要的操作参数，温度的测量和控制是保证生产过程正常进行，实现稳产、高产、安全、优质、低耗的重要参数。

温度是表征物体冷热程度的物理量。它标志着物质内部大量分子无规则运动的剧烈程度。温度越高，表示物体内部分子热运动越剧烈。

温度的数值表示方法称为温标。它规定了温度读数的起点(即零点)以及测量温度的单位。各类温度计的刻度均由温标确定。国际上规定的温标有摄氏温标、华氏温标、热力学温标、国际实用温标。我国法定计量单位已采用了国际实用温标。

国际实用温标的内容包括：温度单位的定义、定义固定温度点、复现固定温度点的方法。国际实用温标定义的温度单位是热力学温度为基本物理量(T)，单位为 K。规定 1K 等于水的三相点温度的 1/273.16，一般温度可用开尔文(K)或摄氏度(℃)表示，关系为

$$t = T - 273.15 \tag{2-16}$$

一、温度检测方法

温度参数不能直接测量，一般只能根据物质的某些特性值与温度之间的函数关系，通过对这些特性参数的测量间接地获得。温度检测方法可以分为两类：接触式和非接触式测量方法。接触式测量是将测温元件直接与被测介质接触，通过热交换感知被测温度，测量测温元件的某一物理量的变化来测量温度。非接触式测量不与被测介质相接触，是通过测量辐射或对流来实现测量。

按测量原理的不同，温度检测方法有：

1. 利用物体的体积受热膨胀的原理

任何一种物体，受热以后特性参数都会发生变化，根据所用物体的不同，又分为液体式、气体式、固体式。

液体式就是利用被测液体的体积受热膨胀来测量温度，如玻璃管温度计等。气体式就是利用密封在固定容器(如温包)内的被测气体的压力受热变化来测量温度，如压力表式温度计等。固体式利用被测固体的体积受热膨胀来测量温度，如双金属温度计等。

2. 热电效应

将两种不同的金属两端分别焊接起来，就构成了一个回路，当两个接点端温度不同时，回路中就会产生电势，通过测量电势来测量温度。如热电偶温度计。

3. 利用导体或半导体电阻随温度变化

任何金属或非金属的电阻都会随温度而改变，利用这一原理

来测量温度的仪表有热电阻温度计，常用的有铂电阻、铜电阻、热敏电阻温度计等。

按以上测量原理进行测量的都属于接触式仪表。

4. 利用物体的辐射能随温度变化

属于非接触式测温方法。任何物体都会向四周发射辐射能，其大小与被测介质的绝对温度的四次方成正比，通过测量介质发射的辐射能来测量温度。如热辐射温度计、光电高温计等。

二、膨胀式温度计

1. 玻璃温度计

玻璃温度计就是利用被测液体的体积受热膨胀来测量温度。玻璃温度计由装有液体的温泡、毛细管和刻度标尺组成，如图 2-67 所示。

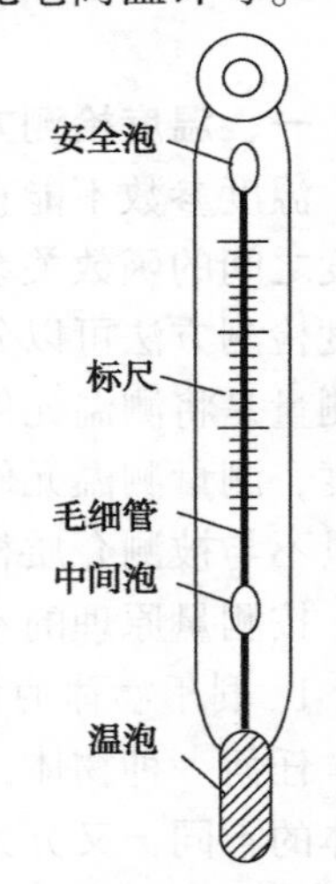

图 2-67　玻璃温度计

使用玻璃温度计时应注意以下几点：

① 要保证玻璃温度计与被测介质的接触时间和插入深度；

② 注意毛细现象引入的读数误差；

③ 不能在振动较大的环境下使用。

2. 双金属温度计

双金属温度计根据感温元件的形状不同有平面螺旋型和直线型两大类。双金属温度计结构如图 2-68 所示。

温度变化时，螺旋的自由端便围绕着中心轴旋转，同时带动指针在刻度盘上指示出温度的数值。

图 2-70 是一种双金属温度开关的应用实例。当温度低于设定温度时，调整螺钉使双金属片与弹簧片接触，电源接通，电阻丝加热，温度上升。一旦温度达到设定值，双金属片向下弯曲，触点端开，切断电源。温度的控制范围可通过调整螺钉进行调整。

双金属温度计抗震性好，读数方便，其测温范围大致为

-80~600℃，但精度不太高，精度等级通常为1.5级左右，只能用做一般的工业用仪表。

3. 压力式温度计

利用封闭容器中的工作介质压力随温度变化来测量。

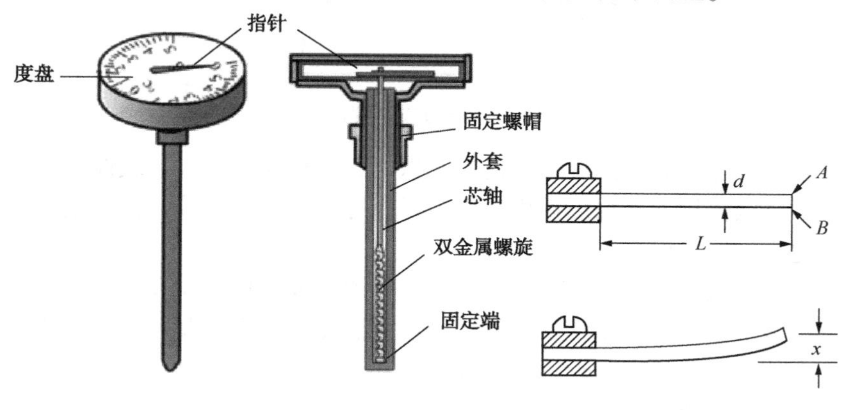

图2-68　双金属温度计结构　　　　图2-69　双金属温度计测温

压力式温度计由温包、毛细管、弹簧管组成，如图2-71所示。温包感受温度变化，毛细管传递压力，弹簧管将压力转变成指针转角。

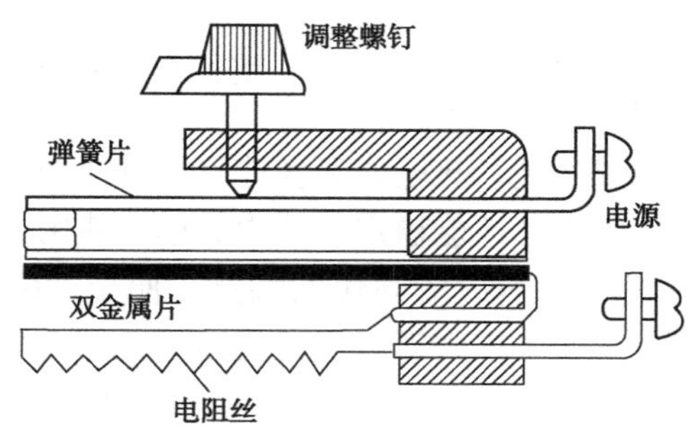

图2-70　双金属温度开关

根据温包中所充的工作介质不同，可以把压力式温度计分为气体压力式温度计、液体压力式温度计和蒸气压力式温度计。

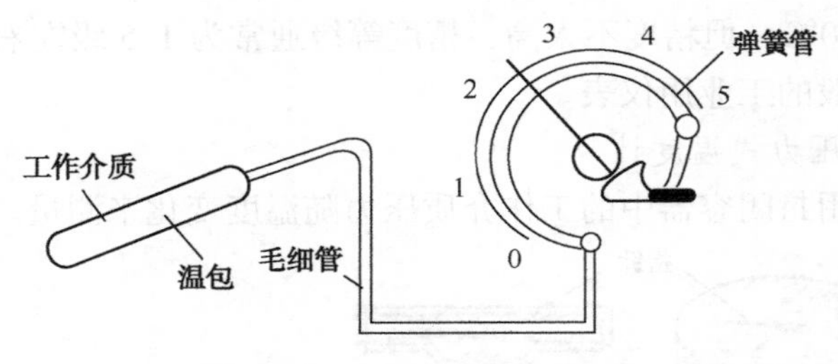

图 2-71　压力式温度计结构

气体压力式温度计温包中充氮气，特点是温包大，线性好。

液体压力式温度计用二甲苯或甲醇作为工作介质，特点是温包小，线性好。

蒸气压力式温度计用低沸点液体丙酮或氯作工作介质，其饱和蒸气压随温度变化，饱和蒸气压与温度的关系为非线性，不适宜测量环境温度附近的介质温度。

三、热电偶温度计

热电偶温度计由热电偶、导线(补偿导线和铜导线)和测量仪表组成，如图 2-72 所示。焊接的一端与被测介质接触，感受介质的温度变化，称为工作端或热端，另一端与导线连接，称为自由端或冷端。热电偶温度计以热电偶作为温度传感元件。具有测量精度高、性能稳定、结构简单、使用方便、测量范围宽(500~1600℃)、响应时间快的特点，便于远距离传送和集中检测，因而在工业生产中得以广泛使用。

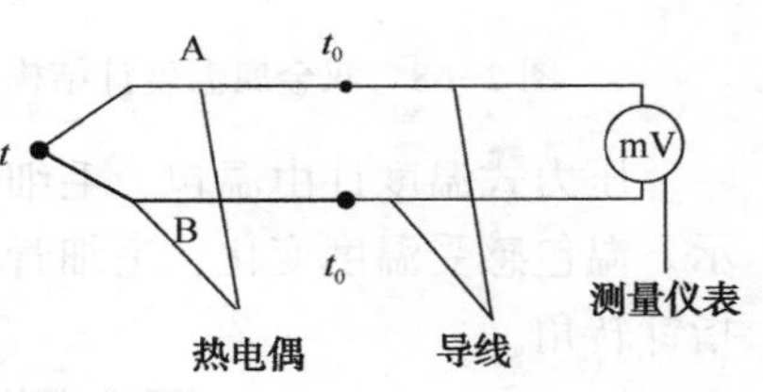

图 2-72　热电偶温度计

1. 测温原理

热电偶是利用两种不同材料相接触而产生的热电势随温度变化的特性来测量温度的。热电偶的热电特性由电极材料的化学成分和物理性能所决定，热电势的大小与组成热电偶的材料及两端温度有关，与热电偶的粗细无关。热电势的大小用 $E_{AB}(t, t_0)$

表示，其中，t 为热电偶的热端温度，t_0为热电偶的冷端温度。一般情况下，热电偶电子密度大的材料（如 A 材料）为正极置前，电子密度小的材料（如 B 材料）为负极置后。如果前标与后标调换位置，热电势前面加上一个“-”号，表示为：$E_{AB}(t, t_0) = -E_{BA}(t, t_0)$。如果热端温度 t 和冷端温度 t_0调换位置，也应在热电势前面加上一个“-”号。由热电偶测温原理可知：

① 热电偶产生的回路热电势与所用材料的种类和两接点温度 t、t_0有关，如果材料一定，且 t_0保持不变，则热电势 $E_{AB}(t, t_0)$只是温度 t 的单值函数，与热电偶的长度和粗细无关。通过测量热电势，即可测出温度的数值。

② 严格来说热电偶的热电势与温度之间不是线性关系，但工程上可以近似认为电势与温度之间是线性关系。

③ 在自由端温度为0℃的条件下，把热电偶的热电势与工作端温度之间的关系制成表格，称为热电偶的分度表，不同材料的热电偶分度表不同。

2. 基本定律

① 均质导体定律。可以证明如果用同一种材料制成热电偶，那么产生的热电势为零。即热电偶必须由两种不同的均质材料制成。此外，此定律还可以检验热电极材料是否为均质材料。

② 中间导体定律。在热电偶回路中接入中间导体，只要中间导体的两端温度相同，则对热电偶的热电势没有影响。

利用热电偶来实际测温时，连接导线和显示仪表均可以看成是中间导体。只要保证中间导体各端点的温度相同，则它们的接入对热电偶的热电势不会产生影响，这对热电偶的实际应用十分重要。

同时，应用中间导体定律还可以采用开路热电偶对液态金属和金属壁面进行温度测量，即热电偶的工作端不焊接在一起，而是直接把两根电极插入熔融金属或焊接在被测金属壁面上。如图 2-74 所示。

2. 常用热电偶

并不是所有的导体材料都能用来制成热电偶，工业上要求组成热电偶的材料必须是在测温范围内有稳定的物理与化学性质，产生的热电势要大，并与温度近似成线性关系，有良好的复现性和互换性。目前国际电工委员会制定了热电极材料的统一标准。表 2-3 为常用的标准型热电偶主要特性。

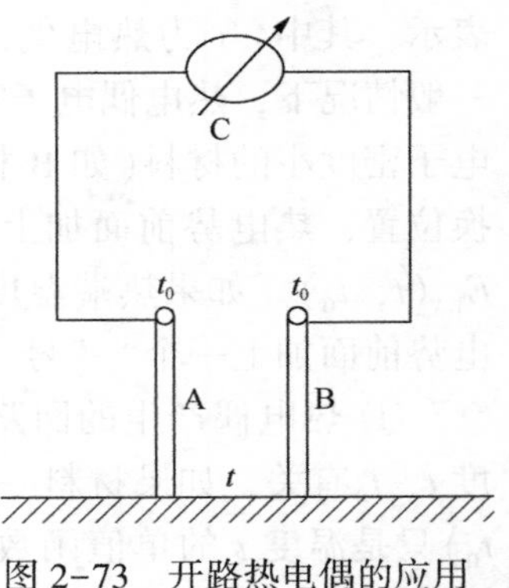

图 2-73　开路热电偶的应用

不同材质的热电偶，其热电势与温度的关系即热电特性不同，常用的标准型热电偶的热电特性如图 2-73 所示。

表 2-3　几种常用的标准型热电偶

热电偶名称	分度号	测温范围/℃		特　点
		长期	短期	
铂铑-铂铑	B	300～1600	1800	性能稳定、热电势小、不用冷端修正，贵重，适用于氧化和中性介质
铂铑-铂	S	−20～1300	1600	性能稳定、热电势小，精度高，作标准表，适用于氧化和中性介质
镍铬-镍硅(铝)	K	−50～1000	1200	线性好，热电势大，便宜，应用广，适用于氧化和中性
镍铬-康铜	E	−40～600	900	价廉，热电势大，适用于氧化和弱还原性

分度号是表示热电偶材料的标记符号，不同的热电偶所用材料不同，就有不同的分度号，如分度号 S 表示热电偶材料采用铂铑-铂，其中铂铑为正极(90%的铂与 10%的铑的合成材料)，铂

为负极，其他类推。

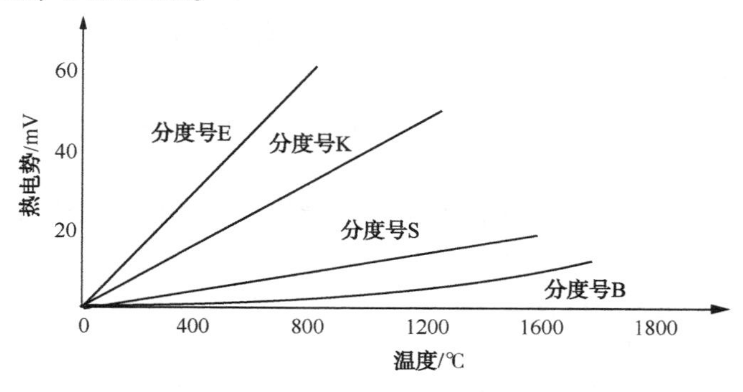

图 2-74　常用热电偶的热电特性

4. 热电偶结构

热电偶根据用途和安装位置不同，有不同的热电偶外形。按结构类型分为普通型、铠装型、隔爆型、表面型等。

（1）普通热电偶

通常由热电极、绝缘子、保护套管、接线盒四部分组成，如图 2-75 所示。

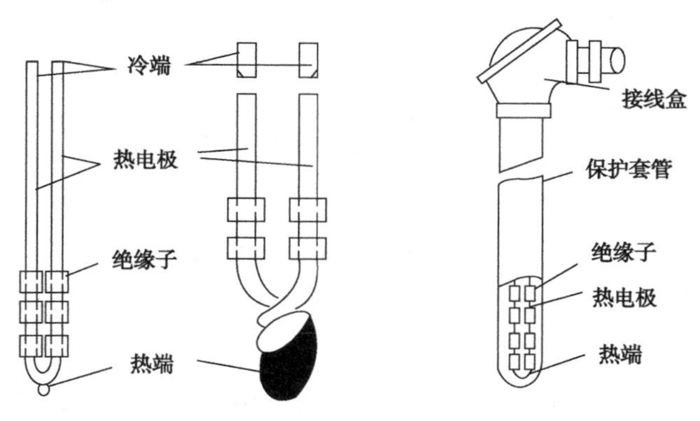

图 2-75　热电偶结构

绝缘子用于防止两根热电极短路，其材料取决于测温范围，结构有单孔、双孔及四孔管。

保护套管的作用是保护热电极不受化学腐蚀和机械损伤，其材质要求耐高温、耐腐蚀、不透气和具有较高的导热系数等。其结构有螺纹式和法兰式两种。热电偶加上保护套管后，动态特性会变慢，为减少测温的滞后，可在保护套管中加装传导良好的填充物。

接线盒用来连接热电极与补偿导线。通常用铝合金制成，一般分为普通型和密封型两种。

（2）铠装热电偶

铠装热电偶是由热电极、绝缘材料和金属套管经拉伸加工而成的组合体。在使用时可以根据测量需要进行弯曲，它可以做得很细、很长、最长可达 100m 以上。如图 2-76 所示。内部的热电偶丝与外界空气隔绝，有着良好的抗高温氧化、抗低温水蒸气冷凝、抗机械外力冲击的特性。测量端的热容量小，动态响应快，挠性好。

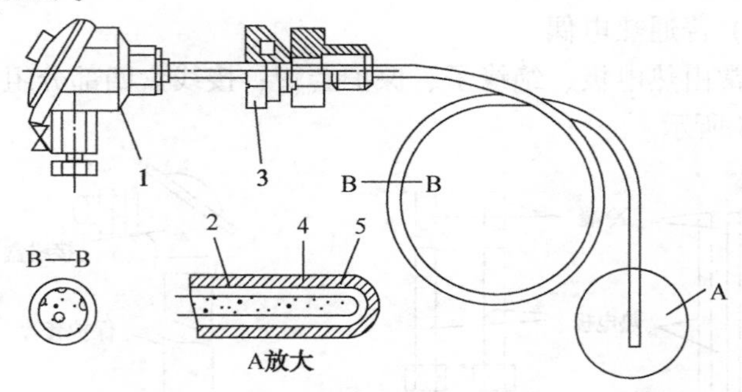

图 2-76　铠装热电偶结构示意

1—接线盒；2—金属套管；3—固定装置；4—绝缘材料；5—热电极

（3）隔爆型热电偶

隔爆型热电偶的接线盒在设计时采用防爆的特殊结构，它的接线盒是经过压铸而成的，有一定的厚度、隔爆空间，机构强度较高；采用螺纹隔爆接合面，并采用密封圈进行密封，因此，当接线盒内一旦放弧时，不会与外界环境的危险气体传爆，能达到预期的防爆、隔爆效果。常用于石油化工自控系统中。

(4) 表面型热电偶

利用真空镀膜法将两电极材料蒸镀在绝缘基底上的薄膜热电偶，热容量很小，可对各种形状的固体表面温度进行动态测量，响应快，时间常数小于 0.01s。

5. 补偿导线的选用

由热电偶的测温原理可知，热电偶只有在自由端(冷端)温度恒定的情况下，产生的热电势 $E_{AB}(t, t_0)$ 才与工作端(热端)温度 t 成单值的函数关系。但在实际工作中，由于热电偶的长度有限，自由端与工作端离得很近，而且自由端又暴露在大气中易受周围环境温度波动的影响，自由端温度难以保持恒定，因此，必须使用专门的导线，将热电偶的自由端延伸出来，使自由端延伸到远离被测对象且温度又比较稳定的地方。根据中间温度定律，如果所选用的专门导线与热电偶的热电特性相同(或相近)，自由端就可以看成中间温度，那么自由端温度的波动就不会影响回路的总热电势。这种专门的导线称为补偿导线。补偿导线连接如图 2-77 所示。

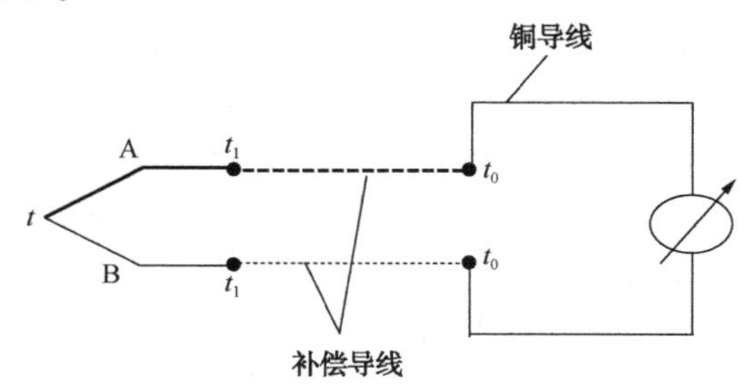

图 2-77　补偿导线接线图

用来作为补偿导线的材料，应该是热电特性(0~100 ℃)与相应的热电偶相同或相近，且材料价格比相应的热电偶低，来源比较丰富。常用热电偶的补偿导线见表 2-4。

使用补偿导线时，补偿导线的正、负极必须与所配套的热电偶的正、负极同名端对应连接。正、负两极的接点温度(图 2-77

中 t_1)应保持相同，延伸后的自由端温度(图 2-77 中 t_0)应当恒定或波动较小。由于延伸后的自由端温度并不是0℃，必须指出，热电偶补偿导线的作用只是延伸热电极，使热电偶的冷端移动到控制室的仪表端子上，它本身并不能消除冷端温度变化对测温的影响，不起补偿作用。所以补偿导线的方法也称为热电偶冷端温度的部分(不完全)补偿法。

表 2-4 常用热电偶的补偿导线

热电偶名称	补偿导线型号	补偿导线			
		正极		负极	
		材料	颜色	材料	颜色
铂铑-铂	SC	铜	红	铜镍	绿
镍铬-镍硅(铝)	KC	铜	红	康铜	蓝
镍铬-镍硅(铝)	KX	镍铬	红	镍硅	黑
镍铬-康铜	EX	镍铬	红	康铜	棕

6. 热电偶自由端温度补偿

补偿导线只是将热电偶的冷端从温度较高、波动较大的地方，延伸到温度较低、且相对稳定的操作室内，但冷端温度还不是0℃。热电偶的冷端温度如果不是0℃，会给测量带来误差。因为所有的显示仪表都是在冷端温度为0℃进行刻度，且热电偶的分度表也是在冷端温度为0℃时做出，温度变送器的输出信号又是根据分度表来确定的，因此，热电偶需要进行冷端温度补偿。常用的补偿方法有以下几种：

(1) 冰点法(0℃恒温方法)　如图 2-78 所示，将热电偶的自由端浸入绝缘油试管中，再将试管置于装有冰水混合物(0℃)的恒温器，这种方法多用于实验室。

(2) 计算修正法　当热电偶的冷端温度 t_0 不为零时，如果热端温度为 t，这时测得的总热电势为 $E_{AB}(t, t_0)$，与冷端为 0 ℃时所测得的热电势 $E_{AB}(t, 0)$ 相比，少了 $E_{AB}(t_0, 0)$，只有对其进行修正，即加上 $E_{AB}(t_0, 0)$，得到的热电势才是真实的数值，即

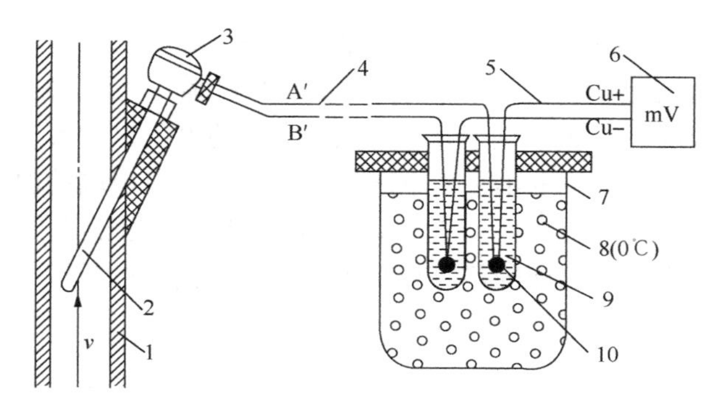

图 2-78　冰点法

1—被测流体管道；2—热电偶；3—接线盒；4—补偿导线；5—铜导线；6—毫伏表；7—冰瓶；8—冰水混合物；9—试管；10—新的冷端

$$E_{AB}(t,\ 0) = E_{AB}(t,\ t_0) + E_{AB}(t_0,\ 0) \qquad (2-17)$$

式(2-17)中，$E_{AB}(t_0,\ 0)$为热电偶的冷端温度对应的热电势，可从热电偶的分度表中查出。$E_{AB}(t,\ 0)$ 为热电偶的工作端温度相对于冷端温度为0℃时对应的热电势。可根据其值的大小，从热电偶的分度表中查出工作端温度。

计算修正法由于需要人工查表计算，使用时多有不便，特别是当热电偶冷端温度经常变动时，更是如此。故此法只能用于实验室热电偶校验或校验显示仪表的校验。

(3) 校正仪表零点法

在自由端温度比较稳定的情况下，可预先将仪表的机械零点调整到相当于自由端温度的数值上，来补偿测量时仪表指示值的偏低。这种方法不够准确，但由于方法简单，常用于要求不高的场合。

(4) 补偿电桥法(自由端温度补偿器)

利用不平衡电桥产生的不平衡电压来自动补偿热电偶因自由端的温度变化而引起的热电势值的变化。原理如图 2-79 所示。

设计补偿电桥在20℃时，$R_1=R_2=R_3=R_{Cu}$，其中R_1、R_2、R_3为锰铜丝线绕电阻，温度系数很小，R_{Cu}为铜丝线绕电阻，有较大的正温度系数。此时电桥处于平衡状态，即桥路输出为零，对仪表读值无影响。此时要把显示仪表的机械零点调整到 20℃。当环境温度高于 20℃时，R_{Cu}增大，R_{Cu}上的电压也增大。电桥失去平衡，电桥产生的不平衡电压等于热电偶因自由端的温度变化而引起的热电势值 $\Delta U_{Cu}=E_{AB}(t_0, 20)$，正好补偿热电偶因自由端的温度上升而引起的热电势减小量。若适当选取桥臂电阻和电流值，可达到很好的补偿效果。

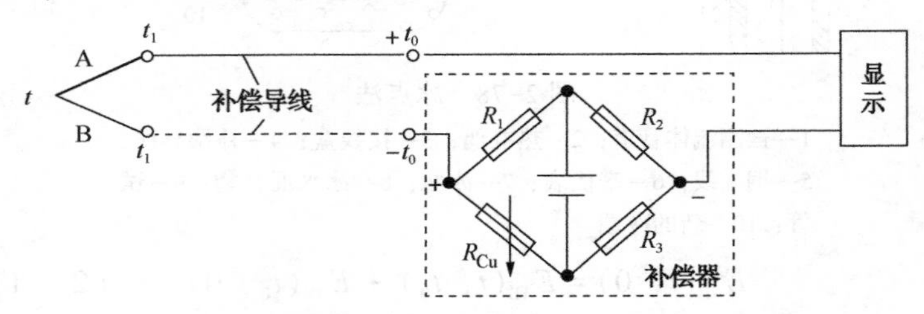

图 2-79　热电偶与补偿器的连接

如果设计补偿电桥在 0℃下平衡，则显示仪表的机械零点应调整到 0℃。

使用补偿电桥时应注意：补偿器与热电偶测量系统连接时，正负不能接错；且补偿器要与所配的热电偶同型号（分度号要一致）；自由端温度变化范围为 0~50℃。

四、热电阻温度计

热电阻温度计是利用导体或半导体的电阻值随温度变化而变化的特性来测量温度。其主要特点是低温段测量精度高，线性好，不用进行冷端温度补偿，工业上广泛应用热电阻温度计来测量-200~500℃范围的温度。

热电阻温度计由热电阻（敏感元件）、显示仪表（不平衡电桥或平衡电桥）和连接导线（铜导线）组成。

1. 热电阻的测温原理

导体或半导体的电阻值都有随温度变化的性质，实验证明，大多数金属导体当温度上升 1℃，其电阻值会增加 0.4%~0.6%，而半导体当温度上升 1℃时，其电阻值会减少 3%～6%。

对于金属导体，电阻和温度之间的关系为

$$R_t = R_{t_0}[1 + \alpha(t - t_0)]$$

或
$$\Delta R_t = \alpha R_0 \Delta t \tag{2-18}$$

式中 ΔR_t——温度变化 Δt 时电阻变化量；

R_t——温度为 t℃时的电阻值；

R_{t_0}——温度为 t_0℃时的电阻值；

α——电阻温度系数，随金属导体材料和温度变化，在某一温度范围可近似看成常数。

对于半导体，电阻和温度之间的关系为

$$R_T = Ae^{B/T} \tag{2-19}$$

式中 R_T——热力学温度 T 时的电阻值；

A、B——常数，与半导体材料、结构有关。

热电阻温度计就是将温度的变化转变成电阻的变化，通过测量电路(电桥)转换成电压信号，进行远传显示、自动记录和控制。

2. 热电阻的种类

并不是大多数金属导体或半导体材料都能用来制成测温用的热电阻。用来做热电阻的材料必须满足电阻温度系数、电阻率要大，物理、化学性能稳定，电阻和温度的关系接近线性，价格便宜等要求。

(1) 铂热电阻

铂热电阻测温元件的特点是测量精度高、稳定性好、性能可靠。铂在氧化性介质中，甚至在高温下，其物理、化学性能都很稳定。但在还原性介质中，特别是在高温下，易被污染使其变脆，性能变差。因此必须用保护套管将电阻体与有害的介质隔开。

在 0～650℃范围内，铂的电阻和温度之间的关系为

$$R_t = R_0(1 + At + Bt^2) \tag{2-20}$$

式中 R_0——温度 0℃时的电阻值；

A、B——常数，由实验确定。

由式(2-19)或式(2-20)可知，不同的R_0，电阻R_t和温度t之间的关系是不同的，在已知R_0的情况下，将电阻R_t和温度t之间的关系制成分度表。

常用的铂电阻R_0取值有两种：

① $R_0=10\Omega$，对应分度号为Pt10；

② $R_0=100\Omega$，对应分度号为Pt100。

(2) 铜热电阻

铜热电阻温度系数大，其电阻值与温度呈线性关系，易提纯，价格便宜，在-50~150℃范围内，有很好的稳定性，但超过150℃后，容易被氧化，失去线性特性，机械强度较低。

在-50~150℃范围内，电阻和温度之间的关系为

$$R_t = R_0[1 + \alpha(t - t_0)] \quad (2-21)$$

式中　α——铜的电阻温度系数(4.25×10^{-3}/℃)。

常用的铜电阻R_0取值有两种：

① $R_0=50\Omega$，对应分度号为Cu50；

② $R_0=100\Omega$，对应分度号为Cu100。

3. 热电阻的结构

工业用热电阻的结构型式有普通型、铠装型和专用型等。

(1) 普通型热电阻

普通型热电阻通常由电阻体(测温元件)、绝缘子、保护套管和接线盒组成，如图2-80所示。

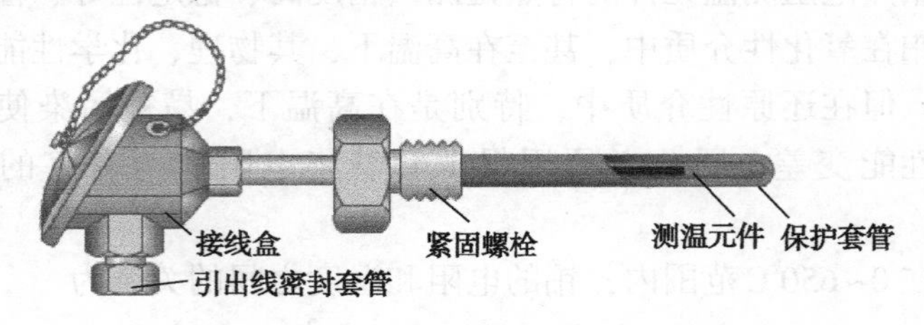

图2-80　热电阻的结构

（2）铠装热电阻

铠装热电阻是由感温元件（电阻体）、引线、绝缘材料、不锈钢套管组合而成的坚实体，它的外径一般为2～8mm，最小可达1mm。与普通型热电阻相比，它有下列优点：

① 体积小，内部无空气隙，热惯性、测量滞后小；

② 机械性能好、耐振，抗冲击；

③ 能弯曲，便于安装；

④ 使用寿命长。

（3）端面热电阻

端面热电阻感温元件由特殊处理的电阻丝材绕制，紧贴在温度计端面。它与一般轴向热电阻相比，能更正确和快速地反映被测端面的实际温度，适用于测量轴瓦和其他机件的端面温度。

（4）隔爆型热电阻

隔爆型热电阻通过特殊结构的接线盒，把其外壳内部爆炸性混合气体因受到火花或电弧等影响而发生的爆炸局限在接线盒内，生产现场不会引起爆炸。隔爆型热电阻可用于B1a～B3c级区内具有爆炸危险场所的温度测量。

4. 热电阻测量桥路

测量热电阻的电路可以用不平衡电桥或平衡电桥，热电阻就作为桥路的一个桥臂电阻，工业上用的热电阻一般都安装在生产现场，而其指示或记录仪表则安装在控制室，其间的距离很长，需要的引线也很长，如果用两根导线来连接热电阻的两端，和热电阻一起接到一个桥臂上，这两根导线本身的阻值势必和热电阻的阻值串联在一起，当环境温度变化时，连接导线电阻会发生变化，而直接造成测量误差。为避免或减少连接导线电阻对测温的影响，工业热电阻多采用三线制接法，如图2-81所示。

热电阻采用三根导线引出，一根连接电源，它不影响桥路平衡，另外两根引线分别连接到电桥相邻的两桥臂中，一根引线接在电桥的上支路桥臂，一根引线接在电桥的下支路桥臂，从而使引线电阻随温度变化对电桥的影响大致能相互抵消，也就减小了

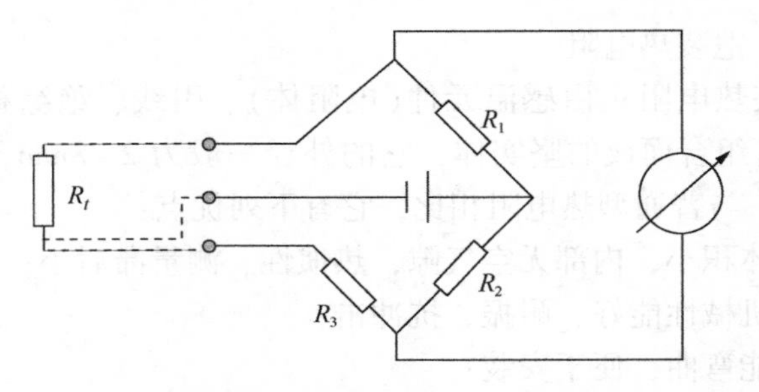

图 2-81 热电阻三线制接法

引线电阻对测量的影响。

需要注意的是：测量时，必须要保证三根引线电阻值相等(一般为 5Ω)，实际应用时，实际测出引线的阻值后，不足的部分要加上一个固定电阻。如果采用平衡电桥来测量，对连接电源的那根引线阻值没有严格的要求。

5. 半导体热敏电阻

利用半导体的电阻随温度显著变化的特性而制成。

半导体热敏电阻是某些金属氧化物按不同的配方比例烧结而成，在一定的范围内根据测量热敏电阻阻值的变化，便可知被测介质的温度变化。

半导体热敏电阻可分为三种类型，特性曲线如图 2-82 所示。

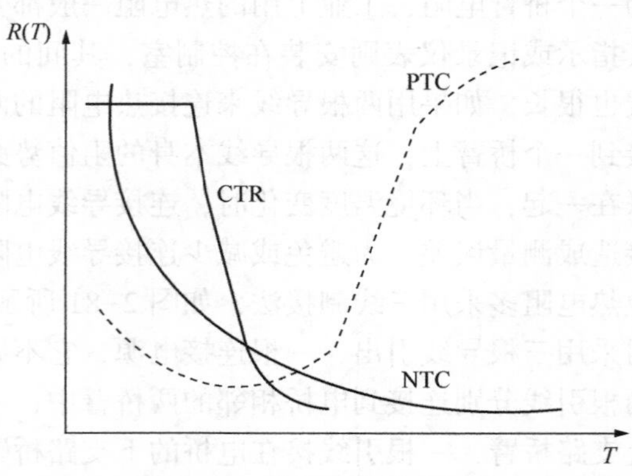

图 2-82 热敏电阻特性曲线

NTC 热敏电阻：具有负温度系数，它的电阻值与温度之间呈严格的负指数关系。

CTR 热敏电阻：具有负温度系数，但在某个温度范围内阻值急剧下降，曲线斜率在此区段特别陡峭，灵敏度极高。

PTC 热敏电阻：具有正温度系数，其特性曲线随温度升高而阻值增大。

CTR 和 PTC 最适合于温度开关，NTC 适合于做定量测量。

半导体热敏电阻具有温度系数大、灵敏度高、阻值大、便宜、体积小、反应快的优点。可用于温度测量、控制、温度补偿、稳压稳幅、过负荷保护、火灾报警以及红外探测等场合。

五、温度变送器

温度变送器与测温元件配合使用，将温度或温差信号转换成为标准的4~20mA 或1~5V 信号。温度变送器可以分为模拟式温度变送器和智能式温度变送器。

在结构上，有一体化结构和分体式结构之分。

1. 一体化温度变送器

一体化温度变送器将变送器模块和测温元件形成一个整体，可以直接安装在被测温度的工艺设备上，输出为标准统一信号。这种变送器具有体积小，重量轻，现场安装方便，输出信号抗干扰能力强，便于远距离传输等优点，且对于测温元件采用热电偶的变送器，不必采用昂贵的补偿导线，可节省安装费用。一体化温度变送器外形结构如图 2-83 所示。

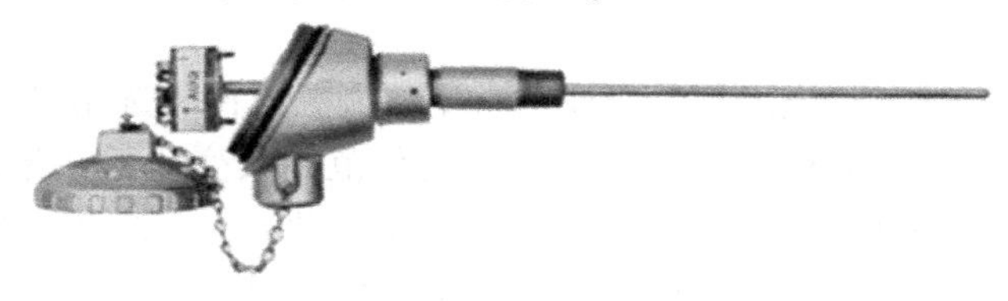

图 2-83　一体化温度变送器

一体化温度变送器可直接将现场的热电阻、热电偶信号转换成标准的 4~20mA 信号输出，提高了长距离传输过程中的抗干扰能力，变送器一般采用硅橡胶密封，不需要调整维护，耐震耐腐蚀，性能可靠，适用于多种恶劣环境。

2. 智能式温度变送器

智能式温度变送器有采用 HART 协议通信方式，也有采用现场总线通信方式。特点是通用性强，量程比大，使用方便灵活，通过上位机或手持终端可进行远程参数调整(零点和满度值)和任意组态，具有各种补偿、控制、通信、自诊断功能。

六、温度开关

温度开关是另一种温度检测仪表，输出开关量信号，主要用于温度的高低报警和系统过冷过热保护。常用类型有固体膨胀式温度开关和气体膨胀式温度开关。固体膨胀式温度开关以双金属片(黄铜片叠在铟钢片上)作为感温元件，由于黄铜片的线膨胀系数较铟钢片大，在受热后，双金属片就会发生弯曲。当达到设定温度时，双金属片自由端(温度开关的动触点)产生足够的位移，与固定的静触点断开/闭合，从而输出开关量信号，起到过热保护作用。当温度降到设定温度时，触点自动闭合/断开，恢复正常工作状态。温度开关广泛用于家用电器电机及电器设备，如洗衣机电机、空调风扇电机、变压器、镇流器、电热器具等。

气体膨胀式温度开关是按气体压力式温度计的原理工作。它有一个测温包，内充氮气，通过密封毛细管接到压力开关的测量元件中。当被测温度达到设定值时，温包内的充气压力使压力开关动作，向外输出开关量信号。

七、测温仪表的选用与安装

1. 工业温度计的选用

热电偶和热电阻都是工业上常用的测温元件，选用热电偶或热电阻时，应分析被测对象的温度变化范围及变化的快慢程度；被测对象是静止的还是运动的(移动或转动)。一般情况下，如果测量的温度较高，或被测温度变化较快，测量点温、表面温度时，选用热电偶比较合适；当测温在 500℃以下(特别是 300℃以下)时，多数考虑选用热电阻。

另外，选用热电偶或热电阻，还要考虑仪表的精度、稳定性、变差及灵敏度，介质的性质(氧化性、还原性、防腐、防爆性）及测量周围的环境；输出信号是否远传，测温元件的体积大小及互换性；仪表防震、防冲击、抗干扰能力等。

2. 测温元件的安装

① 测量管道中介质温度时，应保证测温元件与流体充分接触，选择有代表性的测温位置，保证足够的插入深度，避免热辐射及外露部分的热损失，安装时，测温元件应迎着流动方向插入，如图 2-84(a)所示，至少与被测介质正交，如图 2-84(b)所示，不能与被测流体形成顺流，如图 2-84(c)所示。

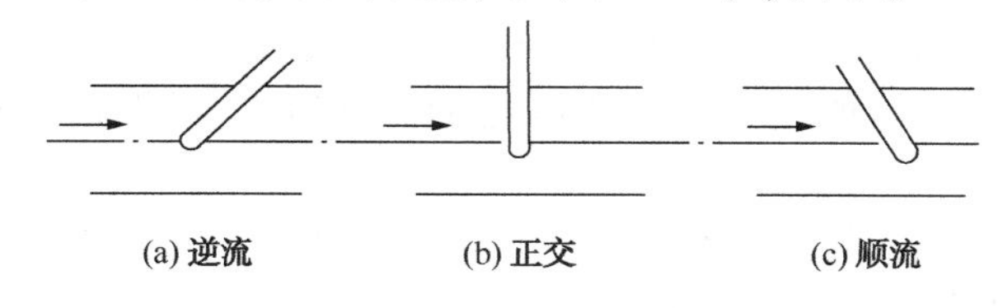

图 2-84 测温元件安装示意图

② 要有足够的插入深度，应尽量避免测温元件外露部分的热损失引起测量误差。

③ 安装水银温度计和热电偶，如果管道公称直径小于 50mm，以及安装热电阻温度计或双金属温度计的管道公称直径小于 80mm，应将温度计安装在加装的扩大管上，如图 2-85 所示。

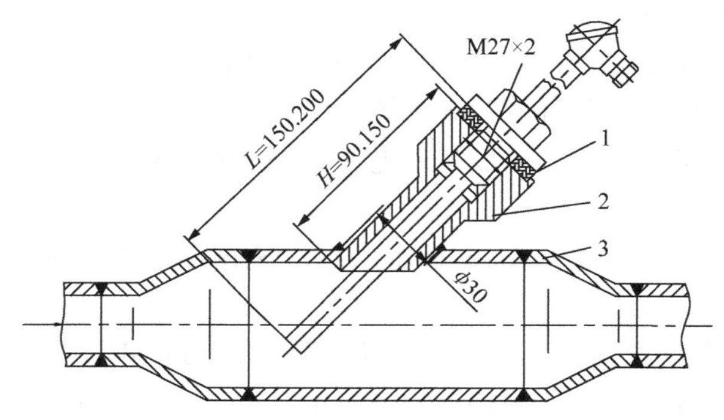

图 2-85 热电偶在扩大管上的安装

1—垫片；2—45°角连接头；3—扩大管

④ 测温元件的工作端应处于管道中流速最大之处，膨胀式温度计应使测温点的中心置于管道中心线上，热电偶、铂热电阻、铜热电阻保护套管的末端应分别越过流束中心线 5~10mm，50~70mm 和 25~30mm，压力表式温度计温包的中心应与管道中心线重合。

⑤ 热电偶和热电阻的接线盒应向下，以避雨水和其他液体渗入影响测量，热电偶处不得有强磁场；热电偶测量炉温时，避免测温元件与火焰直接接触。

⑥ 为减少测温的滞后，可在保护外套管与保护套管之间加装传热良好的填充物，如变压器油（<150℃）或铜屑、石英砂（>150℃）。

⑦ 测温元件安装在负压管道或设备中时，必须保证安装孔密封，以免外界冷空气进入，使读数降低。

八、温度检测仪表故障及排除

1. 温度检测故障判断

在分析温度控制仪表系统故障时，如果出现温度指示不正常，出现偏高或偏低，或变化缓慢甚至不变化等现象，应注意温度测量系统的特点：即系统仪表多采用电动仪表测量、指示、控制；系统仪表的测量往往滞后较大。一般的温度控制仪表系统故障分析步骤如下：

① 温度仪表系统的指示值突然变到最大或最小，一般为仪表系统故障。因为温度仪表系统测量滞后较大，不会发生突然变化，此时的故障原因一般是热电偶、热电阻、补偿导线断线或变送器放大器失灵造成。

② 温度控制仪表系统指示出现快速振荡现象，多为控制器 PID 控制参数调整不当造成。

③ 温度控制仪表系统指示出现大幅缓慢的波动，很可能是由于工艺操作变化引起的，如当时工艺操作没有变化，则很可能是仪表控制系统本身的故障。

④ 检查温度控制系统本身的故障。

以热电偶测量元件为例，介绍具体的故障判断方法。

先了解工艺状况，了解被测介质的情况及仪表安装位置，热电偶的安装是处于气相还是液相位置。如果是正常生产过程中的故障，不是新安装热电偶的话，就可以排除热电偶和补偿导线极性接反、热电偶或补偿导线不配套等因素，排除上述因素后，可以按图 2-86 所示的思路逐步进行判断和检查。

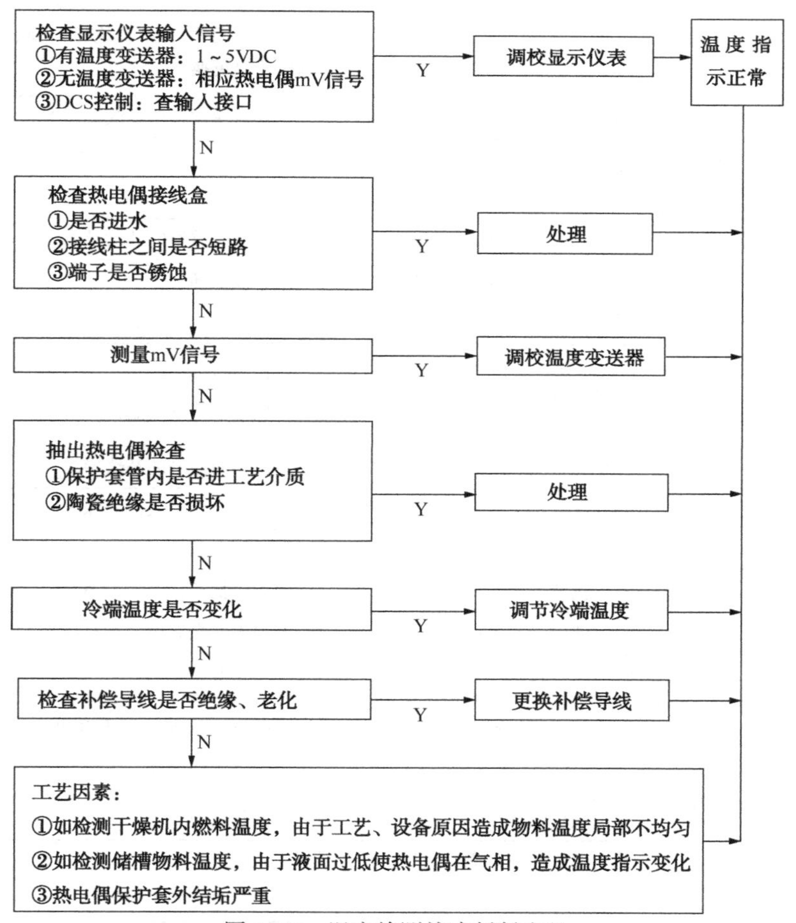

图 2-86　温度检测故障判断流程

2. 温度检测故障及排除

(1) 热电偶测温元件的故障原因及处理方法

热电偶测温元件的故障原因及处理方法如表 2-5 所示。

表 2-5 热电偶测温元件的故障原因及处理方法

故障现象	故障原因	处理方法
热电势比实际值小	短路	经检查若是由于潮湿引起，可烘干；若是由于瓷管绝缘不良，则应予以更换
	热电偶接线盒内接线柱间短路	打开接线盒，把接线板刷干净
	补偿导线因绝缘烧坏而短路	将短路处重新绝缘或更换新的补偿导线
	补偿导线与热电偶不匹配	更换成同类型的补偿导线
	补偿导线与热电偶极性接反	重新接正确
	插入深度不够和安装位置不对	改变安装位置和插入深度
	热电偶冷端温度过高	热电偶连接导线换成补偿导线，使冷端移开高温区
热电势比实际大	补偿导线与热电偶型号不匹配	更换相同型号的补偿导线
	插入深度不够或安装位置不对	改变安装位置或插入深度
	热电极变质	更换热电偶
	有干扰信号进入	检查干扰源，并予以消除
	热电偶参考端温度偏高	调整参考端温度或进行修正
测量仪表指示不稳定，时有时无，时高时低	热电极在接线柱处接触不良	重新接好
	热电偶有断续短路或断续接地现象	将热电极从保护管中取出，找出故障并予以消除
	热电极已断或似断非断	更换新电极
	热电偶安装不牢固，发生摆动	安装牢固
	补偿导线有接地或断续短路现象	找出故障点并予以消除

续表

故障现象	故障原因	处理方法
热电偶电势误差大	热电极变质	更换热电偶
	热电偶的安装位置与安装方法不当	改变安装位置与安装方法
	热电偶保护套管的表面积垢过多	进行清理
	测量线路短路（热电偶和补偿导线）	将短路处重新更换绝缘
	热电偶回路断线	找到断线处，并重新连接
	接线柱松动	拧紧接线柱

（2）热电阻测温元件的故障原因及处理方法

工业热电阻的常见故障是工业热电阻断路和短路。一般断路更常见，这是因为热电阻丝较细所致。断路和短路是很容易判断的，可用万用表的“×1Ω”档，如测得的阻值小于 R_0，则可能有短路的情况；若万用表指示为无穷大，则可判定电阻体已断路。电阻体短路一般较易处理，只要不影响电阻丝长短和粗细，找到短路处进行吹干，加强绝缘即可。电阻体断路修理必须要改变电阻丝的长短而影响电阻值，为此以更换新的电阻体为好，若采用焊接修理，焊接后要校验合格后才能使用。热电阻测温元件的故障原因及处理方法如表 2-6 所示。

表 2-6　热电阻测温元件的故障原因及处理方法

故障现象	故障原因	处理方法
仪表指示值比实际温度低或指示不稳定	保护管内有积水	清理保护管内的积水并将潮湿部分加以干燥处理
	接线盒上有金属屑或灰尘	清除接线盒上的金属屑或灰尘
	热电阻丝之间短路或接地	用万用表检查热电阻短路或接地部位，并加以消除，如短路应更换

续表

故障现象	故障原因	处理方法
仪表指示最大值	热电阻断路	用万用表检查断路部位并予以消除
		如连接导线断开，应予以修复或更换
		如热电阻本身断路，应更换
仪表指示最小值	热电阻短路	用万用表检查短路部位，若是热电阻短路，则应修复或更换
		若是连接导线短路，则应处理或更换

3. 温度检测故障实例分析

（1）控制室温度指示比现场温度指示低

① 工艺过程：温度指示调节系统，采用热电偶作为测温元件。除热电偶测温外，在装置上采用双金属温度计进行就地指示。

② 故障现象：温度调节系统指示和双金属温度计就地指示不符，控制室温度指示比现场温度指示低50℃。

③ 故障分析与判断：双金属温度计比较简单、直观，故障率极低；所以先从温度调节系统着手，在现场热电偶端子处测量热电势值，对照相应温度，如果温度偏低，说明不是调节器指示系统有故障，问题出在热电偶测温元件上。抽出热电偶，发现在热电偶保护套管内有积水，积水造成下端短路，一则热电势减小，二则热电偶测量温度是点温，即热电偶测温点的温度，由于有积水，积水部分短路，造成热电偶测量点变动，引起测量温度变化。

处理方法是将保护套管内的水分充分擦干或用仪表气源吹干，热电偶在烘箱内烘干后再安装，重新安装后要注意热电偶接线盒的密封和补偿导线的接线要求，防止雨水再次进入保护套管内。

（2）温度指示为零

① 工艺过程：温度指示系统，采用热电偶作为测温元件，用温度变送器把信号转变成标准的4~20mA信号送给DCS显示。

② 故障现象：DCS 系统上温度显示为零。

③ 故障分析与判断：首先对 DCS 系统的模块输入信号进行检查，测得输入信号为 4mA，这说明温度变送器的输出信号为 4mA。为了进一步判断故障是在温度变送器，还是在测温元件；先对热电偶的热电势信号进行测量，从测得的热电势信号来判断，测温元件是否有问题；否则，就说明温度变送器存在故障。由于温度变送器存在故障导致温度变送器的输出为 4mA，致使温度在 DCS 系统上显示值为零。

处理方法：找到问题，其处理方法就是把温度变送器送检修理，如送检后不能修复，唯一的方法就是更换一台温度变送器。

（3）温度指示偏低，且变化滞缓

① 工艺过程：裂解炉出口温度指示控制 TIC-202 用热电偶作为测量元件，用改变燃料量来控制出口温度。

② 故障现象：TIC-202 温度指示偏低，当改变调节阀开度增加燃料油流量时，温度指示变化迟钝。

③ 故障分析与判断：温度控制系统出现这样的故障现象比较难以判断，控制系统调节不灵敏有许多因素，如：控制器的控制参数调整不合适，比例 P 和微分 D 控制作用不够；控制阀的调节裕量不够，如工艺负荷增加了，阀门尺寸没有变，调节阀就显得小了或调节阀有卡堵现象等；再者是测温元件滞后，造成控制系统不灵敏。经过检查发现热电偶芯长度不够，没有插到保护套管顶部，如图 2-87 所示，这样造成热电偶和套管顶部之间有一段空隙，由于空气热阻大，传热性能差，使套管内温度分布不均匀，那么 A 点和 B 点的温度就会有差异，造成很大的测量滞后；测量滞后大的测量系统一般 PID 调节器是很难改善调节品质的，所以出现温度变化迟钝等现象。再者，套管端点温度通过空气层传递到热电偶热端时，有热量损失，热电偶热端温度要低于保护套管顶部温度，所以温度指示偏低。

处理办法是按保护套管插入深度配置热电偶长度，使热电偶热端一直插到保护套管顶部，直到相碰为止。处理完后，温度指

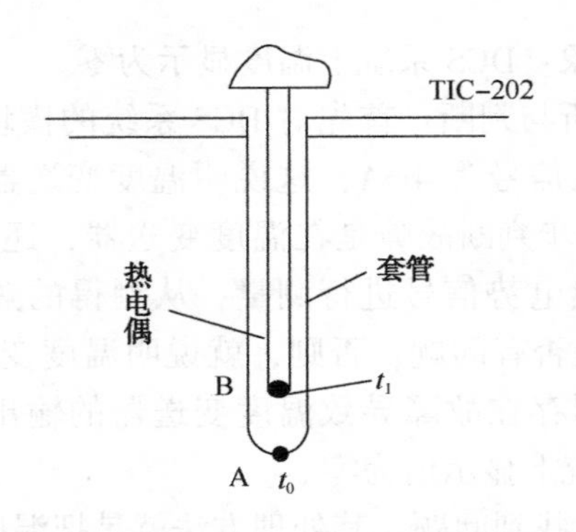

图 2-87　TIC-202 测温热电偶

示正常，调节系统品质指标亦改善了。

(4) 大量的温度测量指示偏低

① 工艺过程：某化工企业装置内有大批温度控制系统，用热电偶作为测温元件，经过温度变送器将信号传送至单回路控制器。

② 故障现象：仪表大修后投运，发现大量的温度测量指示偏低。

③ 故障分析与判断：仪表在大修时都校正过，但是出现大批量的指示偏低现象，分析原因如下：采用热电偶作为测温元件，存在补偿导线和冷端补偿问题。对于大批量仪表指示偏低，冷端补偿处理不好的可能性极大。

设温度变送器输入信号为 V_0，它等于热电偶相应温度产生的热电势 E_1 减去冷端温度（环境温度）所产生的热电势 E_2（也称室温电势），即

$$V_0 = E_1 - E_2 \qquad (2-22)$$

冷端温度（或称室温）不同地点有不同温度。正确的环境温度是室温，即补偿电阻所在的环境温度。对于温度变送器而言，环境温度就是温度变送器接线端子板小盒中的温度，它所产生的室温电势记为 E_{20}。

在大修校正温度变送器时，由于控制室有空调，环境温度比

较低，它产生的室温电势记为 E_{21}，若考虑冷端补偿时采用 E_{21} 的值，由式(2-22)可得

$$V_{01} = E_1 - E_{21}$$

而仪表正常运行时，室温电势应为 E_{20}，即

$$V_{00} = E_1 - E_{20}$$

因 $E_{21}<E_{20}$，所以 $V_{01}>V_{00}$，如果发现温度变送器输出偏高，硬将温度变送器零位调下来，待实际投用时，则温度指示偏低了。

处理方法是实际测得温度变送器室温补偿电阻处的温度，具体办法是把温度计伸入到端子接线板小盒内，并用绝热材料包好，避免冷风吹，测得环境温度，用测得的环境温度相应的热电势代入式(2-22)进行校正，经过校正的读数就比较精确了。

实际工作中，如果补偿导线电缆穿线管距离某炉太近的话，补偿电缆中的补偿导线也会由于高温烤坏使两根补偿导线相互短接，导致主控测量到的信号偏低，而现场热电偶产生的毫伏信号都正常，检查各处接线端子均接触良好，用万用表测量接地电阻，也没有发现有短路接地现象。这时只要在主控测量现场测量电缆电阻就会发现补偿导线已经短路，此时在靠近高温炉段换上耐高温补偿电缆即可。

如果在高温炉的附近铺设普通的补偿电缆，其绝缘层长期处于高温环境中，易老化变脆脱落，与穿线金属管接触导致接地，或两根电缆相互短接都会造成测量失真。

(5) 温度时有时无

① 故障现象：第一次，工艺显示该点无指示，现场检测后发现镍-康铜热电偶接线生锈，刮亮后恢复显示；第二次，工艺又显示该点无指示了，显示温度时有时无，最后现场测量热电偶完全无显示。

② 故障分析及处理：热电偶热端处于似断非断状态，致使信号时有时无，换上一支新热电偶即可。

(6) 温度指示不会变化

① 工艺过程：硫酸焚硫炉温度指示，共有三点温度分别来测量炉头、炉中、炉尾温度，用热电偶作为测温元件，信号直接送 DCS 系统显示。

② 故障现象：三点温度中有一点温度指示不会变化，而其他两点温度指示正常。

③ 故障分析与判断：三点温度同时测量焚硫炉温度，其中两点正常，而另外一点示值不会变化，说明该点温度的示值确实存在问题。首先在盘后测量该点温度的热电势信号，从测得的值来看，热电偶不存在问题，再对现场的热电偶进行检查，也没有发现问题，为了进一步确认，把该点温度接至显示正常的另外两点温度的通道上，温度指示正常。这说明该点温度的测温元件没有问题，问题出在模块输入通道或系统组态上。在随后对系统组态检查时，发现该点温度的组态模块输出参数处于手动状态。由于组态模块输出参数处于手动状态，致使模块输出值一直保持不变，导致该温度指示值不会变化。

处理方法：找到问题，把组态模块输出参数置于自动状态，问题得到解决，温度指示恢复正常。

第六节　成分检测及仪表

一、概述

成分是指在多种物质的混合物中某一种物质所占的比例。在工业生产过程中，经常需要对物质的成分进行在线实时或离线检测，以便进行在线控制或离线分析各种物料的物理化学特性。例如在合成氨生产中，仅仅控制合成塔的温度、压力、流量并不能保证最高的合成效率，必须同时分析进气的化学成分，控制合成塔中氢气与氮气的最佳比例，才能获得较高的生产率。成分检测主要用于产品质量监督、工艺监督、安全生产、节约能源。

1．成分检测仪表分类

成分检测项目繁杂，被测物料多种多样，按照工作原理分类主要有以下几种：

① 热学式，如热导式气体分析仪、热化学式气体分析仪等；
② 磁学式，如热磁对流式、磁力机械式氧分析仪等；
③ 光学式，如红外线气体分析仪、光电比色式分析器等；
④ 电化学式，如氧化锆氧分析仪、电导式气体分析器等；
⑤ 色谱式，如气相、液相色谱仪等。

2. 工业成分检测仪表的构成

一般的工业成分仪表主要由以下几部分构成，如图 2-88 所示。

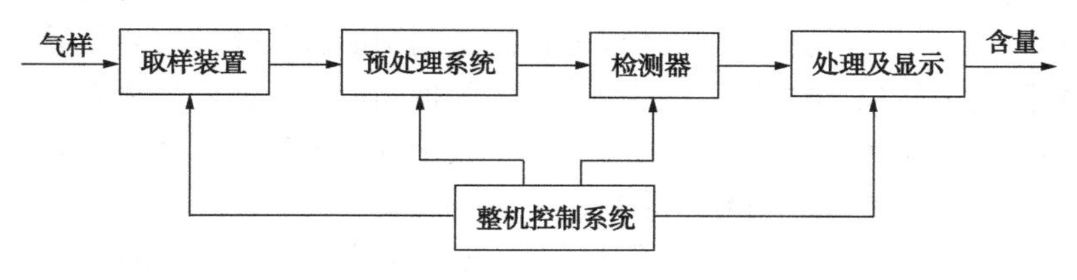

图 2-88　成分分析仪表的组成

(1) 取样及预处理系统

预处理是被测样品进入分析仪器之前需要进行的一项工作，是确保成分检测仪表正常工作的关键部分。预处理系统主要由取样、过滤、温度、压力、流量控制装置和其他辅助设备组成，具有针对性和专用性。对系统的要求是稳定、可靠。目前已向模块化、自动化和集成化方向发展。

(2) 检测器

检测器(又称传感器)，是成分检测仪表的主要部分，它的任务是把被检测物质的成分含量或物理性质转换为电信号。不同分析仪器具有不同形式的检测器，成分检测仪表的技术性能主要取决于检测器。

(3) 信息处理系统

信息处理系统的作用是对检测器输出的微弱电信号做进一步处理，如对信号进行放大、线性化等处理后，最终变换为标准统一的信号(4~20mA)送显示装置。

(4) 显示装置

显示检测结果，一般有模拟显示、数值显示或屏幕图像显示，有的可与计算机联机。

(5) 整机控制系统

控制各部分自动而协调地工作。如每个分析周期进行自动调零、校准、采样分析、显示等循环过程。

二、热导式气体成分分析仪

热导式气体分析仪是一种结构简单、性能稳定，价廉、技术上较为成熟的仪器。可用于气体浓度的在线检测，被广泛应用于石油化工生产。热导式气体成分检测是利用混合气体的总导热系数随待分析气体的含量不同而改变的原理制成。不同的气体有不同的导热系数，混合气体的总导热系数是各组分导热系数的平均值。常见气体的相对导热系数，见表 2-7。

从表 2-7 可以看出，氢气的导热系数最大，是空气的 7 倍多。在测量中必须满足两个条件：第一，待测组分的导热系数与混合气体中其他组分的导热系数相差要大，越大越灵敏。第二，其他各组分的导热系数要相等或十分接近。如果不能满足这两个条件，应采取相应措施对气样进行预处理(又称净化)，使其满足以上两个条件。这样混合气体的导热系数随待测组分的体积含量而变化。因此只要测出混合气体的导热系数便可得知待测组分的含量。

表 2-7　常见气体的相对导热系数

气体名称	相对导热系数	气体名称	相对导热系数	气体名称	相对导热系数
氢	7.15	一氧化碳	0.96	氮	0.996
氧	1.013	二氧化碳	0.606	氯	0.323
甲烷	1.25	氨	0.897	氩	0.685
空气	1.00	二氧化硫	0.35	氖	1.991

由于导热系数很小，直接测定比较困难，故热导式气体成分分析器将导热系数转换为电阻的变化，这种转换由检测器即热导池来完成。热导池的结构如图 2-89 所示。

热导池中悬挂有铂丝，作为敏感元件，其长度为 l，将混合气体缓慢送入热导池，通过在热导池内用恒定电流加热的铂丝，铂丝的平衡温度将取决于混合气体的导热系数，即待测组分的含量。例如，若待测组分为氢气，则当氢气的百分含量增加后，铂丝周围的气体导热系数升高，铂丝的平衡温度将降低，电阻值则减少，利用不平衡电桥即可将电阻值的变化转换成输出电压。

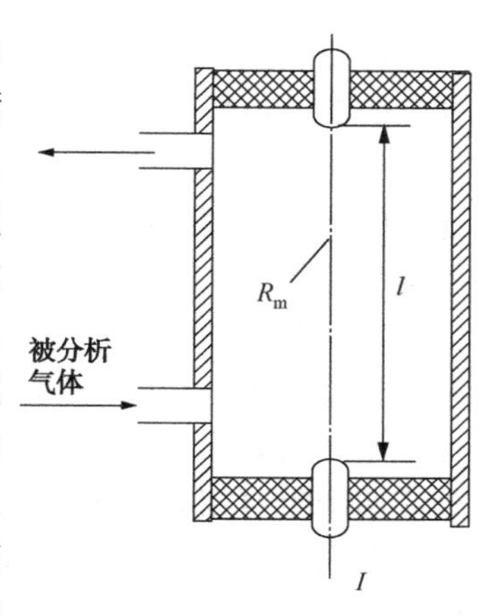

图 2-89　热导式气体成分分析器热导池的结构

不平衡电桥有单臂和双臂两种结构，双臂不平衡电桥上相对桥臂上连接两个热导池，输入被分析气体，另外两个相对桥臂上连接两个密封热导池，其中装有参比样气，双臂电桥精度和灵敏度都比单臂电桥的要高。热导式分析仪器对气体的压力波动、流量波动十分敏感，介质中水汽、颗粒等杂质对测量影响也较大，分析之前应对待测气体进行预处理。热导式气体分析器还可用于氢气、二氧化碳、二氧化硫、氨等成分分析。

三、磁导式含氧量检测仪表

磁导式含氧量检测是利用被分析气体中氧气的磁化率特别高这一物理特性来测定被分析气体中的含氧量。从表 2-8 可以看出，氧的磁化率最高且为正值，即氧气为顺磁性气体(气体能被磁场所吸引的称为顺磁性气体)。热磁式氧气分析仪主要是利用氧的磁特性工作的。

表 2-8　常见气体相对磁化率

气体名称	氧	空气	一氧化氮	二氧化氮	氨	氢	氖	氮	水蒸气	二氧化碳	甲烷
相对磁化率	+100	+21. 1	+36. 2	+6. 16	-0. 06	-0. 11	-0. 22	-0. 4	-0. 4	-0. 57	-0. 68

热磁式氧气分析仪中的检测部件是发送器，在经过了一系列复杂的变换过程后，最终将混合气体中氧含量的变化转换为电信号的变化。发送器的结构如图 2-90 所示。发送器是一个中间有通道的环形气室。被测气体由下部进入，到环形气室后沿两侧往上走，最后由上部出口排出。当中间通道上不加磁场时，两侧的气流是对称的，中间通道无气体流动。在中间通道外面，均匀地绕以热电阻丝(常用铂丝)，它既起加热中间通道的作用，同时也起温度的敏感元件作用。电阻丝的中间有一根抽头，把电阻丝分成两个阻值相等(在相同的温度下)的电阻 R_1、R_2，R_1、R_2与另两个固定电阻 R_3、R_4一起构成测量电桥。当电桥接上电源时，R_1、R_2因发热使中间通道温度升高。若此时中间通道无气流通过，则中间通道上各处温度相同，$R_1=R_2$，测量电桥输出为零。

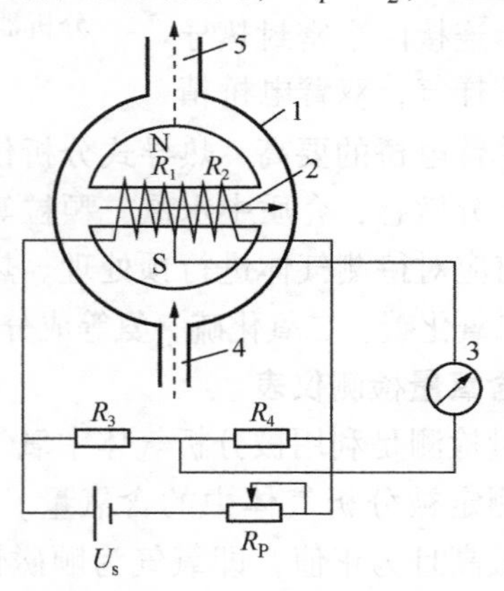

图 2-90　热磁式氧分析原理图

1—环形管；2—中间通道；3—显示仪表；

4—被测气体入口；5—被测气体出口

在中间通道的左端装有一对磁极。当温度为 T_0在环形气室中流动的气体流经该强磁场附近时，若气体中含有氧气等顺磁性介质，则这些气体受磁场吸引而进入中间通道，同时被加热到温度 T。被加热的气体由于磁化率的减小(磁化率与温度平方成反比)受磁场的吸引力变弱，而在磁极左边尚未加热的气体继续受较强的磁场吸引力而进入通道，结果将原先已进入通道受磁场引力变弱的气体推出。如此不断进行，在中间通道中自左向右形成一连续的气流，这种现象称热磁对流现象，该气流称作磁风。若控制气样的流量、温度、压力和磁场强度等不变，则磁风大小仅随气样中氧含量的变化而变化。

热磁对流的结果将带走电阻丝 R_1 和 R_2 上的部分热量，但由于冷气体先经 R_1 处，故 R_1 上被气体带走的热量要比 R_2 上带走的热量多，于是 R_1 处的温度低于 R_2 处的温度，电阻值 $R_1 < R_2$，电桥就有一个不平衡电压输出。输出信号的大小取决于 R_1 和 R_2 之间的差值，即磁风的大小，进而反映了混合气体中氧含量的多少。

四、红外线气体成分检测

凡是不对称结构的双原子和多原子气体分子，都能在某些波长范围内吸收红外线，并且都具有各自的特征吸收波长。如图2-91所示。

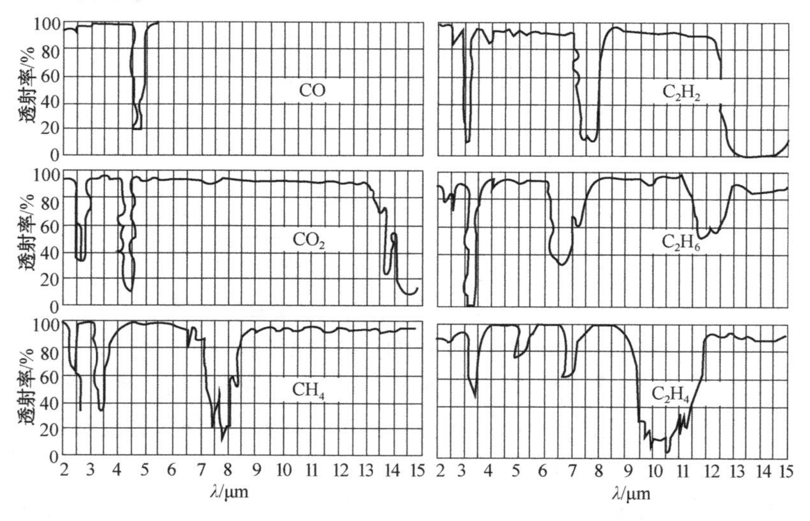

图 2-91　部分气体红外吸收特性

红外线气体成分检测就是利用不同气体对红外线波长的电磁

波能量具有特殊的吸收特性进行测量的。

图 2-92 为红外线气体分析仪原理图。由碳化硅白炽棒通电发射红外线，经反光镜反射成两束平行光线。为了避免直流漂移，得到交流检测信号，用切光片将红外线调制成几赫兹的矩形波。经调制后的红外线分别进入测量气室和参比气室。待测混合气体连续通过测量气室，而参比气室内密封着对红外线完全不吸收的惰性气体。经过透射，两束红外线分别进入薄膜电容检测器的两个检测气室，检测气室内装有高浓度的待测组分气体，能将特征波长的红外线全部吸收，变为检测气室内的温度变化，并表现为压力变化。

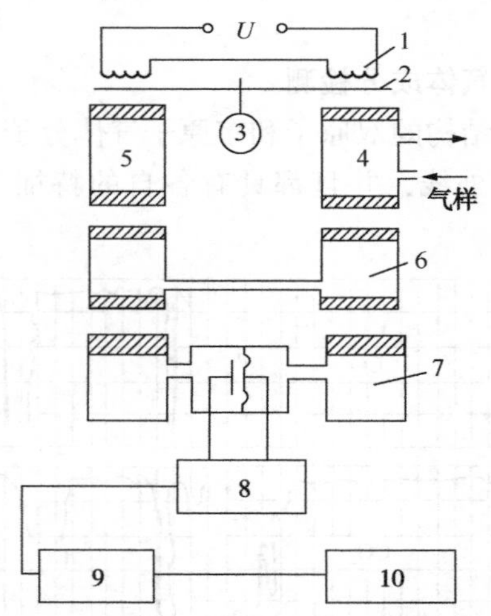

图 2-92　红外线气体分析仪原理图

1—光源；2—切光片；3—同步电机；4—测量气室；5—参比气室；
6—滤光气室；7—检测气室；8—前置放大器；9—主放大器；10—记录器

当测量气室内通过待测混合气体时，待测组分气体会吸收特征波长的红外线，从测量气室透出的光强比参比气室的弱，于是两个检测气室间出现压力差，从而改变检测气室内电容的变化量，通过测量该变化量，测可知待测组分浓度。

如果混合气体中的某些组分与待测组分的红外线吸收峰有重

叠，则其浓度的变化会对待测组分的测量造成干扰。为消除此干扰，可加设滤光气室，里面充高浓度的干扰气体，用来吸收混合气体中的干扰组分可能吸收的能量。

使用红外线气体分析仪时，必须了解被测混合气体的各组分结构，测量才准确。红外线气体分析仪测量范围广，可以用来测量一氧化碳、二氧化碳、甲烷、乙醇等气体的含量。灵敏度高、反应快，目前已得到广泛的应用。

五、氧化锆氧检测仪

氧化锆氧检测仪是利用氧化锆固体电解质作为敏感元件，将氧气含量转换为电信号，并进行远传和显示的一种高灵敏度、高稳定性、快速、测量范围宽的测量仪表。它可以置于恶劣环境(如烟道)中，采样和预处理十分简单，应用十分广泛。

氧化锆(ZrO_2)是一种具有离子导电性质的固体。在常温下为单斜晶体，当温度升高到1150℃时，晶型转变为立方晶体，同时约有7%的体积收缩；当温度降低时，又变为单斜晶体。若反复加热与冷却，ZrO_2就会破裂。因此，纯净的ZrO_2不能用作测量元件。如果在ZrO_2中加入一定量的氧化钙(CaO)或氧化钇(Y_2O_3)作稳定剂，再经过高温焙烧，则变为稳定的氧化锆材料，这时，四价的锆被二价的钙或三价的钇置换，同时产生氧离子空穴，所以ZrO_2属于阴离子固体电解质，主要通过空穴的运动而导电，当温度达到600℃以上时，ZrO_2就变为良好的氧离子导体。

在氧化锆电解质的两面各烧结一个铂电极，就构成氧浓差电池，如图2-93所示，当氧化锆两侧的氧分压不同时，如左侧为被测烟气，氧含量为4%~6%，氧分压为p_1，右侧为参比气体如空气，氧含量为20.8%，氧分压为p_2，当温度达800℃以上时，空穴型氧化锆就成为氧离子导体。氧分压高的一侧的氧以离子形式向氧分压低的一侧迁移，结果使氧分压高的一侧铂电极失去电子显正电，而氧分压低的一侧铂电极得到电子显负电，因而在两铂电极之间产生氧浓差电势。此电势在温度一定时只与两侧气体中氧气含量的差（氧浓差）有关。因浓差电势是烟道气中氧气含量的单值函数，所以测出氧浓差电势，就可知道氧气含量。但要做到测量的准确，必须满足以下条件：

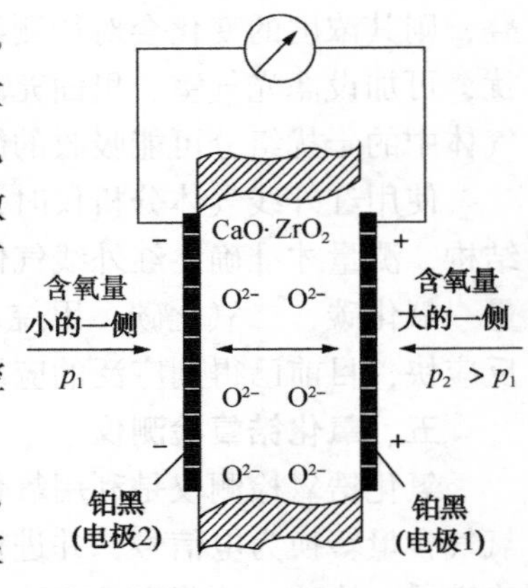

图 2–93　氧浓差电池原理图

① 保证温度 T 恒定，一般控制在 850℃，需要恒温装置；

② 参比气体的氧含量恒定，保证探头内空气新鲜，装有空气泵；

③ 参比气体与被测气体的压力应该相等，这样被测气体和参比气体的氧分压之比才与被测气体和参比气体的氧浓度之比相等。

此外，氧浓差电势与烟气含氧量呈非线性关系，必须经线性化电路处理，才能得到与被测含氧量成正比的标准信号 4~20mA。

根据氧浓差电池原理制成的传感探头如图 2–94 所示。在氧化锆测量管内外侧烧结铂电极，内部热电偶与温度控制器连接，以控制加热丝的电流大小，使工作温度恒定。空气进入参比入口，标准气入口用于氧化锆校验。

六、色谱分析仪

利用混合物中各组分在不同两相间分配系数的差异，而使混合物得以分离，是一种高效、快速的分析方法。根据固定相的不同，可分为气–液色谱和气–固色谱。

下面主要介绍气相色谱分析仪。

色谱分析就是用色谱柱把混合物中的不同组分分离开，然后用检测器对其进行测量。色谱柱是一根气固填充柱，直径 3~6mm、长度 1~4m 的玻璃或金属细管，管中填装一定的固定不动的吸附剂颗粒，称为固定相。当被分析样气在称为“载气”的运

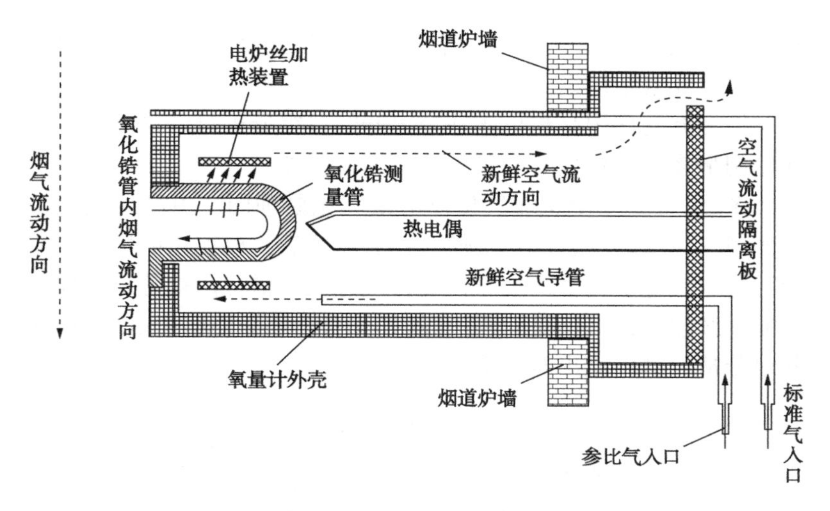

图 2-94　传感探头

载气体携带下，按一定的方向通过吸附剂时，样气中各组分便与吸附剂进行反复的吸附和脱附分配过程，吸附作用强的组分前进很慢，吸附作用弱的组分则很快通过。这样，各组分由于前进速度不同而被分开，时间上先后不同地流出色谱柱，逐个进入检测器进行定量测量。

图 2-95 为混合气体在色谱柱中进行分离的过程。样气中有两种不同的成分，色谱柱分离后，依次进入检测器，检测器输出

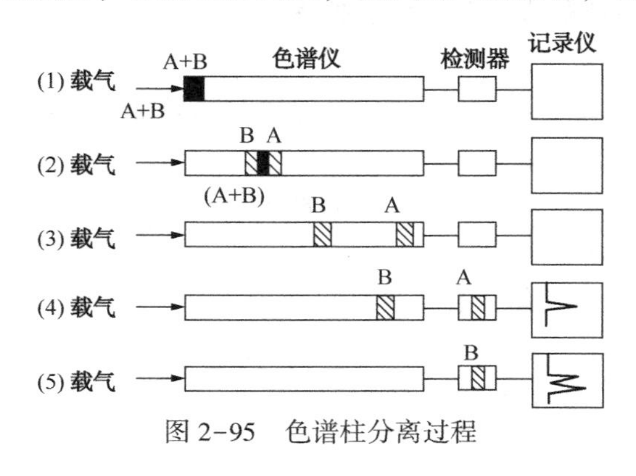

图 2-95　色谱柱分离过程

随时间变化的曲线，称为色谱图，色谱图上峰的面积(或高度)就代表了样气中该组分浓度的大小。

检测器的作用是将色谱柱分离开的各组分进行定量测定，目前使用最多的是热导式和氢火焰电离检测器。

图 2-96 是一个工业气相色谱仪简化原理图，由高压气瓶供给的载气，经减压、净化干燥、稳流装置后，以恒定的压力和流量，进入汽化室，推动被分析的样气进入色谱柱。被分析的样气不能连续输入，只能是间隔一段时间的定量脉冲式输入，以保证各组分从色谱柱流出时不重叠。

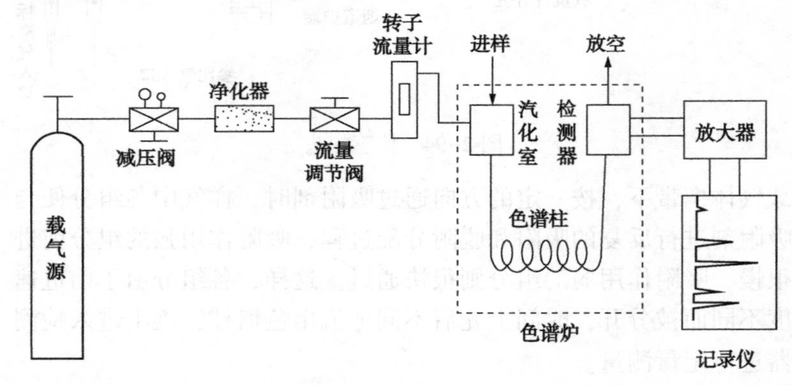

图 2-96　工业气相色谱仪原理图

七、分析仪表故障现象及处理

1. 工业色谱仪故障

故障现象：工业色谱仪出峰保留时间异常。出峰保留时间异常判断步骤如图 2-97 所示。

故障现象：工业色谱仪内部管线泄漏和堵塞。内部管线泄漏和堵塞判断步骤如图 2-98 所示。

2. 红外线气体分析器故障

故障现象：某在线红外线气体分析器分析气体含量时，发现指示值零点升高，示值波动。

此情况多发生于分析器测量气室窗口沾污，引起进入测量气

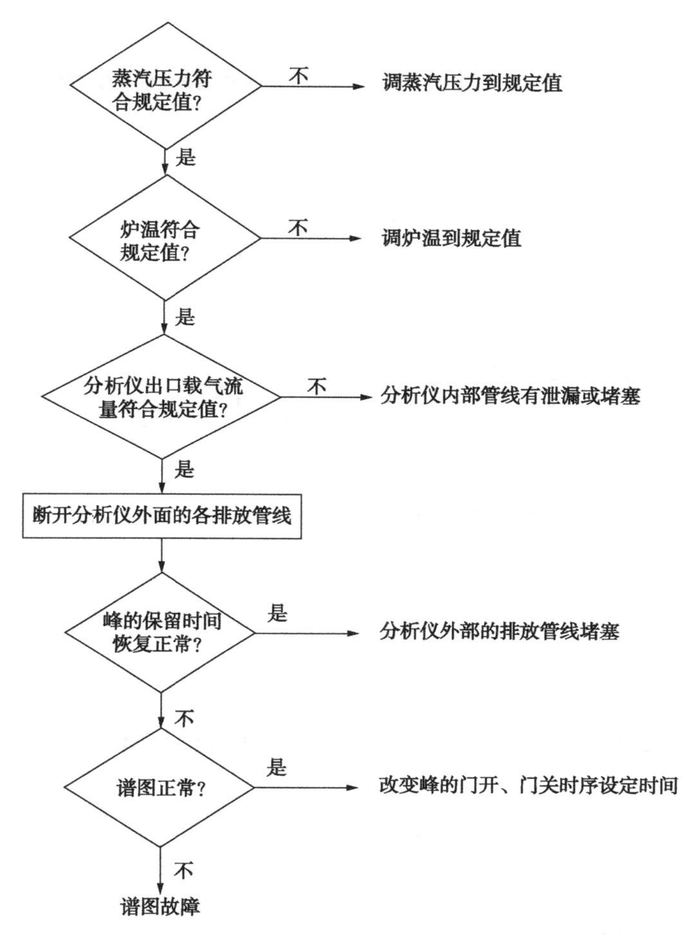

图 2-97　出峰保留时间异常判断步骤

室的光通量减小，而参比气室进入检测器的光通量不变，引起电容变化量增加，进而造成指示值零点升高。又因窗口沾污，使其进入测量气室的光通量不稳定，故又造成示值波动。

3. 氧化锆常见故障

氧化锆常见故障主要有以下几种：检测器恒温故障，造成氧化锆工作池温异常；检测器锆头故障，导致测量误差；外部原因

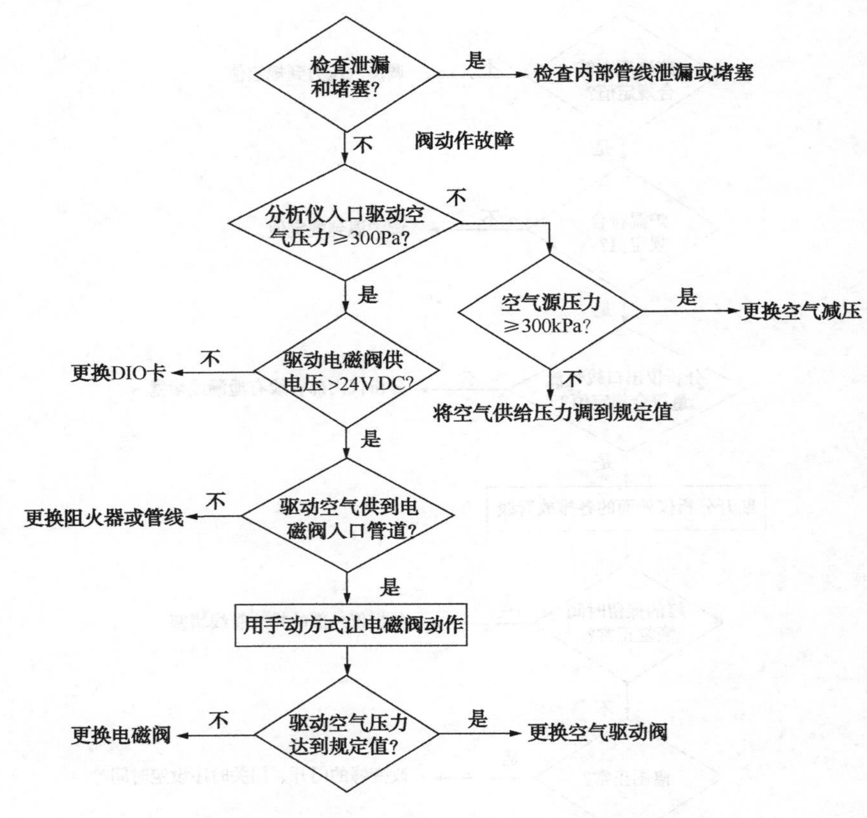

图 2-98　内部管线泄漏和堵塞判断步骤

造成的故障。

（1）检测器恒温故障

首先通过温度显示和超温保护指示来确定故障部位。如果温度显示常温或炉温，则是加热器出现断路，如果出现超温保护，则是检测器温控功率输出元件击穿造成温度失控所致，具体的检查步骤如图 2-99 所示。

（2）检测器锆头故障

检测器锆头故障，会导致测量误差增大，具体的故障产生的原因要通过观察氧含量测量值的偏差方向来判断，具体方法如表

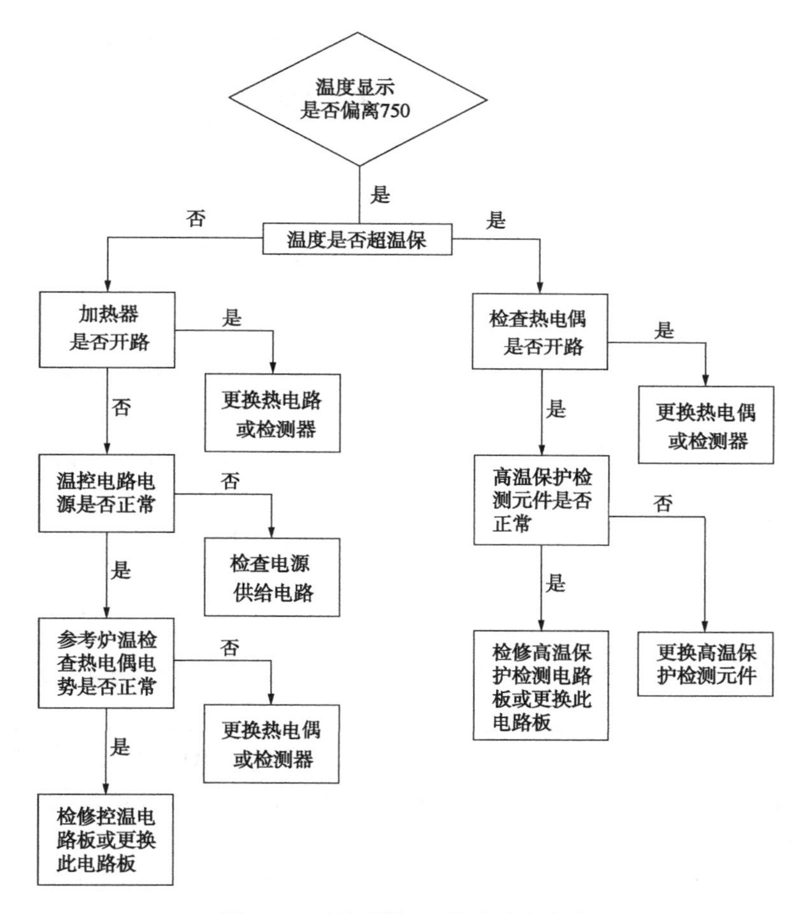

图 2-99　检测器恒温故障检查步骤

2-9 所示。

（3）外部原因造成的故障

外部原因造成的测量误差，则要根据氧化锆的测量原理、结构、故障现象、安装地点及方式等因素来进行故障原因的判断。具体的故障原因有下面几种情况：

① 氧含量测量指示值偏低。原因可能是炉内燃烧不完全，可能存在可燃及还原性气体，如：CO、H_2、CH_4等，这些气体

在高温下会消耗一部分氧，从而使氧含量测量指示值偏低。

表 2-9　氧化锆示值偏差故障判断

故障现象	故障原因	解决办法
氧含量测量值指示始终偏高	安装法兰密封不严，造成漏气	更换垫片并重新紧固法兰
	标气入口堵塞不严，造成漏气	更换堵头密封垫，并上紧
	锆管破裂	更换锆管
	量程电势偏低	重新校验仪表
氧含量测量值指示始终偏低	锆头炽温过高	检查温控是否准确
	量程电势偏高	重新校验仪表
	过滤器堵塞，造成气阻增大	清理过滤器或加吹扫装置
氧含量测量值指示瞬间跳动	锆管老化内阻增大	更换锆管
	取样点不合适	联系设计加以更改
	炉燃烧不稳定，甚至明火冲击探头	联系工艺采取措施加以控制
	气样中带水滴，并在锆管中汽化	采取保温措施避免水蒸气相变

② 氧含量测量指示值不稳定。烟气中存在 SO_2、SO_3 等腐蚀性气体，使锆头产生腐蚀现象，从而使氧含量测量指示值不稳定。

③ 氧含量测量指示值偏高。在以下 3 种情况下，都可能造成氧含量测量指示值偏高。

a. 由于氧化锆为陶瓷材质，质地脆弱，在振动或冷热骤变的情况下，易造成锆管破裂。

b. 对于抽吸式氧化锆，有空气射流抽提器出口堵塞。

c. 对于有校验气路的氧化锆，有量程气路阀内漏的情况。

第三章　控制规律及控制仪表

第一节　基本控制规律

控制仪表是控制系统的核心部件，在石油炼制、油气储运和化工等工业生产过程中，工艺上往往要求生产装置中的压力、流量、液位、温度和成分等参数维持在一定的数值上或按一定规律变化，这就需要控制器来实现这些要求。控制器接收检测仪表送过来的信号，与被控制变量的给定值相比较，产生一定的偏差信号，在控制器中对该偏差信号进行一定的运算处理，产生相应的控制信号送给执行机构，通过执行机构动作实现对被控变量自动控制的目的。

控制系统中控制仪表的作用是给出输出控制信号，以消除被控制变量与给定值之间的偏差，它是构成自动控制系统的基本环节，控制系统的运行质量很大程度上取决于控制仪表的性能，即控制规律的选取。不同的控制规律适应不同的生产要求，因此必须根据生产要求来选用合适的控制规律，若选用不当，不但不能达到控制被控变量的目的，相反往往会造成生产过程恶化，进而发生生产事故。要选用合适的控制仪表，首先必须了解几种常用的控制规律的特点和适用条件，然后根据过渡过程品质指标要求，结合具体对象特性，做出正确的选择。

目前，工程上常用的控制规律有比例控制(P)、比例积分控制(PI)、比例微分控制(PD)、比例积分微分控制(PID)等，PID控制规律是长期生产实践的经验总结，是对熟练操作工人经验的模仿，故PID控制规律应用最为广泛(占85%以上)。

研究控制规律时通常是把控制仪表的输出和系统断开，即系统开环时单独研究控制仪表本身的特性，控制规律指的是控制仪表输出信号与输入信号之间的关系，即 $u(t)=f(e(t))$，如图 3-1 所示。控制仪表的输入信号 $e(t)$ 为检测变送过来的测量信号 $z(t)$ 与给定信号 $r(t)$ 之差，即偏差信号 $e(t)=z(t)-r(t)$，但在自动控制系统分析中往往把偏差信号定义为给定信号与测量信号之差，即 $e(t)=r(t)-z(t)$，控制仪表的输出信号就是控制仪表送往执行机构的信号 $u(t)$。

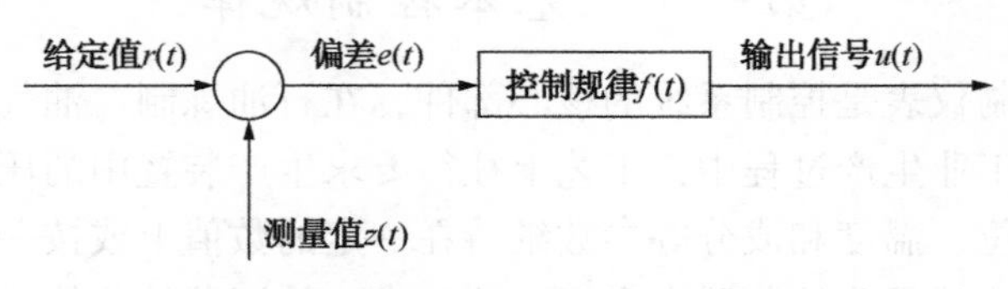

图 3-1　控制器结构图

在研究控制仪表的控制规律时，经常是假定控制仪表的输入信号 $e(t)$ 是一个阶跃信号，然后来研究控制仪表的输出信号 $u(t)$ 随时间的变化规律。

一、比例控制(P)

1. 比例控制规律(P)

如图 3-2 所示的液位控制系统，当液位高于给定值时，控制阀就关小，液位越高，阀关得越小，若液位低于给定值，控制阀就开大，液位越低，阀开得越大。图中浮球是测量元件，杠杆就是一个最简单的控制仪表。

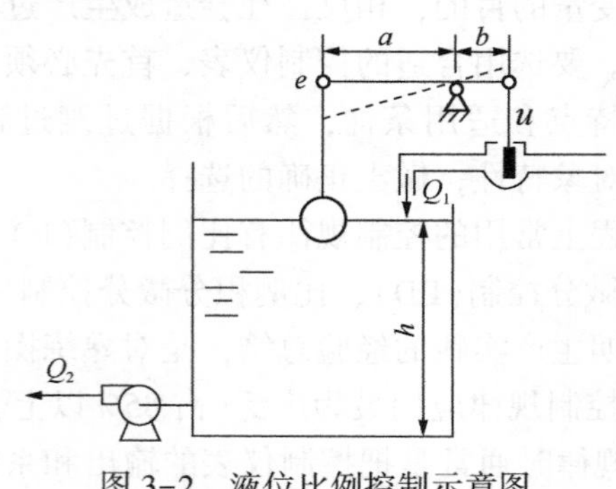

图 3-2　液位比例控制示意图

图 3-2 中，若杠杆在液位改变前的位置用实线表示，改变后的位置用虚线表示，根据相似三角形原理，有

$$\frac{b}{a}=\frac{u}{e}$$

即

$$u=\frac{b}{a}e \tag{3-1}$$

式中 e——杠杆左端的位移，即液位的变化量；

u——杠杆右端的位移，即阀杆的位移量；

a、b——杠杆支点与两端的距离。

由此可见，在该控制系统中，阀门开度的改变量与被控变量（液位）的偏差值成比例，这就是比例控制规律，其输出信号的变化量 u 与输入信号（指偏差，当给定值不变时，偏差就是被控变量测量值的变化量）的变化量 e 之间成比例关系，即

$$u(t)=K_pe(t) \tag{3-2}$$

式中，K_p 是一个可调的放大倍数，通常称为比例增益。根据式(3-1)，可知图 3-2 所示的比例控制器的 $K_p=\frac{b}{a}$，改变杠杆支点的位置，便可改变 K_p 的数值。

由式(3-2)可以看出，具有比例作用（通常称为 P 控制规律）的控制仪表其输出能立即响应输入，图 3-3 所示为当输入阶跃信号时，在系统开环的情况下，比例控制作用的输出响应曲线。

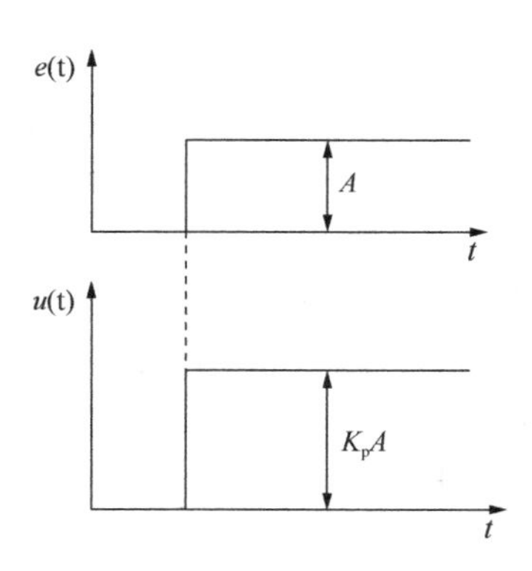

图 3-3　比例控制作用的阶跃响应曲线

比例控制的放大倍数 K_p 是一个重要的系数，它决定了比例控制作用的强弱，K_p 越大，比例控制作用越强。在实际的比例控制器中，习惯上使用比例度 δ 而不用放大倍数 K_p 来表示比例控制作

用的强弱。

2. 比例度

比例度定义为控制器输入的变化相对值与相应的输出变化相对值之比的百分数，用公式表示为

$$\delta = \left(\frac{\Delta e}{r_{max} - r_{min}} \Big/ \frac{\Delta u}{u_{max} - u_{min}}\right) \times 100\% \tag{3-3}$$

式中 Δe——输入变化量；

Δu——相应的输出变化量；

$r_{max}-r_{min}$——输入信号的变化范围，即仪表的量程；

$u_{max}-u_{min}$——输出信号的变化范围，即控制器输出的工作范围。

由式(3-3)可以从控制器表盘上的指示值变化看出比例度δ的具体意义，比例度就是使控制器的输出变化满刻度时(也就是控制阀从全关到全开或相反)，相应的仪表测量值变化占仪表测量范围的百分数。或者说，使控制器输出变化满刻度时，输入偏差变化对应于指示刻度的百分数。

例如一台DDZ-Ⅲ型比例作用温度控制器，其温度变化范围为400~800℃，控制器的输出工作范围为4~20mA，当温度从600℃变化到700℃时，控制器相应的输出从8mA变为12mA，其比例度的值为

$$\delta = \left(\frac{700 - 600}{800 - 400} \Big/ \frac{12 - 8}{20 - 4}\right) \times 100\% = 100\%$$

这说明在这个比例度下，温度全范围变化(相当于400℃)时，控制器的输出从最小变为最大，在此区间内，Δe和Δu是成比例的。图3-4所示是比例度的示意图，当比例度为50%、100%、200%时，控制器的输出就可以由最小u_{min}变为最大u_{max}。

将式(3-3)代入式(3-2)，经整理后可得

$$\delta = C \times \frac{1}{K_p} \times 100\% \tag{3-4}$$

式中，$C=\frac{u_{max}-u_{min}}{r_{max}-r_{min}}$为控制器输出信号的变化范围与输入信号的

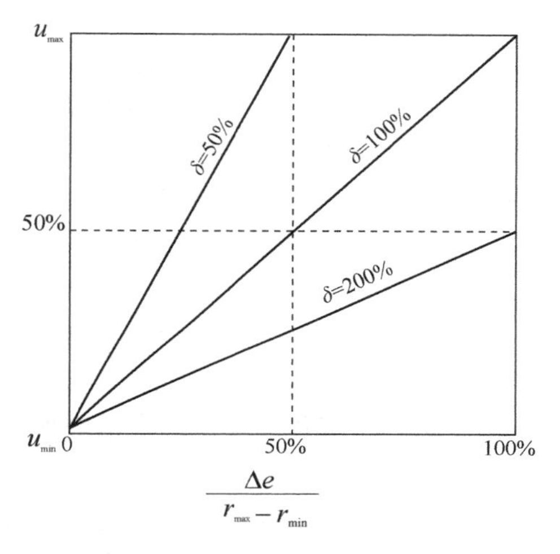

图 3-4　比例度示意图

变化范围之比，称为仪表系数。从中可以看出，比例度 δ 与放大倍数 K_p 为反比关系，比例度 δ 越小，控制器的放大倍数 K_p 就越大，它将偏差(控制器输入)放大的能力就越强；反之亦然。由此可见，比例度 δ 与放大倍数 K_p 都能表示比例控制器控制作用的强弱，只不过 K_p 越大，表示比例控制作用越强，而 δ 越大，表示比例控制作用越弱。

3. 比例作用与比例度对过渡过程的影响

图 3-5 表示图 3-2 所示的液位比例控制系统的过渡过程。如果系统原来处于平衡状态，液位恒定在某一值上，在 $t=t_0$ 时，系统外加一个干扰作用，使出水量 Q_2 有一阶跃增加[如图 3-5(a)所示]，液位开始下降[如图 3-5(b)所示]，浮球也跟着下降，通过杠杆使进水阀的阀杆上升，这就是作用在控制阀上的信号 u[如图 3-5(c)所示]，于是进水量 Q_1 增加[如图 3-5(d)所示]。由于 Q_1 增加，促使液位下降速度逐渐缓慢下来，经过一段时间后，待进水量的增加量与出水量的增加量相等时，系统又建立起新的平衡，液位稳定在一个新值上。但是控制过程结束

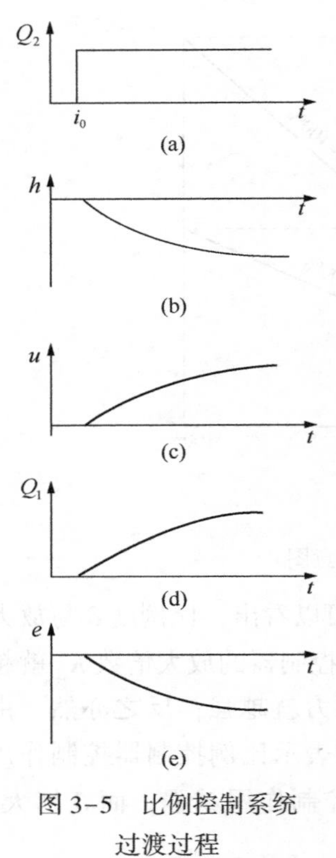

图 3-5　比例控制系统过渡过程

时，液位的新稳态值将低于给定值，它们之间的差称为余差。

从图 3-5 中可以看出，在负荷未变化前，进水量与出水量是相等的，此时调节阀有一个固定的开度，比如说对应于杠杆为水平的位置，而当$t=t_0$ 时刻，出水量有个阶跃增大后，进水量也必须增加到与出水量相等时，新的平衡才能建立起来，液位才不再变化。要使进水量增加，调节阀开度必须增大，阀杆必须上移，然而阀杆是一种刚性的机构，阀杆上移时浮球杆必然下移，这说明浮球所在的液位比原来低，液位稳定在一个比原稳态值(即给定值)要低的一个位置上，它与给定值之差就是余差。对于这个简单的比例控制系统，可以直观地看出过渡过程结束时必然存在余差，这也是比例控制的不足之处。

比例控制的优点是反应快，控制及时。有偏差信号输入时，输出立刻与它成比例变化，偏差越大，输出的控制作用越强。

为了减少余差，就要增大 K_p(即减小比例度δ)，但这会使系统的稳定性变差。比例度对控制过程的影响如图 3-6 所示。由图可见，比例度越大(即 K_p 越小)，过渡过程曲线越平稳，但余差也越大。比例度越小，则过渡过程曲线越振荡，比例度过小时就可能出现发散振荡，系统不稳定。当比例度大(即放大倍数 K_p 小)时，在干扰产生后，控制器的输出变化较小，控制阀开度改变也较小，被控变量的变化就很缓慢(曲线 6)。当比例度减小时，K_p 增大，在同样的偏差下，控制器输出较大，控制阀开度改变较大，被控变量变化也就比较灵敏，开始有些振荡，余差不大(曲线5、4)。比例度再减小，控制阀开度改变更大，大到有点过分时，被控变量也就跟着过分地变化，再拉回来时又拉过了头，结果会出现激烈振荡(曲线3)。当比例度继续减小到某一数值时系统出现等幅振荡，这时的比例度称为临界比例度 δ_k(曲线2)。一般除反应很快的流量及管道压力等系统外，这种情况大多出现在 $\delta<20\%$ 时，当比例度小于 δ_k 时，在干扰产生后将出现发散振荡(曲线1)，这是很危险的。工艺生产通常要求比较平稳而余差又不太大的控制过程(例如曲线4)，一般来说，若对象的滞后较小、时间常数较大和放大倍数较小时，控制器的比例度可以选得小些，以提高系统的灵敏度，使反应快些，从而过渡过程曲线的形状较好；反之，比例度就要选大些以保证系统稳定。

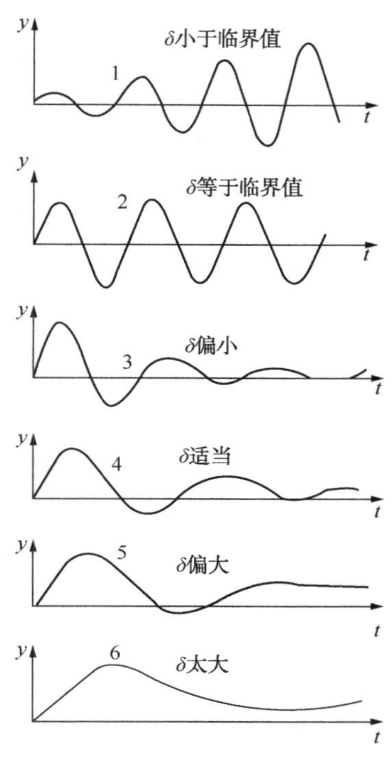

图 3-6　比例度对过渡过程的影响

二、比例积分控制(PI)

比例控制最大的优点是反应快，控制及时，最大的缺点是控制结束存在余差，当工艺对控制质量有更高要求，不允许控制结果存在余差时，就需要在比例控制的基础上，再加上能消除余差的积分控制(通常称为I控制规律)作用。

1. 积分控制规律(I)

积分控制作用的输出量 u_I 与输入偏差的变化量 e 的积分成正比，其关系式为

$$u_{\mathrm{I}} = \frac{1}{T_{\mathrm{i}}}\int e(t)\,\mathrm{d}t \tag{3-5}$$

式中，T_{i} 称为积分时间常数。当输入偏差为一幅度为 A 的阶跃信号时，积分作用 u_{I} 的响应为

$$u_{\mathrm{I}} = \frac{1}{T_{\mathrm{i}}}\int e(t)\,\mathrm{d}t = \frac{1}{T_{\mathrm{i}}}\int A\mathrm{d}t = \frac{1}{T_{\mathrm{i}}}At \tag{3-6}$$

其响应曲线如图 3-7 所示。

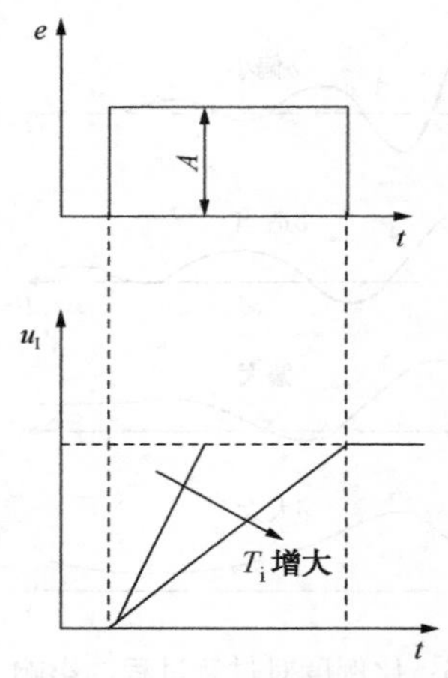

图 3-7　积分作用响应曲线

由图可见，只要有偏差存在，输出 u_{I} 就会一直变化下去，直到偏差为零为止。输出信号的变化速度与积分时间常数 T_{i} 成反比，故积分时间常数表征了积分速度的快慢，T_{i} 越大，在同样的输入作用下，输出的变化速度越慢，即积分作用越弱；反之，T_{i} 越小，在同样的输入作用下，输出的变化速度越快，即积分作用越强。

积分作用的特点是控制器的输出 u_{I} 与偏差 e 存在的时间有关。只要有偏差存在，即使很小，控制器的输出也会随时间累积而增加，导致施加的控制作用不断增大，直到偏差消除，控制作用才停止。因此，有了积分作用可以消除余差，这是积分控制的一个主要优点。但是积分控制作用不够及时，在偏差刚出现时，u_{I} 还很小，控制作用很弱，不能及时克服干扰的影响。所以，实际上很少单独采用积分作用，而是将积分作用与比例作用结合起来，组成兼有两者优点的比例积分控制作用。

2. 比例积分控制规律(PI)

比例积分控制规律(通常称为 PI 控制规律)可用下式表示：

$$u(t) = K_{\mathrm{p}}\left[e(t) + \frac{1}{T_{\mathrm{i}}}\int e(t)\,\mathrm{d}t\right] \tag{3-7}$$

比例积分作用是比例作用与积分作用的叠加。在阶跃偏差输入 A 作用下，其输出响应曲线如图 3-8 所示。由图可见，在 $t=0$ 时刻由于比例作用，控制器的输出立即跃变到 K_pA，而后积分起作用，使输出随时间等速变化。在比例增益 K_p 及干扰幅值 A 确定的情况下，输出变化的速度取决于积分时间常数 T_i，T_i 越大，积分速度越小，积分作用越弱，当 $T_i \to \infty$ 则积分作用消失。

3. 积分时间常数对过渡过程的影响

采用比例积分控制作用时，积分时间常数对过渡过程的影响具有两重性，在同样的比例度下，缩短积分时间常数 T_i，将使积分作用加强，容易消除余差，这是有利的一面，但加强积分调节作用后，会使系统振荡加剧，有不易稳定的趋势，积分时间常数越短，振荡趋势越强烈，甚至会造成不稳定的发散振荡，这是不利的一面。图 3-9 表示在同样比例度下积分时间常数对过渡过程的影响，由图可以看出，积分时间常数过大或过小均不合适，积分时间常数过大，积分作用不明显，消除余差的速度很慢(曲线 3)，积分时间常数过小，过渡过程振荡太剧烈，稳定程度降低(曲线 1)，曲线 2 比较合适。

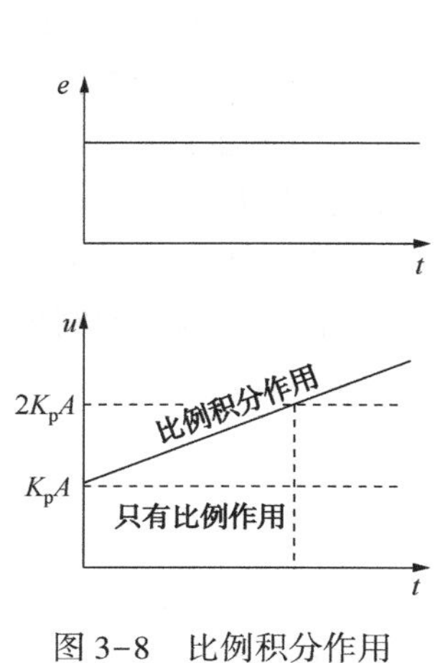

图 3-8　比例积分作用响应曲线

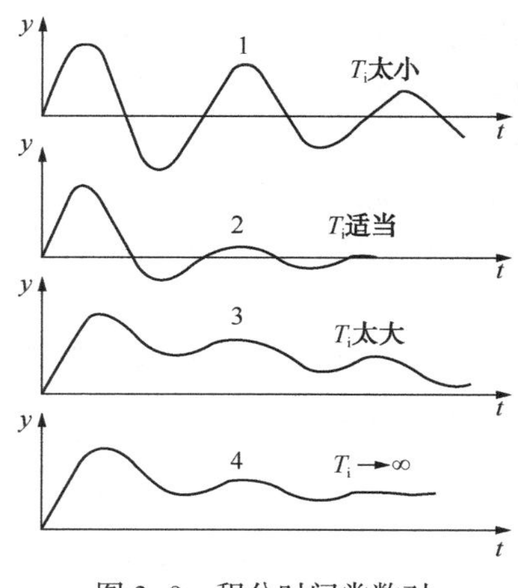

图 3-9　积分时间常数对过渡过程的影响

比例积分控制器对于多数系统都可采用，比例度和积分时间常数两个参数均可调整。当对象滞后很大时，可能控制时间较长，最大偏差也较大，负荷变化过于剧烈时，由于积分动作缓慢，会使控制不及时，此时可增加微分作用。

三、比例微分控制(PD)

对于惯性较大的对象，为了使控制及时，常常希望能根据被控变量变化的快慢来控制。在人工控制时，虽然偏差可能还小，但看到参数变化很快，估计很快就会有更大偏差，此时操作人员会过分地改变阀门开度以克服干扰的影响，这就是按偏差变化速度进行控制。在自动控制中，这就要求控制器具有微分控制规律，就是控制器的输出信号与偏差信号的变化速度成正比，即

$$u_D = T_D \frac{de}{dt} \qquad (3-8)$$

式中 T_D——微分时间常数；

$\frac{de}{dt}$——偏差信号变化速度。

此式表示理想微分控制器的特性，若在 $t=t_0$ 时输入一个阶跃信号，则在 $t=t_0$ 时刻控制器输出将为无穷大，其余时间输出为零，如图 3-10 所示。这种控制器用在系统中，即使偏差很小，只要出现变化趋势，马上就进行控制，故有提前控制之称，这是它的优点。但它的输出不能反映偏差的大小，假如偏差固定，即使数值很大，微分作用也没有输出，因而控制结果不能消除余差，所以不能单独使用这种控制器，它常与比例或比例积分组合构成比例微分(PD)或比例微分积分(PID)控制器。

比例微分控制规律(图 3-11)为

$$u = K_p\left[e(t) + T_D \frac{de(t)}{dt}\right] \qquad (3-9)$$

微分作用按偏差的变化速度进行控制，其作用比比例作用快，因而对惯性大的对象用比例微分控制规律可以改善控制质量，减小最大偏差，节省控制时间。微分作用力图阻止被控变量

的变化，有抑制振荡的效果，但如果加得过大，由于控制过强，反而会引起被控变量大幅度的振荡(如图 3-12 所示)。微分作用的强弱由微分时间常数来决定，T_D 越大，微分作用越强，T_D 越小，微分作用越弱。

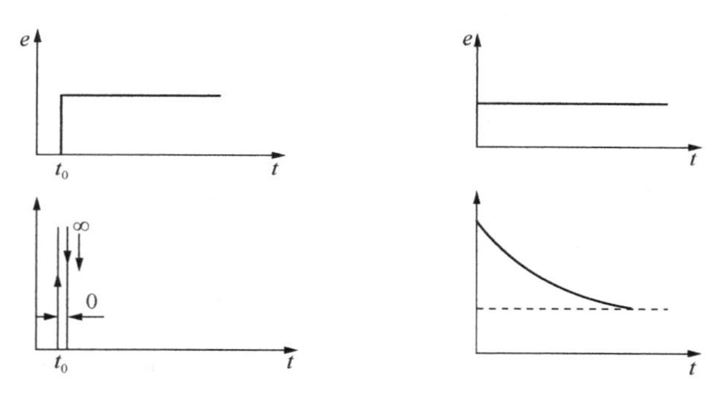

图 3-10　理想微分控制器特性　　图 3-11　比例微分控制器特性

四、比例积分微分控制(PID)

在生产实际中常将比例、积分、微分三种作用规律结合起来，可以得到较为满意的控制质量。包括这三种控制规律的控制器称为比例积分微分三作用控制器，习惯上称为 PID 控制规律，其输出与输入之间的关系为

$$u(t)=K_p\left[e(t)+\frac{1}{T_i}\int e(t)\mathrm{d}t+T_D\frac{\mathrm{d}e(t)}{\mathrm{d}t}\right] \qquad (3-10)$$

在阶跃输入作用下，PID 控制器的响应曲线如图 3-13 所示。

三种控制规律可以概括为：比例作用的输出是与偏差值成正比的；积分作用输出的变化速度与偏差值成正比；微分作用的输出与偏差的变化速度成正比。PID 控制规律结合比例、积分、微分三种控制作用的特点，在被控变量的偏差刚出现时，比例微分同时先起作用，由于微分的提前控制作用，可以使起始偏差幅度减小，降低最大偏差，由于比例作用是经常的、起主要作用的控制作用，可使系统比较稳定，接着积分作用会慢慢消除余差。所以只要 PID 控制器参数 δ、T_i、T_D 选择得当，就可充分发挥三种控制作用的优点，使系统获得较好的控制效果。

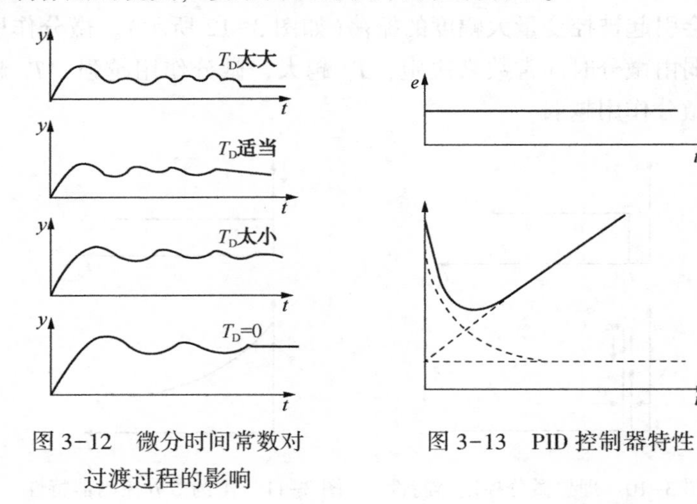

图 3-12　微分时间常数对过渡过程的影响

图 3-13　PID 控制器特性

第二节　可编程序控制器

一、概述

1969 年，美国数字设备公司（DEC）研制出了第一台 PLC，并在美国通用汽车自动装配线上试用，获得了成功。这种新型的工业控制装置以其简单易懂、操作方便、可靠性高、通用灵活、体积小、使用寿命长等一系列优点，很快地在美国其他工业领域推广应用。至 1971 年已经成功地应用于食品、饮料、冶金、造纸等工业。这一新型工业控制装置的出现，也受到了世界其他国家的高度重视，1971 日本从美国引进了这项新技术，很快研制出了日本第一台 PLC，1973 年，西欧国家也研制出它们的第一台 PLC，我国从 1974 年开始研制，1977 年开始工业应用。

1. PLC 概念

PLC 问世以来，尽管时间不长，但发展迅速。为了使其生产和发展标准化，国际电工委员会（IEC）先后颁布了 PLC 标准的草案第一稿、第二稿，并在 1987 年 2 月通过了对它的定义：可编程控制器是一种数字运算操作的电子系统，专为在工业环境应用而设计的。它采用一类可编程的存储器，用于其内部存储程序，执行逻辑运算、顺序控制、定时、计数与算术操作等面向用户的指令，并通过数字或模拟式输入/输出控制各种类型的机械或生产过程。可编程控制器及其有关外部设备，都按易于与工业控制系统联成一个整体，易于扩充其功能的原则设计。

为了避免与个人计算机 PC(Personal Computer)相混淆，所以改为 PLC(Programmable Logic Controller)即可编程逻辑控制器，但从功能上讲，现在的 PLC 早已不是原来意义上的“PLC”了。

总之，可编程控制器是一台计算机，它是专为工业环境应用而设计制造的计算机。它具有丰富的输入、输出接口，并且具有较强的驱动能力。但可编程控制器产品并不针对某一具体工业应用，在实际应用时，其硬件需根据实际需要进行选用配置，其软件需根据控制要求进行设计编制。

2. PLC 的分类与特点

(1) 可编程序控制器的分类

PLC 的分类方法很多，大多是根据外部特性来分类的。以下三种分类方法用得较为普遍。

① 按照点数、功能不同分类。根据输入输出点数、存储器容量和功能分为小型、中型和大型三类。

小型 PLC 又称为低档 PLC。它的输入输出点数一般从 20 点到 128 点，用户程序存储器容量小于 2K 字节，具有逻辑运算、定时、计数、移位等功能，可以用来进行条件控制、定时计数控制，通常用来代替继电器、接触器控制，在单机或小规模生产过程中使用。

中型 PLC 的 I/O 点数一般在 128~512 点之间，用户存储器容量为 2~8K 字节，兼有开关量和模拟量的控制功能。它除了具备小型 PLC 的功能外，还具有数字计算、过程参数调节[如比例、积分、微分(P、I、D)调节]、模拟定标、查表等功能，同时辅助继电器数量增多，定时计数范围扩大，适用于较为复杂的开关量控制如大型注塑机控制、配料及称重等小型连续生产过程控制等场合。

大型 PLC 又称为高档 PLC，I/O 点数超过 512 点，最多可达 8192 点，进行扩展后还能增加，用户存储容量在 8K 字节以上，具有逻辑运算、数字运算、模拟调节、联网通信、监视、记录、打印、中断控制、智能控制及远程控制等功能，用于大规模过程控制(如钢铁厂、电站)、分布式控制系统和工厂自动化网络。

② 按照结构形状分类。根据 PLC 各组件的组合结构，可将 PLC 分为整体式和机架模块式两种。

③ 按照使用情况分类。按照应用情况又可将 PLC 分为通用型和专用型两类。通用型 PLC 可供各工业控制系统选用，通过不同的配置和应用软件的编制可满足不同的需要，是用作标准工业控制装置的 PLC，如前面所举的各种型号。专用型 PLC 是为某类控制系统专门设计的 PLC，如数控机床专用型 PLC 就有美国 AB 公司的 8200CNC、8400CNC，德国西门子公司的专用型 PLC 等。

(2) PLC 的特点

① 可靠性高，抗干扰能力强。

② 编程简单，使用方便。

③ 控制程序可变，具有很好的柔性。

④ 功能完善。

⑤ 扩充方便，组合灵活。

⑥ 减少了控制系统设计及施工的工作量。

⑦ 体积小、重量轻，是“机电一体化”特有的产品。

3. PLC 的发展与应用

(1) PLC 的发展

PLC 的发展大体上可分为 3 个阶段：

① 形成期(1970~1974 年)。在这一期间 PLC 以准计算的面貌与用户见面。在软件上采用机器码和汇编语言编写应用程序，在硬件上采用中小规模集成电路构成系统。其功能仅限于开关逻辑控制，且价格昂贵，只在一些大型生产设备和自动生产线上

使用。

② 成熟期(1973~1978年)。在这一时期，一方面随着大规模集成电路的出现，出现了以微处理器为核心的新一代PLC，另一方面采用了梯形图语言，通俗易懂。由此称为PLC，且技术也日趋完善。

③ 大发展时期(1977~至今)。由于PLC技术的发展始终保持两个特点：一是继承继电器控制系统的特点，二是应用了计算机技术。所以随着PLC应用的扩大，全面促进了PLC的生产和研究，产品的品种也越来越多，需求量也越来越大，而且很受欢迎，PLC也成为工业控制领域中占主导地位的基础自动化设备。

目前，世界上约有200家PLC生产厂商，其中，美国的Rockwell、GE，德国的西门子(Siemens)，法国的施耐德(Schneider)，日本的三菱、欧姆龙(Omron)，掌控着全世界80%以上的PLC市场份额，其系列产品从只有几十个点(I/O总点数)的微型PLC到有上万个点的巨型PLC，应有尽有。

经过多年的发展，国内PLC生产厂家约有三十家，但尚未形成颇具规模的生产能力，国内PLC应用市场仍然以国外产品为主，如：Siemens的S7-200小系列、S7-300中系列、S7-400大系列，三菱的FX小系列、Q中大系列，0mron的CPM小系列、C200H中大系列等。

(2) PLC的应用

随着国外PLC技术的日益发展，其应用也越来越广泛，已在顺序控制、运动控制、过程控制、数据处理、通信等领域得到了广泛应用，在石油、化工、电力等行业中基于PLC的安全联锁系统最为常见。

二、可编程序控制器的基本组成

1. PLC的硬件组成

可编程序控制器的组成基本同计算机一样，由电源、中央处理器(CPU)、存储器、输入/输出接口及外围设备接口等构成。图3-14是其硬件系统的简化框图。

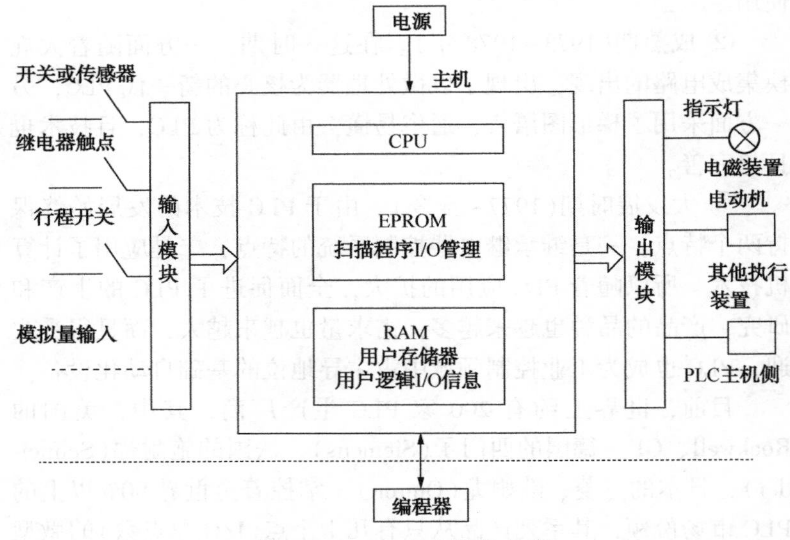

图 3-14　PLC 的硬件结构图

从图中可以看出 PLC 内部主要部件有：

(1) CPU(Central Process Unit)

(2) 系统程序存储器

它用以存放系统工作程序(监控程序)、模块化应用功能子程序、命令解释功能子程序的调用管理程序，以及对应定义(I/O、内部继电器、计时器、计数器、移位寄存器等存储系统)参数等功能。

(3) 用户存储器

用以存放用户程序即存放通过编程器输入的用户程序。PLC 的用户存储器通常以字(16 位/字)为单位来表示存储容量。同时，由于前面所说的系统程序直接关系到 PLC 的性能，不能由用户直接存取。因而通常 PLC 产品资料中所指的存储器型式或存储方式及容量，是对用户程序存储器而言。

常用的用户存储方式及容量型式或存储方式有 CMOSRAM、EPROM 和 EEPROM。

(4) 输入接口电路

输入接口是把现场的数字(开关)量信号变成可编程控制器内部处理的标准信号。数字(开关)量输入接口按可接纳的外部信号电源的类型不同分为直流输入接口单元和交流输入接口单元。数字量(开关)输入接口单元中都有滤波电路及耦合隔离电路。滤波有抗干扰的作用，耦合有抗干扰及产生标准信号的作用。

(5) 输出接口电路

输出接口接收主机的输出信息，并进行功率放大和隔离，经过输出接线端子向现场的输出部分输出相应的控制信号。输出接口电路一般由微电脑输出接口和隔离电路、功率放大电路组成。可编程序控制器的输出元件有三种形式即继电器输出(M)、晶体管输出(T)和晶闸管输出(SSR)。

(6) 编程器

编程器是用于用户程序的编制、编辑、调试检查和监视等。还可以通过其键盘去调用和显示 PLC 的一些内部状态和系统参数。它通过通信端口与 CPU 联系，完成人机对话连接。编程器上有供编程用的各种功能键和显示灯以及编程、监控转换开关。编程器的键盘采用梯形图语言键符式命令语言助记符，也可以采用软件指定的功能键符，通过屏幕对话方式进行编程。

编程器分为简易型和智能型两类。前者只能连机编程，而后者既可连机编程又可脱机编程。同时前者输入梯形图的语言键符，后者可以直接输入梯形图。根据不同档次的 PLC 产品选配相应的编程器。

(7) 外部设备

一般 PLC 都配有盒式录音机、打印机、EPROM 写入器、高分辨率屏幕彩色图形监控系统等外部设备。

(8) 电源

根据 PLC 的设计特点，它对电源并无特别要求，可使用一般工业电源。

2. PLC 的软件组成

由图 3-14 可见，PLC 实质上是一种工业控制用的专用计算机。PLC 系统也是由硬件系统和软件系统两大部分组成。其软件主要有以下几个逻辑部件：

(1) 继电器逻辑

为适应电气控制的需要，PLC 为用户提供继电器逻辑，用逻辑与或非等逻辑运算来处理各种继电器的连接。PLC 内部存储单元有"1"和"0"两种状态，对应于"ON"和"OFF"两种状态。因此 PLC 中所说的继电器是一种逻辑概念，而不是真正的继电器，有时称为"软继电器"。

(2) 定时器逻辑

PLC 一般采用硬件定时中断，软件计数的方法来实现定时逻辑功能。

(3) 计数器逻辑

PLC 为用户提供了若干计数器，它们是由软件来实现的，一般采用递减计数。

三、PLC 的工作原理

可编程序控制系统的等效电路可分为三部分，即输入部分、内部控制电路和输出部分。输入部分就是采集输入信号，输出部分就是系统的执行部件，这两部分与继电器控制电路相同，内部控制电路是由编程实现的逻辑电路，用软件编程代替继电器电路的功能。

1. 输入部分

输入部分由外部输入电路、PLC 输入接线端子和输入继电器组成。外部输入信号经 PLC 输入接线端驱动输入继电器。一个输入端对应一个等效电路中的输入继电器，它可提供任意个动合和动断接点供 PLC 内部控制电路编程用。

2. 内部控制电路

内部控制电路是由用户程序形成的即用软件代替硬件电路。它的作用是按照程序规定的逻辑关系，对输入信号和输出信号的状态进行运算、处理和判断，然后得到相应的输出。用户程序通常根据梯形图进行编制，梯形图类似于继电控制电气原理图，只是图中元件符号与继电器回路的元件符号不相同。

继电器控制线路中，继电器的接点可以是瞬时动作，也可以是延时动作。而 PLC 电路中的接点是瞬时动作的，延时由定时器实现，即定时器的接点是延时动作，且延时时间远远大于继电器延时的时间范围，延时时间由编程设定。PLC 中还设有计数器、辅助继电器等。PLC 的这些器件提供的逻辑控制功能，由编程选择，只能在 PLC 内部控制电路中使用。

3. 输出部分

输出部分由与内部控制电路隔离的输出继电器的外部动合触点、输出接线端子和外部电路组成，用来驱动外部负载。

PLC 内部控制电路中有许多输出继电器，每个输出继电器除了有为内部控制电路提供编程使用的动合、动断接点外，还为输出电路提供一个动合触点与输出接线端相连，驱动外部负载的电源由外部电源提供。

四、PLC 的编程语言

PLC 为用户提供了完整的编程语言，以适应编制用户程序的需要。PLC 提供的编程语言通常有以下几种：梯形逻辑图、指令语句表、顺序功能流程图和功能块图。

1. 梯形逻辑图(LAD)

梯形逻辑图简称梯形图(Ladder programming)，它是从继电器—接触器控制系统的电气原理图演化而来的，是一种图形语言。它沿用了常开触点、常闭触点、继电器线圈、接触器线圈、定时器和计数器等术语及图形符号，也增加了一些简单的计算机符号，来完成时间上的顺序控制操作。触点和线圈等的图形符号就是编程语言的指令符号。这种编程语言与电路图相呼应，使用简单，形象直观，易编程，容易掌握，是目前应用最广泛的编程语言之一。

2. 指令语句表(STL)

指令语句表简称语句表(statementlist，简写为 STL)，类似于计算机的汇编语言，它是用语句助记符来编程的。中、小型 PLC 一般用语句表编程。

每条命令语句包括命令部分和数据部分。命令部分要指定逻辑功能，数据部分要指定功能存储器的地址号或直接数值。

3. 顺序功能流程图(SFC)

顺序功能流程图编程是一种图形化的编程方法，亦称功能图。使用它可以对具有并发、选择等复杂结构的系统进行编程，许多 PLC 都提供了用于 SFC 编程的指令。目前，国际电工协会(IEC)也正在实施并发展这种语言的编程标准。

4. 功能块图(FBD)

利用 FBD 可以查看到像普通逻辑门图形的逻辑盒指令。它没有梯形图编程器中的触点和线圈，FBD 编程语言有利于程序流的跟踪，但在目前使用较少。

第三节　数字式控制器

一、数字式控制器的主要特点

相比于模拟控制器，数字式控制器的硬件及其构成原理有很大差别，它以微处理器为核心，具有丰富的运算控制功能和数字通信功能、灵活方便的操作手段、形象直观的数字或图形显示、高度的安全可靠性，比模拟控制器能更方便有效地控制和管理生产过程，因而在工业生产过程中得到了越来越广泛的应用。归纳起来，数字控制器有如下主要特点。

1. 实现了模拟仪表与计算机一体化

将微处理器引入控制器，充分发挥了计算机的优越性，使数字控制器的功能得到了很大的增强，提高了性价比。同时考虑到人们长期以来的习惯，数字控制器在外形结构、面板布置、操作方式等方面保留了模拟控制器的特征。

2. 运算控制功能强

数字控制器具有比模拟控制器更丰富的运算控制功能，一台数字控制器既可以实现简单的 PID 控制，也可以实现串级控制、前馈控制和变增益控制等；既可以进行连续控制，也可以进行采样控制、选择控制和批量控制。此外，数字控制器还可以对输入信号进行处理，如线性化、数字滤波、标度变换、逻辑运算等。

3. 通过软件实现所需功能

数字控制器的运算控制功能是通过软件实现的。在可编程调节器中，软件系统提供了各种功能模块，用户选择所需的功能模块，通过编程将它们连接起来，构成用户程序，便可实现所需的运算与控制功能。

4. 具有与模拟调节器相同的外特性

尽管数字控制器内部信息均为数字量，但是为了保证数字式控制器能够与传统的常规仪表相兼容，数字控制器模拟量输入输出均采用国际统一标准信号(4～20mA 或 1～5V DC)，可以方便地与 DDZ-III 相连。同时数字控制器还有数字量输入输出功能。

5. 具有通信功能，便于系统扩展

数字控制器除了用于代替模拟控制器构成独立的控制系统之外，还可以与上位计算机一起组成 DCS 控制系统。数字控制器与上位计算机之间实现串行双向的数字通信，可以将手动/自动状态、PID 参数及输入输出值等信息送到上位计算机进行显示与监控，必要时上位计算机也可以对控制器施加干预，如工作状态的变更、参数的修改等。

6. 可靠性高，维护方便

在硬件方面，一台数字式控制器可以替代数台模拟仪表，同时控制器所用硬件高度集成化，可靠性高，在软件方面，数字式控制器的控制功能主要通过模块软件组态来实现，具有多种故障的自诊断功能，能及时发现故障并采取保护措施。

数字式控制器的规格型号很多，它们在构成规模上、功能完善程度上都有很大的差别，但它们的基本构成原理却大同小异。

二、数字式控制器的基本构成

模拟式控制器只是由模拟元器件构成，它的功能也完全是由硬件构成形式所决定，因此其控制功能比较单一；而数字式控制器由以微处理器为核心构成的硬件电路和由系统程序、用户程序构成的软件两大部分组成，其控制功能主要由软件所决定。

1. 数字式控制器的硬件电路

数字式控制器的硬件电路由主机电路、过程输入通道、过程输出通道、人机接口电路和通信接口电路等部分组成，其构成框图如图 3-15 所示。

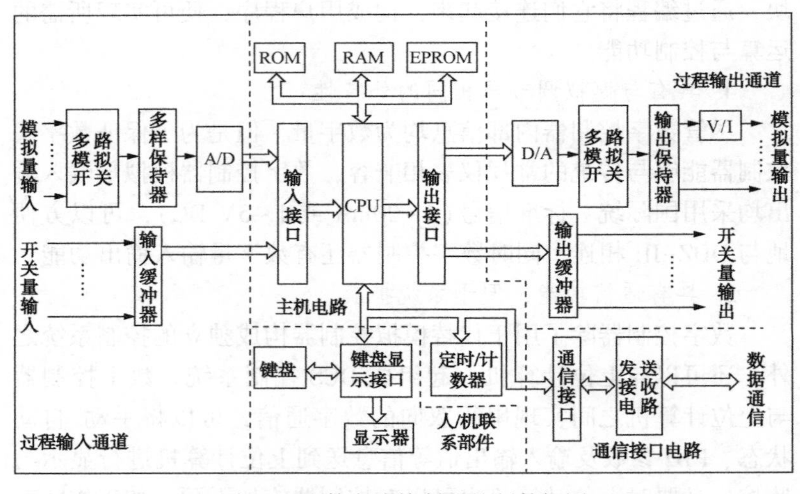

图 3-15　数字式控制器的硬件框图

（1）主机电路

主机电路是数字式控制器的核心，用于实现仪表数据运算处理及各组成部分之间的管理。主机电路由微处理器(CPU)、只读存储器(ROM、EPROM)、随机存储器(RAM)、定时/计数器(CTC)以及输入/输出接口(I/O 接口)等组成。

（2）过程输入通道

过程输入通道包括模拟量输入通道和开关量输入通道，模拟量输入通道用于连接模拟量输入信号，开关量输入通道用于连接开关量输入信号。通常，数字式控制器都可以接收几个模拟量输入信号和几个开关量输入信号。

① 模拟量输入通道。模拟量输入通道将多个模拟量输入信号分别转换为 CPU 所接受的数字量。它包括多路模拟开关、采样/保持器和 A/D 转换器。多路模拟开关将多个模拟量输入信号逐个连接到采样/保持器，采样/保持器暂时存储模拟量输入信号，并把该值保持一段时间，以供 A/D 转换器转换。A/D 转换器的作用是将模拟信号转换为相应的数字量。常用的 A/D 转换器有逐位比较型、双积分型和 V/F 转换型等几种。

② 开关量输入通道。开关量指的是在控制系统中电接点的通和断，或者逻辑电平为“1”和“0”这类两种状态的信号。例如各种按钮开关、液(料)位开关、接近开关、继电器触点的接通与断开，以及逻辑部件输出的高电平与低电平等。开关量输入通道将多个开关输入信号转换成能被计算机识别的数字信号。为了抑制来自现场的干扰，开关量输入通道常采用光电耦合器件作为输入电路进行隔离传输。

(3) 过程输出通道

过程输出通道包括模拟量输出通道和开关量输出通道，模拟量输出通道用于输出模拟量信号，开关量输出通道用于输出开关量信号。通常，数字式控制器都可以具有几个模拟量输出信号和几个开关量输出信号。

① 模拟量输出通道。模拟量输出通道依次将多个运算处理后的数字信号进行数/模转换，并经多路模拟开关送入输出保持电路暂存，以便分别输出模拟电压(1~5V)或电流(4~20mA)信号。该通道包括 D/A 转换器、多路模拟开关、输出保持电路和 V/I 转换器。D/A 转换器起数/模转换作用，D/A 转换芯片有 8 位、10 位、12 位等品种可供选用。V/I 转换器是将 1~5V 的模拟电压信号转换成 4~20mA 的电流信号，其作用与 DDZ-Ⅲ型调节器或运算器的输出电路类似。多路模拟开关与模拟量输入通道中的相同。

② 开关量输出通道。开关量输出通道通过锁存器输出开关

量(包括数字、脉冲量)信号，以便控制继电器触点和无触点开关的接通与释放，也可控制步进电机的运转。同开关量输入通道一样，开关量输出通道也常用光电耦合器件作为输出电路的隔离传输。

(4) 人/机联系部件

人/机联系部件一般置于控制器的正面和侧面。正面板的布置类似于模拟式调节器，有测量值和给定值显示器、输出电流显示器、运行状态(自动/串级/手动)切换按钮、给定值增/减按钮和手动操作按钮等，还有一些状态显示灯。侧面板有设置和指示各种参数的键盘、显示器。在有些控制器中附带后备手操器。当控制器发生故障时，可用手操器来改变输出电流，进行遥控操作。

(5) 通信接口电路

控制器的通信部件包括通信接口芯片和发送、接收电路等。通信接口将欲发送的数据转换成标准通信格式的数字信号，经发送电路送至通信线路(数据通道)上，同时通过接收电路接收来自通信线路的数字信号，将其转换成能被计算机接收的数据。数字式控制器大多采用串行传送方式。

2. 数字式控制器的软件

数字式控制器的软件包括系统程序和用户程序两大部分。

(1) 系统程序

系统程序是控制器软件的主体部分，通常由监控程序和功能模块两部分组成。

监控程序使控制器各硬件电路能正常工作并实现所规定的功能，同时完成各组成部分之间的管理。

功能模块提供了各种功能，用户可以选择所需要的功能模块以构成用户程序，使控制器实现用户所规定的功能。

(2) 用户程序

用户程序是用户根据控制系统的要求，在系统程序中选择所需要的功能模块，并将它们按一定的规则连接起来的结果，其作用是使控制器完成预定的控制与运算功能。使用者编制程序实际上是完成功能模块的连接，也即组态工作。

用户程序的编程通常采用面向过程 POL 语言，这是一种为了定义和解决某些问题而设计的专用程序语言，程序设计简单，操作方便，容易掌握和调试。通常有组态式和空栏式语言两种，组态式又有表格式和助记符式之分。控制器的编程工作是通过专用的编程器进行的，有“在线”和“离线”两种编程方法。

三、SLPC 系列可编程序数字调节器

日本横河公司推出的 SLPC 系列可编程序数字调节器是一种功能较为齐全的可编程调节器，随着产品的升级换代，依次推出了 SPLC*、YS80、YS100、YS1000 等系列产品，最新产品 YS1700 是具有双 CPU 结构，可通过 USB、以态网和 RS485 三种方式进行数据通信的新型可编程数字调节器(图 3-16)。

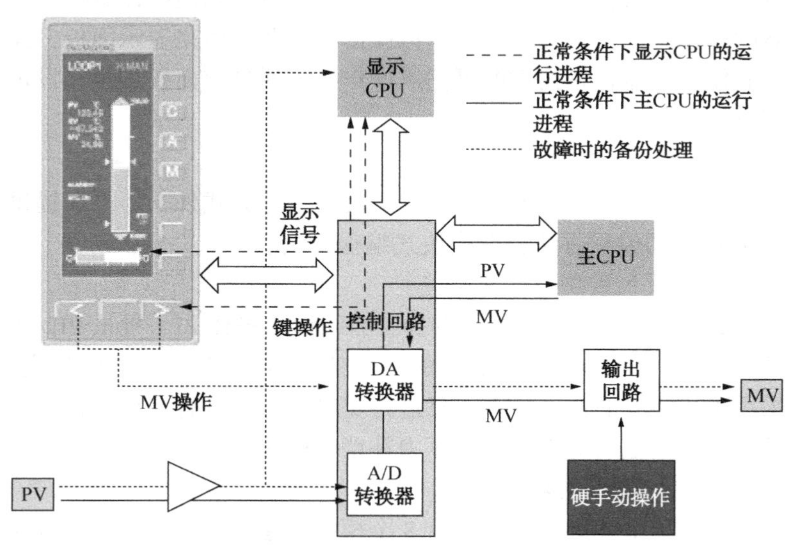

图 3-16　YS1700 的双 CPU 结构

YS1700 可编程序数字调节器的特点如下。

1. 具有良好的兼容性

横河公司提供用于旧型号更换的表壳和机架，以保证仪表在装置现场更换后仍能长期稳定运行，提供的表壳和机架可用来更换横河电机旧型号的单回路控制器(EBS、I 系列、EK 系列以及 HOMAC)，无需修改仪表盘尺寸，而且采用了模仿旧机型的指针画面设计，不会使用户产生太多的陌生感。

2. 控制输出备份功能

YS1700 配备了双 CPU，其中一个用于显示，另一个用于控制，即使其中一个 CPU 出现故障，也可以进行显示和手动操作。此外，它的硬手动回路和数字回路是分开的，当包括二个 CPU 的数字回路发生故障时，仍能手动调节控制器的输出。

3. 液晶显示模式

采用全点阵 LCD 显示，由于采用了半反射型彩色 LCD 器件，即使是在傍晚或早晨的阳光直射下，也可确保显示屏的良好可视性；可从指针、趋势、棒图、报警和事件画面中任意选择所需的操作画面；可提供四种模拟操作面板及双回路显示面板，操作简便，只需轻触按键即可完成操作。可通过前面板显示器设定所有参数。

4. 模块式编程

除了可以采用与旧机型兼容的文本编程方式外，还可以提供基于 GUI 的编程方法，即模块式编程方法。

5. 强大的控制与运算功能

具有基本 PID、串级、选择、非线性、采样 PI、批量 PID 等控制功能，并具有自整定功能，可使 PID 参数实现最佳整定；采用了 4 字节的浮点运算，可进行实量运算，具有一百多种运算模块，如指数、对数函数和压力补偿等模块。

6. 输入输出点数多

带扩展 I/O 的基本型具有 8 个模拟量输入点，4 个模拟量输出点，10 个数字量输入点或 10 个数字量输出点(共 14 个数字量输入/输出点)。

7. 通信方式多样

具有 USB、以态网和 RS485 三种通信连接方式，可与上位机联系起来构成集散控制系统。

第四章　执　行　器

执行器是实际执行改变对象操作变量的设备。是自动控制系统中的必不可少的重要组成部分。在生产过程自动控制中的执行器主要是人们常说的调节阀或控制阀。执行器根据接收的控制信号大小，改变阀门的开度，使通过它的流体量发生变化，达到执行控制的作用。

目前炼油化工生产使用的执行器主要有气动和电动两种形式。气动执行器是以压缩空气作为动力能源，具有结构简单、动作可靠、本质安全防暴等主要特点，广泛应用于石油、化工等生产过程；电动执行器是以电源作为动力能源，具有电源配备方便，信号传输快、损失小，可远距离传输等主要特点。

第一节　执行器的结构原理

执行器是由执行机构和控制机构两个部分构成。图 4-1 是气动执行器的示意图。

执行机构是执行器的推动装置，其作用是接收控制信号，转换成对应的位移量。气动执行机构接收的是 0.02～0.1MPa 的压力信号，主要转换成直线位移。电动执行机构接收的是 4～20mA 的直流信号，转换成直线位移或角位移。

控制机构也称阀体，执行机构产生的位移直接作用使其开度改变，从而改变通过的流体量。控制机构通常与气动执行机构配合是个整体结构，与电动执行机构配合是分开的两个部分。

一、气动执行机构

气动薄膜式执行机构是气动执行器最为常见的推动装置，结构主要由膜片、推杆、平衡弹簧和上下阀盖等组成。图 4-2 为结构示意图。

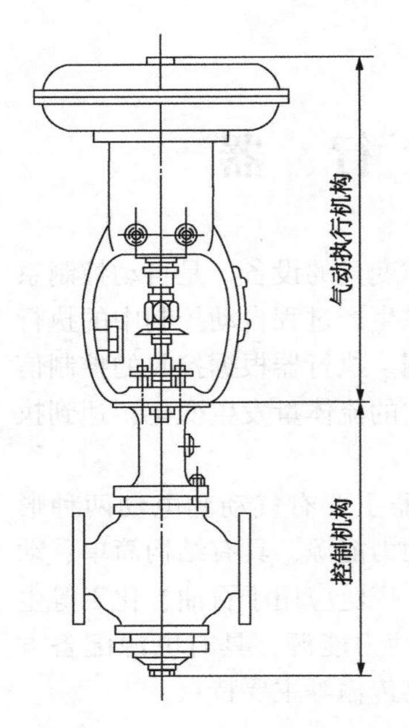

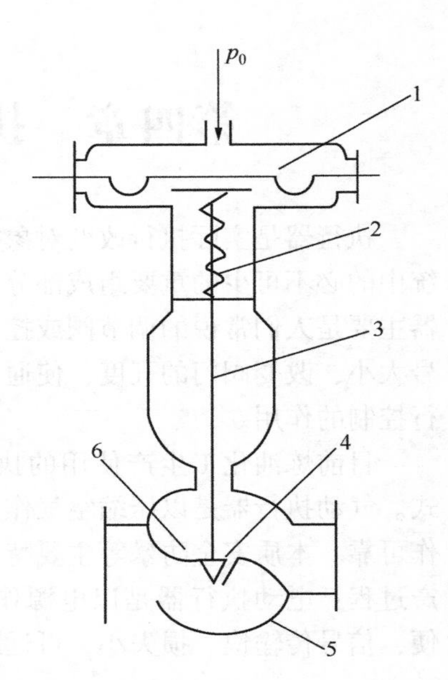

图 4-1　气动执行器外形和内部结构示意图

1—薄膜；2—平衡弹簧；3—阀杆；4—阀芯；5—阀体；6—阀座

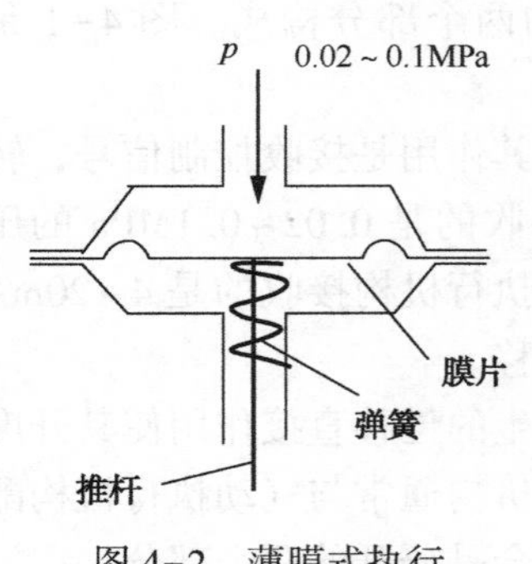

图 4-2　薄膜式执行机构示意图

执行机构接受 0.02~0.1MPa 的压力信号，经膜片转换成推力，使推杆移动，并压缩弹簧，当弹簧反弹力与推力达到力平衡时，系统恒定，推杆有对应的位移。推杆位移 l 与压力信号 p 成比例关系，可用下式表达：

$$l = \frac{A}{K}p \qquad (4-1)$$

式中　A——膜片的有效面积；

K——平衡弹簧的弹性系数。

推杆最大位移也称执行器行程。常见行程规格有：10、16、25、40、60、100mm 等。

二、电动执行机构

电动执行机构有角行程、直行程和多转式等类型。接收输入的4~20mA标准直流信号后，转换成不同类型的输出驱动相应的控制机构。角行程电动执行机构转换为相应的角位移(0°~90°)，这种执行机构适用于旋转式控制阀。直行程执行机构转换为直线位移输出，去操纵直线式控制机构。多转式电动执行机构主要用来开启和关闭多转式阀门。由于它的电机功率比较大，最大的有几十千瓦，一般多用作就地操作和遥控。

电动执行机构主要由伺服放大器、伺服电动机、减速器、位置发送器和操纵器组成。几种类型的电动执行机构在电气原理上基本上是相同的，只是减速器不一样。

图4-3为角行程的电动执行机构的结构框图。其工作过程：伺服放大器将输入的4~20mA标准直流信号与位置反馈信号进行比较，偏差信号经放大驱动伺服电动机。当偏差信号为零或无信号输入(此时位置反馈信号也为零)时，放大器输出为零，电机不转；如有信号输入，且与反馈信号比较产生偏差，根据偏差极性和大小，放大器输出足够的功率，驱动电机正转或反转，经减速器减速后带动输出轴转动，与输出轴相连的位置发送器的输出电流信号发生改变，直到与输入信号相等为止。此时输出轴就稳定在与该输入信号相对应的转角位置上，实现了输入电流信号与输出转角的转换。

电动执行机构通常还装有操纵器，可通过其实现自动控制和手动操作的相互切换。当操纵器的切换开关置于手动操作位置时，由正、反操作按钮直接控制电机的电源，以实现手动操作执行机构输出轴的正转或反转。

三、控制机构

控制机构实际上是一个局部阻力可以改变的节流元件。阀体内主要部件是阀芯、阀座与阀杆(或转轴)，阀杆(或转轴)上部与执行机构相连，下部与阀芯相连。由于阀芯在阀体内移动或转动，从而改变了阀芯与阀座之间的流通面积，即改变了阀的阻力

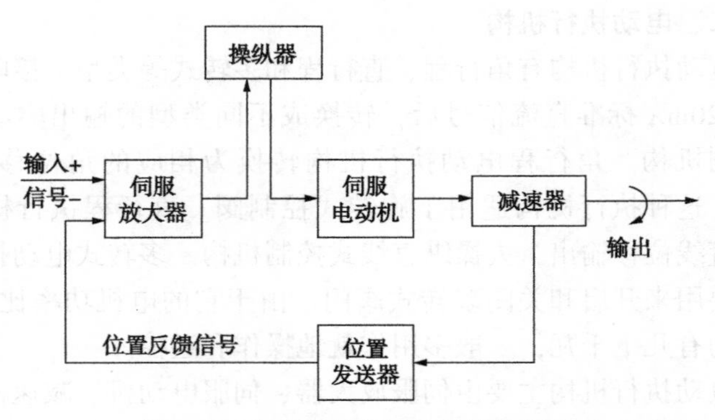

图 4-3　角行程执行机构的结构框图

系数，通过的流体流量也就相应地改变。

控制机构的结构形式很多，可配合不同的执行机构适应不同的使用要求，主要有直行程要求和角行程要求两大类。

1. 直行程要求的控制机构

此类控制机构与输出为直行程的执行机构配套使用。主要类型有：

(1) 直通单座阀

阀体内只有一个阀芯与阀座，图 4-4 为结构简图。其特点是结构简单、全关时泄漏量小。但是在流体通过阀芯时，由于节流原理，阀芯上下的压力不同，使得作用在阀芯上下的推力不平衡，当压差大时这种不平衡力会影响阀芯的移动，甚至发生强烈抖动。因此这种阀一般应用在小口径、低压差的场合。

(2) 直通双座阀

阀体内有两个阀芯和两个阀座，如图 4-5 所示。当流体流过的时候，由于分别在两个阀芯上形成的推力方向相反而大小近似相等，相互基本抵消，所以不平衡力小。但是，加工精度要求较高，通常全关时由于阀芯阀座结构尺寸问题不易保证同时密闭，因此泄漏量较大。

(3) 角形阀

角形阀的两个接管方向呈直角，如图 4-6 所示。一般为底进侧出，此时调节阀稳定性好；在高压差场合下，为了延长阀芯使用寿命，也可采用侧进底出，但侧进底出在小开度时易发生振荡。这种阀的流路简单、阻力较小，适用于现场管道要求直角连接，介质为高黏度、高压差和含有少量悬浮物和固体颗粒状的场合。

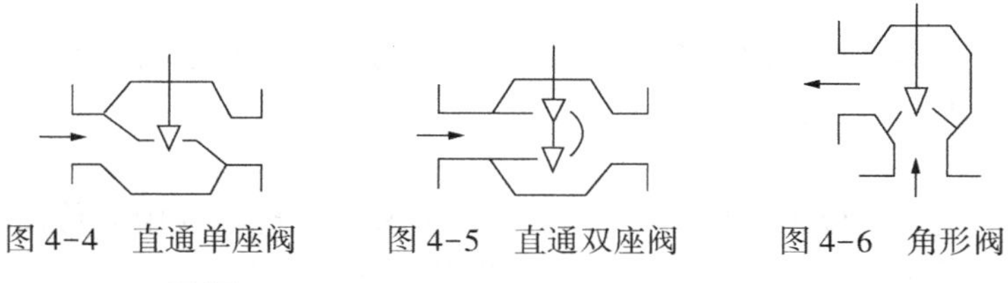

图 4-4　直通单座阀　　图 4-5　直通双座阀　　图 4-6　角形阀

（4）三通阀

阀体外有三个接管口，内有两个阀芯和两个阀座。有合流阀和分流阀两种类型。合流阀将两路介质混合成一路，而分流阀将一路介质分成两路，分别如图 4-7（a）、(b)所示。这种阀适用于三个方向流体的管路应用，主要适用于配比控制与旁路控制。

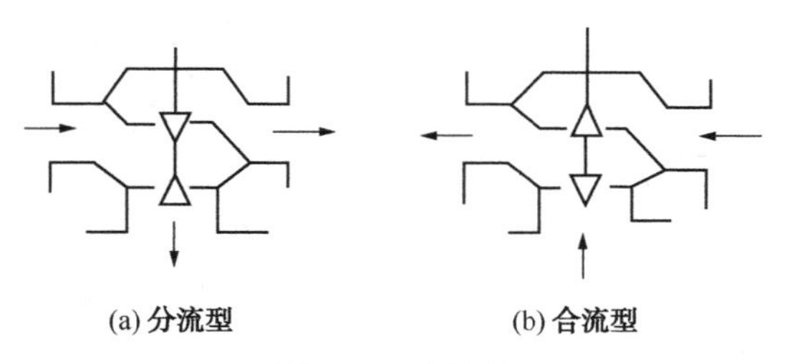

图 4-7　三通阀

（5）套筒阀

套筒阀与一般的直通阀相似，如图 4-8 所示。但阀芯外面套有一个圆柱形筒子(简称套筒，又称笼子)，套筒壁开有一定形状的节流孔(窗口)，利用套筒导向，阀芯可在套筒中上下移动。由于这种移动改变了流体经过时的节流孔面积，使得流量得到改变。套筒阀分为单密封和双密封两种结构，前者类似于直通单座阀，适用于单座阀的场合；后者类似于直通双座阀，适用于双座阀的场合。套筒阀是一种性能优良的阀，具有稳定性好、结构简单、拆装维修方便，尤其是更换不同的套筒(窗口形状不同)即可得到不同的流量特性等优点，得到广泛应用，特别适用于要求低噪声及压差较大的场合，但不适用于高温、高黏度及含有固体颗粒的流体。其价格比较贵。

2. 角行程要求的控制机构

此类控制机构与输出为角行程(转角)的执行机构配套使用。主要类型有：

(1) 蝶阀

又名翻板阀，如图 4-9 所示。蝶阀是以转轴为中心旋转带动挡板转动，改变流通面积，以控制流体通过的流量。蝶阀通常工作转角应小于 70°。蝶阀具有结构简单、重量轻、价格便宜、流阻极小的优点，但泄漏量大。主要适用于大口径、大流量、低压差的场合，也可以用于含少量纤维或悬浮颗粒状介质的控制。

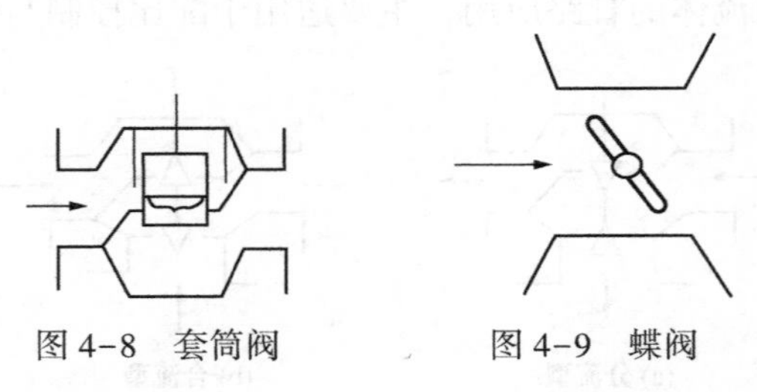

图 4-8　套筒阀　　　　图 4-9　蝶阀

(2) 球阀

球阀的阀芯与阀体都呈球形，阀芯球上有“O”形和“V”形两种开口形式，分别如图 4-10(a)、(b)所示。转动阀芯使之与阀体处于不同的相对位置时，就具有不同的流通面积，以达到流量控制的目的。

O 形球阀的节流元件是带圆孔的球形体，转动球体可起控制和切断的作用，常用于双位式控制。V 形球阀的节流元件是 V 形缺口球形体，转动球心使 V 形缺口起节流和剪切的作用，适用于高黏度和污秽介质的控制。

(3) 凸轮挠曲阀

又名偏心旋转阀。它的阀芯呈扇形球面状，与挠曲臂及轴套一起铸成，固定在转动轴上，如图 4-11 所示。凸轮挠曲阀的挠曲臂在压力作用下能产生挠曲变形，使阀芯球面与阀座密封圈紧密接触，密封性好。同时，它的重量轻、体积小、安装方便，适用于高黏度或带有悬浮物的介质流量控制。

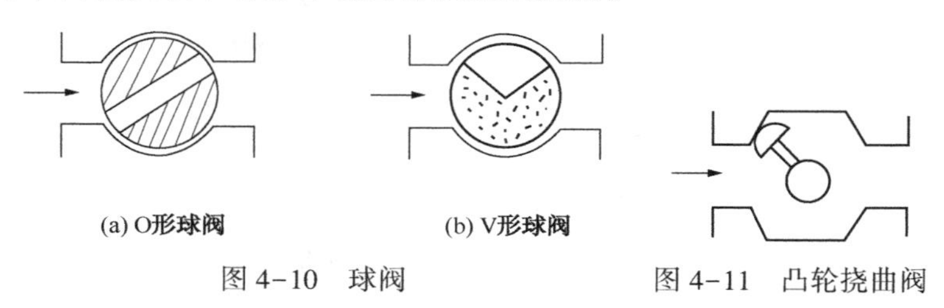

图 4-10 球阀　　图 4-11 凸轮挠曲阀

除以上所介绍的阀以外，还有一些特殊的控制阀。例如小流量阀适用于小流量的精密控制，超高压阀适用于高静压、高压差的场合。

第二节 执行器的特性

执行器根据输入信号进行流量调节。其所能通过的流量大小以及流量与输入信号的关系，是反映执行器的主要特性，涉及执行器应用中能否正常工作。

一、执行器开关特性

执行器具有气开和气关二种开关特性形式。所谓气开式执行器的初始位置(无信号时)是关闭的，其开度随输入作用信号的增加而开大(流过执行器的流量增大)，称 FC 型执行器；所谓气关式执行器的初始位置(无信号时)是全开的，其开度随输入作用信号的增加而关小(流过执行器的流量减少)，称 FO 型执行器。

执行器的气开和气关形式是由结构中的执行机构作用方式和控制机构的安装方式不同组合具体形成。

执行机构有正作用和反作用两种作用方式，正作用是作用信号增加时，推杆是向下位移的。反作用是作用信号增加时，推杆是向上位移的。图 4-12 是气动薄膜执行机构两种不同作用方式的原理图。正作用是气压信号从上阀盖进入，作用于膜片上方，

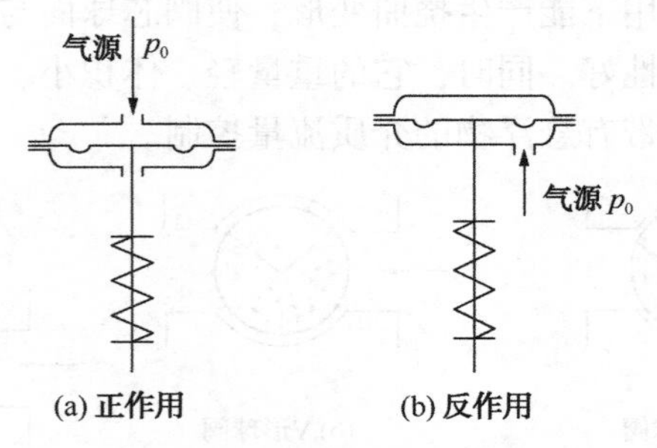

图 4-12　执行机构作用图

国产正作用式执行机构称为 ZMA 型；反作用则是气压信号从下阀盖进入，作用于膜片下方。国产反作用式执行机构称为 ZMB 型。较大口径的控制阀都是采用正作用的执行机构。

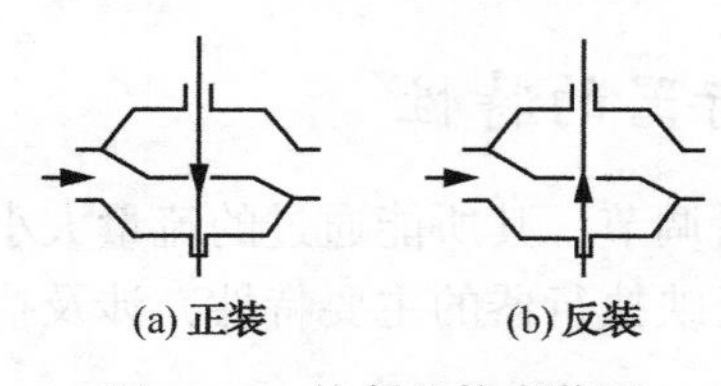

图 4-13　控制机构安装图

控制机构有正装和反装二种安装方式，正装是阀杆向下位移时开度减少；反装是阀杆向下位移时开度加大。图 4-13 是直通单座阀体的二种不同安装方式的原理图。

图 4-14 是执行机构和控制机构四种不同组合方式的简化示意图。其中(a)、(b)是气开式，(c)、(d)是气关式。

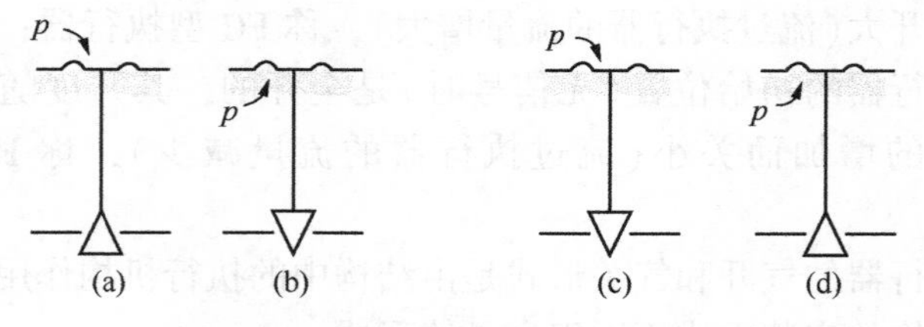

图 4-14　执行器开关组合简化图

二、执行器的流量系数

控制阀的流量系数亦可称控制阀的流通能力，表示控制阀容量大小(流通能力)的参数。控制阀流量系数 C_V 的定义为：当阀两端压差为100kPa，流体密度为1g/cm^3，阀全开时，流经控制阀的流体流量(单位为：m^3/h)。

对于不可压缩的流体，且阀前后压差 Δp 不太大时，流量系数 C_V 的计算公式为

$$C_V = 10Q\sqrt{\frac{\rho}{\Delta p}} \tag{4-2}$$

式中 ρ——流体密度，g/cm^3；

Δp——阀前后的压差，kPa；

Q——流经阀的流量，m^3/h。

例如：某控制阀在全开时，当阀两端压差为100kPa，流经阀的水流量为40m^3/h时，则该控制阀的流量系数 C_V 值为40。

对于可压缩的流体流量系数公式在式(4-2)基础上修正。C_V 值的计算与介质的特性、流动的状态等因素有关，具体计算时请参考有关计算手册或应用相应的计算机软件。

三、执行器的流量特性

控制阀的流量特性是指流体流过阀门的相对流量与阀门的相对开度(相对位移)间的关系，即

$$\frac{Q}{Q_{max}} = f\left(\frac{l}{L}\right) \tag{4-3}$$

式中 Q/Q_{max}——相对流量，指控制阀某一开度时流量 Q 与全开时流量 Q_{max} 之比；

l/L——相对开度，指控制阀某一开度行程 l 与全开行程 L 之比。

通过控制阀的流量不仅与阀门的结构和开度有关，还与阀前后的压差有关。当阀前后的差压保持不变时的流量与开度的关系称为理想流量特性，而实际上改变开度控制流量变化时，还发生阀前后压差的变化，而这又将引起流量变化。考虑实际管线情况

下，受差压影响的流量与开度的关系称为实际流量特性。为了便于分析，先假定阀前后压差固定，然后再引申到真实情况。

1. 控制阀的理想流量特性

控制阀的流量特性也称固有流量特性。主要有直线、等百分比(对数)、抛物线及快开等几种。它取决于阀芯的形状，图 4-15 是直通阀的阀芯形状示意图。

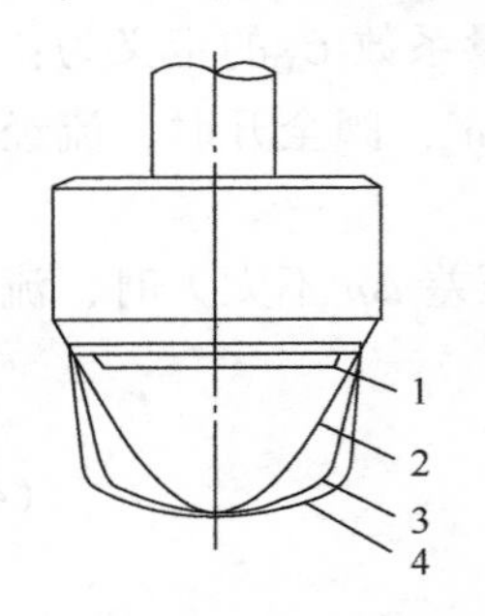

图 4-15　阀芯形状示意图
1—快开特性；2—直线特性；
3—抛物线特性；4—等百分比特性

(1) 直线流量特性

直线流量特性是指控制阀的相对流量与相对开度成直线关系，即单位位移变化所引起的流量变化是常数。数学表示式为

$$\frac{d\left(\frac{Q}{Q_{max}}\right)}{d\left(\frac{l}{L}\right)} = K \tag{4-4}$$

式中，K 为常数，即控制阀的放大系数。将式(4-4)积分可得

$$\frac{Q}{Q_{max}} = K\frac{l}{L} + C \tag{4-5}$$

式中，C 为积分常数。

当行程 $l=0$ 时，阀门通过最小流量 $Q=Q_{min}$(注意 Q_{min} 并不等于控制阀全关时的泄漏量)；当行程 $l=L$ 时，阀门通过最大流量 $Q=Q_{max}$。上述关系称为边界条件，将其代入式(4-5)，可分别得到 C、K 表达式

$$C = \frac{Q_{min}}{Q_{max}} = \frac{1}{R} \qquad K = 1 - \frac{Q_{min}}{Q_{max}} = 1 - \frac{1}{R}$$

将 C、K 代入式(4-5)，可得

$$\frac{Q}{Q_{max}} = \frac{1}{R} + \left(1 - \frac{1}{R}\right)\frac{l}{L} \tag{4-6}$$

式中，R 为控制阀所能控制的最大流量 Q_{max} 与最小流量 Q_{min} 的比值，称为控制阀的可调范围或可调比。最小流量 Q_{min} 一般是最大流量 Q_{max} 的 2%~4%。国产直通单座、直通双座、角形阀理想可调范围 R 为 30，隔膜阀的可调范围为 10。

直线流量特性在直角坐标上是一条直线，即 Q/Q_{max} 与 l/L 之间是线性关系(如图 4-16 中直线 1 所示)。当可调比 R 不同时，特性曲线在纵坐标上的起点是不同的。为便于分析和计算，假设 $R=\infty$，即特性曲线以坐标原点为起点，这时当位移变化 10%所引起的流量变化总是 10%。但流量变化的相对值是不同的，以行程的 10%、50% 及 80% 三点为例，若位移变化量都为 10%，则

在 10%时，流量变化的相对值为$\frac{20-10}{10}\times100\%=100\%$

在 50%时，流量变化的相对值为$\frac{60-50}{50}\times100\%=20\%$

在 80%时，流量变化的相对值为$\frac{90-80}{80}\times100\%=12.5\%$

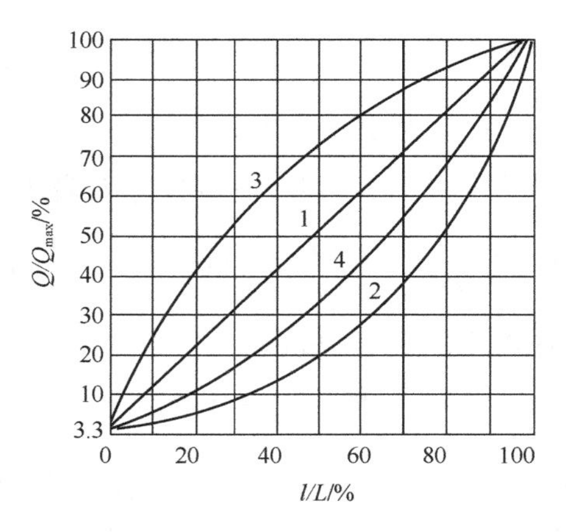

图 4-16　控制阀的理想流量特性($R=30$)

1—直线；2—等百分比(对数)；3—快开；4—抛物线

计算结果表明，直线流量特性的阀门在小开度时，流量小，但流量变化的相对值大，这时的控制作用很强；而在大开度时，流量大，但流量变化的相对值小，这时的控制作用较弱。从控制系统来讲，这种特性通常不利于控制系统的正常运行。一般系统处于小负荷(流量较小)时，要克服外界干扰的影响，希望控制阀动作所引起的流量变化量不要太大，以免控制作用太强产生超调，甚至发生振荡；但当系统处于大负荷时，要克服外界干扰的影响，希望控制阀动作所引起的流量变化量要大一些，以免控制作用微弱而使控制不够灵敏。

(2) 等百分比(对数)流量特性

等百分比流量特性是指控制阀的单位相对行程变化所引起的相对流量变化与此点的相对流量成正比关系，即控制阀的放大系数随相对流量的增加而增大。用数学式表示为

$$\frac{d\left(\frac{Q}{Q_{max}}\right)}{d\left(\frac{l}{L}\right)} = K\frac{Q}{Q_{max}} \tag{4-7}$$

将式(4-7)积分得

$$\ln\frac{Q}{Q_{max}} = K\frac{l}{L} + C \tag{4-8}$$

将前述边界条件代入，可分别得到 C、K 表达式

$$C = \ln\frac{Q_{min}}{Q_{max}} = \ln\frac{1}{R} = -\ln R \qquad K = \ln R$$

将 C、K 代入式(4-8)，可得

$$\frac{Q}{Q_{max}} = R^{\left(\frac{l}{L}-1\right)} \tag{4-9}$$

等百分比流量特性的相对开度与相对流量成对数关系，如图 4-16 中曲线 2 所示。曲线斜率即放大系数随行程的增大而增大。在同样的行程变化值下，流量小时，流量变化小，控制平稳缓和；流量大时，流量变化大，控制灵敏有效。

（3）抛物线流量特性

抛物线流量特性是指控制阀的单位相对位移的变化所引起的相对流量变化与此点的相对流量值的平方值的平方根成正比关系，在直角坐标上为一条抛物线，如图 4-16 中曲线 4 所示。它介于直线及对数曲线之间。数学表达式为

$$\frac{d\left(\frac{Q}{Q_{max}}\right)}{d\left(\frac{l}{L}\right)} = k\left(\frac{Q}{Q_{max}}\right)^{\frac{1}{2}} \tag{4-10}$$

$$\frac{Q}{Q_{max}} = \frac{1}{R}\left[1 + (\sqrt{R} - 1)\frac{l}{L}\right]^{2} \tag{4-11}$$

抛物线流量特性是为了弥补直线特性在小开度时调节性能差的缺点，在抛物线特性基础上派生出一种修正抛物线特性，它在相对位移 30%及相对流量变化 20%这段区间内为抛物线关系，而在此以上的范围是线性关系。

（4）快开特性

这种流量特性在开度较小时就有较大流量，随开度的增大，流量很快就达到最大，故称为快开特性。在直角坐标上如图 4-16 中曲线 3 所示。快开特性的阀芯形式是平板形的，适用于迅速启闭的切断阀或双位控制系统。数学表达式为

$$\frac{d\left(\frac{Q}{Q_{max}}\right)}{d\left(\frac{l}{L}\right)} = K\left(\frac{Q}{Q_{max}}\right)^{-1} \tag{4-12}$$

$$\frac{Q}{Q_{max}} = \frac{1}{R}\left[1 + (R^{2} - 1)\frac{l}{L}\right]^{1/2} \tag{4-13}$$

2. 控制阀的工作流量特性

在实际生产应用中，不同的管线情况下，流体流过阀门的相对流量与阀门的相对开度间的关系不同于其固有流量特性。下面从串联管道和并联管道两种情况分析对应的工作流量特性。

（1）串联管道的工作流量特性

以图 4-17 所示结构讨论串联管道中的控制阀特性。Δp 为系统总压差，Δp_V为控制阀前后的压差，Δp_F为管路系统(除控制阀外的全部设备和管道的各局部阻力之和)的压差，$\Delta p=\Delta p_V+\Delta p_F$。阀上压差 Δp_V将会随开度增加，节流面积加大(流量增加)而减少(如图 4-18 所示)，使得实际流量增加量低于理想特性流量。

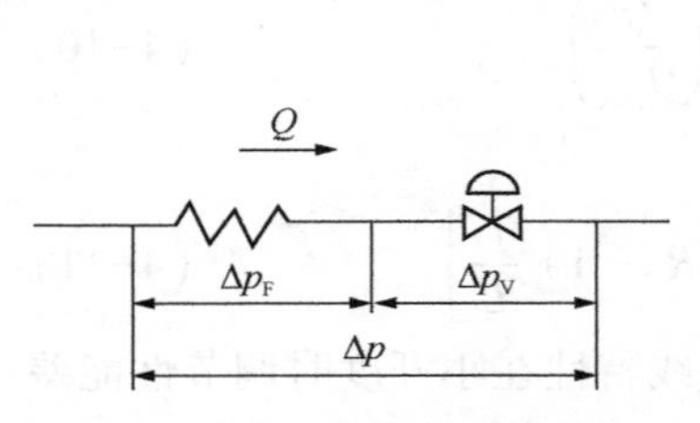

图 4-17　串联管道结构

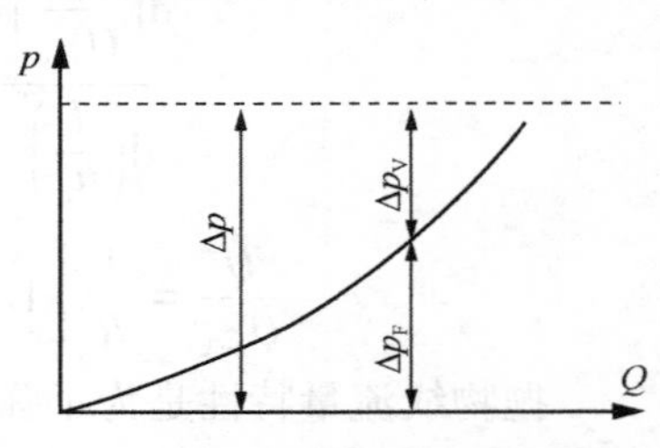

图 4-18　串联管道压差关系

图 4-19 是串联管道工作流量特性。S 表示控制阀全开时阀上压差与系统总压差(即系统中最大流量时动力损失总和)之比。Q_{max}表示管道阻力等于零(此时阀上压差为系统总压差)时控制阀的全开流量。图中 $S=1$ 时，管道阻力损失为零，系统总压差全降在阀上，工作特性与理想特性一致。随着 S 值的减小，直线特性渐渐趋近于快开特性，等百分比特性渐渐接近于直线特性。在实际使用中，为使流量特性畸变不过大，一般希望 S 值不低于 0.3~0.5。

在现场使用中，如控制阀选得过大或生产在低负荷状态，控制阀将工作在小开度。有时，为了使控制阀有一定的开度而把工艺阀门关小些以增加管道阻力，使流过控制阀的流量降低，这样，S 值下降，使流量特性畸变，控制质量恶化。

（2）并联管道的工作流量特性

图 4-20 表示并联管道时的情况。假设压差 Δp 为一定，当旁路阀关闭时，控制阀为理想流量特性；但当旁路阀打开时，虽然控制阀上的流量特性没有改变，但影响生产过程的是总管流量 Q(控制阀流量 Q_1和旁路流量 Q_2之和，即 $Q=Q_1+Q_2$)，此时考虑

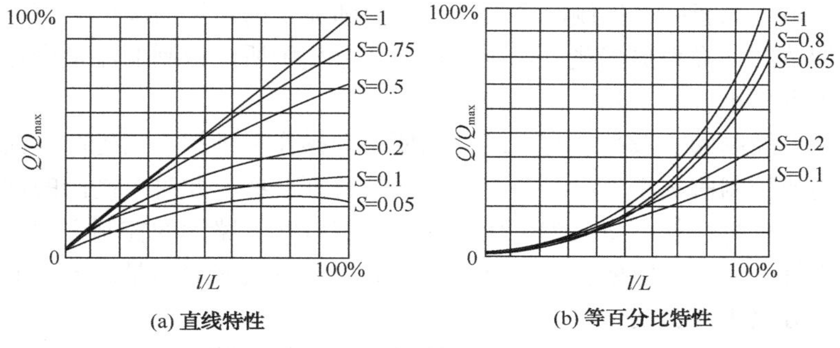

图 4-19　管道串联时控制阀的工作流量特性

的工作流量特性是总管相对流量与阀门的相对开度间的关系。

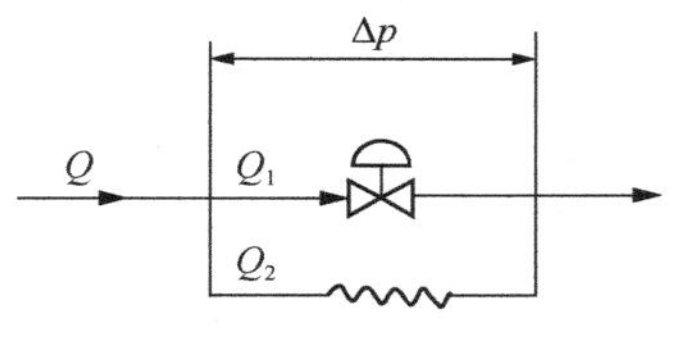

图 4-20　并联管道结构

图 4-21 是压差 Δp 为一定时并联管道工作流量特性。纵坐标流量以总管最大流量 Q_{max} 为参比值，x 表示控制阀全开时的流量

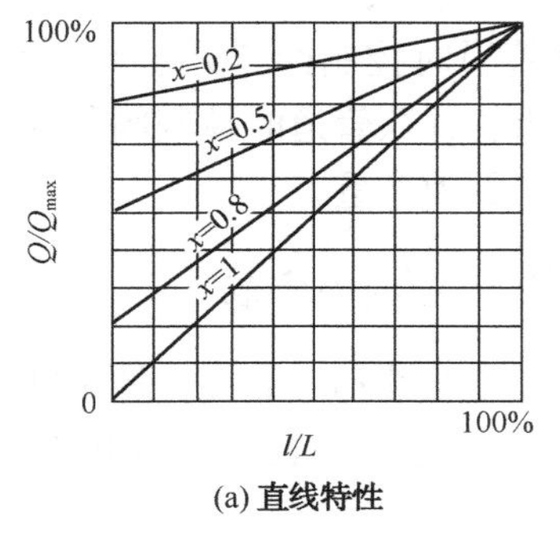

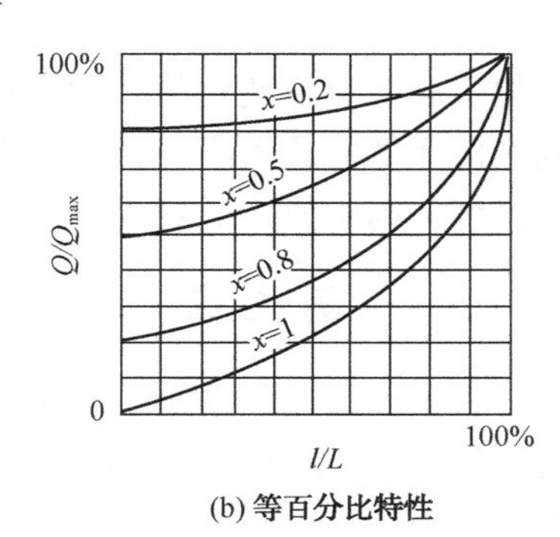

图 4-21　管道并联时控制阀的工作流量特性

Q_{1max}与总管最大流量 Q_{max}之比。图中 $x=1$(即旁路阀关闭、$Q_2=0$)时，控制阀的工作流量特性与它的理想流量特性相同。随着旁路阀逐渐打开，x 值减小，虽然阀本身的流量特性变化不大，但可调范围大大降低了。控制阀关闭，即 $l/L=0$ 时，流量 Q_{min}比控制阀本身的 Q_{1min}大得多。同时，在实际使用中总存在着串联管

道阻力的影响，控制阀上的压差还会随流量的增加而降低，使可调范围下降得更多些，控制阀在工作过程中所能控制的流量变化范围更小，甚至几乎不起控制作用。

控制阀一般都装有旁路，以便手动操作和维护。当生产量提高或控制阀选小了时，只好将旁路阀打开一些，此时控制阀的理想流量特性就改变成为工作特性。采用打开旁路阀的控制方案是不好的，如一定要打开旁路，要求旁路流量最多只能是总流量的百分之十几，使 x 值最小不低于 0.8。

综合上述串、并联管道的情况，可得如下结论：

① 串、并联管道都会使阀的理想流量特性发生畸变，串联管道的影响尤为严重。

② 串、并联管道都会使控制阀的可调范围降低，并联管道尤为严重。

③ 串联管道使系统总流量减少，并联管道使系统总流量增加。

④ 串、并联管道会使控制阀的放大系数减小，即输入信号变化引起的流量变化值减少。串联管道时控制阀若处于大开度，则 S 值降低对放大系数影响更为严重；并联管道时控制阀若处于小开度，则 x 值降低对放大系数影响更为严重。

第三节　执行器的选择和安装

为了保证控制系统的控制质量、安全性和可靠性。控制阀在使用过程中必须进行合理的选择，合适的安装及必要的日常维护。

一、执行器的选择

控制阀的选择一般要综合考虑操作工艺条件(如温度、压力)、介质的物理化学特性(如腐蚀性、黏度等)、被控对象的特性、控制的要求、安装的地点等因素，参考各种类型控制阀的特点合理地选用。通常主要从下列几个方面考虑。

1. 结构的选择

控制阀的结构包括执行机构及控制机构。

目前在石油化工生产过程中，由于其易燃、易爆的特点，执行机构主要采用本质安全的气动执行机构，为了准确定位及加大推动力，一般配阀门定位器。其他应用场合可考虑选择电动执行机构，可以较快速动作，并且无需电气转换设备。

控制机构主要根据工艺条件和流体性质来选择。当控制阀前后压差较小，要求泄漏量也较小的场合应选用直通单座阀；当控制阀前后压差较大，并且允许有较大泄漏量的场合应选用直通双座阀；当介质为高黏度，含有悬浮颗粒物时，为避免粘结堵塞现象，便于清洗应选用角型控制阀，对于强腐蚀介质可采用隔膜阀，高温介质可选用带翅形散热片的结构形式。

2. 流量特性的选择

控制阀流量特性目前使用比较多的是等百分比流量特性。流量特性的选择有理论分析法和经验法。前者还在研究中，目前较多采用经验法。一般可从以下几方面考虑。

（1）依据过程特性选择

一个过程控制系统，在负荷变动的情况下，要使系统保持期望的控制品质，则必须要求系统总的放大系数在整个操作范围内保持不变。一般变送器、已整定好的调节器、执行机构等放大系数基本上是不变的，但过程特性则往往是非线性的，其放大系数随负荷而变。因此，必须通过合理选择调节阀的工作特性，以补偿过程的非线性，其选择依照如下公式：

$$K_V K_0 = 常数 \tag{4-14}$$

式中　K_V——控制阀的放大系数；

K_0——被控过程的放大系数。

（2）依据配管情况选择

一般是先按控制系统的特点来选择阀的希望流量特性，然后再考虑工艺配管情况来选择相应的理想流量特性。使控制阀安装在具体的管道系统中，畸变后的工作流量特性能满足控制系统对它的要求。控制阀在串联管道工作情况下可参照表 4-1 进行选择。

表 4-1 流量特性选择对照表

配管状况	$S=1\sim0.6$		$S=0.6\sim0.3$	
阀的工作特性	直线	等百分比	直线	等百分比
阀的理想特性	直线	等百分比	等在分比	等百分比

(3) 依据负荷变化情况选择

在负荷变化较大的场合，宜选用等百分比流量特性，因为等百分比流量特性的放大系数可随阀芯位移的变化而变化，但它的相对流量变化率则是不变的，所以能适应负荷变化大的情况。此外，当调节阀经常工作在小开度时，则宜选用等百分比流量特性。因为直线流量特性工作在小开度时，其相对流量的变化率很大，不宜进行微调。

3. 执行器开关形式的选择

气开、气关的选择主要从工艺生产上安全要求出发。考虑原则是：供气、供电中断时，应保证设备和操作人员的安全。如果阀处于打开位置时危害性小，则应选用气关式，以使气源系统发生故障，气源中断时，阀门能自动打开，保证安全。反之阀处于关闭时危害性小，则应选用气开阀。例如，加热炉的燃料气或燃料油应采用气开式控制阀，即当信号中断时应切断进炉燃料，以免炉温过高造成事故。又如控制进入设备易燃气体的控制阀，应选用气开式，以防爆炸；若介质为易结晶物料，则选用气关式，以防堵塞。

4. 执行器口径的选择

控制阀口径通常用公称直径 *DN* 和阀座直径 *dN* 表示，其大小直接影响控制效果。口径选择得过小，最大流量会达不到要求。在强干扰作用下，系统会因介质流量(即操纵变量的数值)的不足而失控。此时若企图通过开大旁路阀来弥补介质流量的不足，则会使阀的流量特性产生畸变，因而使控制效果变差。口径选择得过大，则控制阀会经常处于小开度工作，控制系统容易不稳定，控制性能不好，而且也浪费设备投资。

控制阀口径的选择是根据特定的工艺条件(即给定的介质流量、阀前后的压差以及介质的物性参数等)进行其流量系数的计算，然后按控制阀生产厂家的产品目录，选出相应的控制阀口径，使得通过控制阀的流量满足工艺要求的最大流量且留有一定的裕量，但裕量不宜过大。一般是算出最大流量系数 C_{max}，然后选取大于 C_{max} 的最低级别的 C 值。直通单座阀和直通双座阀可参考表 4-2 选择。

表 4-2　流通能力 C 与其尺寸的关系

公称直径 DN/mm		<20						20				25
阀门直径 dN/mm		2	4	5	6	7	8	10	12	15	20	25
流通能力 C	单座阀	0.08	0.12	0.2	0.32	0.5	0.8	1.2	2.0	3.2	5.0	8
	双座阀											10
公称直径 DN/mm		32	40	50	65	80	100	125	150	200	250	300
阀门直径 dN/mm		32	40	50	65	80	100	125	150	200	250	303
流通能力 C	单座阀	12	20	32	56	80	120	200	280	450		
	双座阀	16	25	40	63	100	160	250	400	630	1000	1600

二、执行器的安装及维护

为了保证执行器能正常工作，发挥其应有效用，必须正确安装和维护，一般应注意下列几个问题。

① 为便于维护检修，执行器应安装在靠近地面或楼板的地方。当装有阀门定位器或手轮机构时，更应保证观察、调整和操作的方便。手轮机构的作用是：在开停车或事故情况下，可以用它来直接人工操作控制阀，而不用信号驱动。

② 执行器应安装在环境温度不高于+60℃和不低于-40℃的地方，并应远离振动较大的设备。对于气动控制阀，为了避免膜片受热老化，控制阀的上膜盖与载热管道或设备之间的距离应大于 200mm。

③ 阀的公称通径与管道公称通径不同时，应加异径管连接。

④ 执行器应该是正立垂直安装于水平管道上。当阀的自重较大、安装在有振动场合和特殊情况下需要水平或倾斜安装时，应加支撑。

⑤ 注意控制阀安装方向，不能装反。

⑥ 控制阀前后通常要装切断阀及旁路阀，以便拆装维护，旁路阀用于维护流体通路，以保证工艺生产能继续进行，如图 4-22 所示。

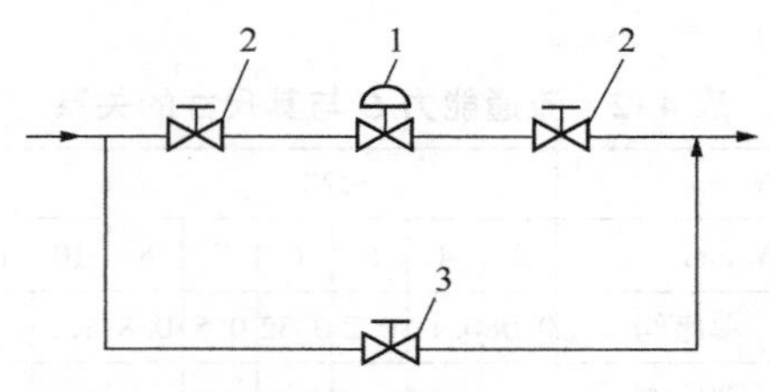

图 4-22　控制阀在管道中的安装

1—控制阀；2—切断阀；3—旁路阀

⑦ 控制阀安装前，应对管路进行清洗，排去污物和焊渣。安装后还应再次对管路和阀门进行清洗，并检查阀门与管道连接处的密封性能。当初次通入介质时，应使阀门处于全开位置以免杂质卡住。

⑧ 在日常使用中，要对控制阀经常维护和定期检修。应注意填料的密封情况和阀杆上下移动的情况是否良好，气路接头及膜片有否漏气等。检修时重点检查部位有阀体内壁、阀座、阀芯、膜片及密封圈、密封填料等。

第四节　阀门定位器

阀门定位器是气动控制阀的主要附件，它将输入信号(通常是控制器输出信号)与阀杆位移信号的反馈信号进行比较，当两者有偏差时，改变其到执行机构的输出信号，使执行机构动作，建立了阀杆位移与输入信号之间的一一对应关系。阀门定位器能够增大控制阀的输出功率，加快阀杆的移动速度，提高阀门的线性度，克服阀杆的磨擦力并消除不平衡力的影响，从而保证调节阀的正确定位。

阀门定位器分为气动阀门定位器、电气阀门定位器和智能阀门定位器。气动阀门定位器的输入信号是标准气信号，其输出信号也是标准气信号。电气阀门定位器和智能阀门定位器的输入信号是标准电信号，输出信号是标准气信号。智能阀门定位器内部带有微处理器，可以进行智能组态设置相应的参数，达到改善控制阀性能的目的。现在的控制信号主要是电信号，因此气动阀门定位器已经很少使用。

一、电-气阀门定位器

配薄膜执行机构的电-气阀门定位器的动作原理如图 4-23 所示，它是按力矩平衡原理工作的。当信号电流通入力矩马达 1 的线圈时，它与永久磁钢作用后，对主杠杆产生一个力矩，于是挡板靠近喷嘴，经放大器放大后，送入薄膜气室使杠杆向下移动，并带动反馈杆绕其支点 4 转动，连在同一轴上的反馈凸轮也做逆时针方向转动，通过滚轮使副杠杆绕其支点偏转，拉伸反馈弹簧。当反馈弹簧对主杠杆的拉力与力矩马达作用在主杠杆上的力两者力矩平衡时，仪表达到平衡状态，此时，一定的信号电流就对应于一定的阀门位置。

电-气阀门定位器如果改变反馈凸轮的形状或安装位置，还可以改变控制阀的流量特性和实现正、反作用(即输出信号可以随输入信号的增加而增加，也可以随输入信号的增加而减少)。

二、智能阀门定位器

智能阀门定位器与电-气阀门定位器原理很相似，结构框图如图 4-24 所示。输入信号与阀门位移反馈信号比较后调制成数字信号，由微处理器运算，产生的信号经电气转换成标准气信号驱动气动执行机构。

智能阀门定位器以微处理器为核心，具有许多模拟式阀门定位器无法比拟的优点：

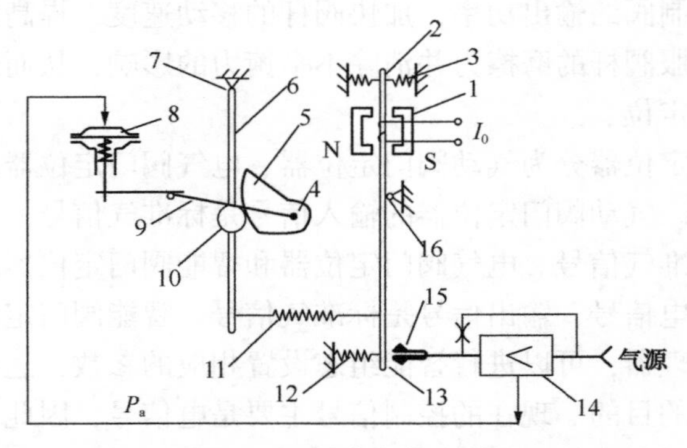

图 4-23　电-气阀门定位器

1—力矩马达；2—主杠杆；3—平衡弹簧；4—反馈凸轮支点；5—反馈凸轮；
6—副杠杆；7—副杠杆支点；8—薄膜执行机构；9—反馈杆；10—滚轮；
11—反馈弹簧；12—调零弹簧；13—挡板；14—气动放大器；15—喷嘴；
16—主杠杆支点

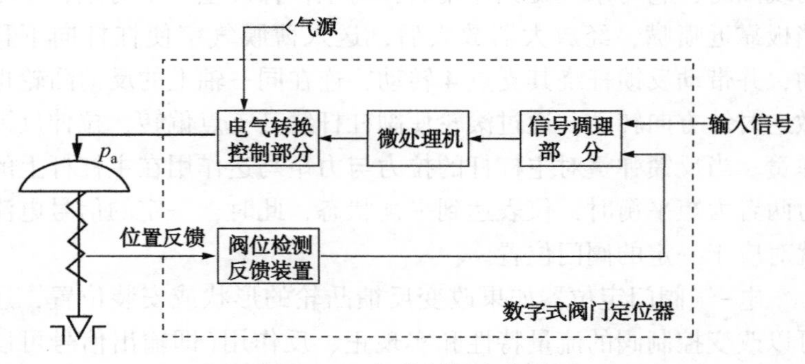

图 4-24　智能阀门定位器

① 定位精度和可靠性高。智能式阀门定位器机械可动部件少，输入信号、反馈信号的比较是数字比较，不易受环境影响，工作稳定性好，不存在机械误差造成的死区影响，因此具有更高的精度和可靠性。

② 流量特性修改方便。智能式阀门定位器一般都包含有常用的直线、等百分比和快开特性功能模块，可以通过按钮或上位机、手持式数据设定器直接设定。

③ 零点、量程调整简单。零点调整与量程调整互不影响，因此调整过程简单快捷。许多品种的智能式阀门定位器不但可以自动进行零点与量程的调整，而且能自动识别所配装的执行机构规格，如气室容积、作用型式等，自动进行调整，从而使调节阀处于最佳工作状态。

④ 具有诊断和监测功能。除一般的自诊断功能之外，智能式阀门定位器能输出与调节阀实际动作相对应的反馈信号，可用于远距离监控调节阀的工作状态。

接受数字信号的智能式阀门定位器，具有双向的通信能力，可以就地或远距离地利用上位机或手持式操作器进行阀门定位器的组态、调试、诊断。

第五节　数字执行器与智能执行器

随着计算机控制系统的发展，为了能够直接接收数字信号，执行器出现了与之适应的新品种，数字阀和智能控制阀就是其中两例，下面简单介绍一下它们的功能与特点。

一、数字阀

数字阀是一种位式的数字执行器，由一系列并联安装而且按二进制排列的阀门所组成。

图 4-25 表示一个 8 位数字阀的控制原理。数字阀体内有一系列开闭式的流孔，它们按照二进制顺序排列。例如每个流孔的流量按 2^0，2^1，2^2，2^3，2^4，2^5，2^6，2^7 来设计，如果所有流孔关闭，则流量为 0，如果流孔全部开启，则流量为 255(流量单位)，分辨率为 1(流量单位)。

因此数字阀能在很大的范围内(如 8 位数字阀调节范围为1~255)精密控制流量。数字阀的开度按步进式变化，每步大小随位数的增加而减小。

数字阀主要由流孔、阀体和执行机构三部分组成。每一个流孔都有自己的阀芯和阀座。

执行机构可以用电磁线圈，也可以用装有弹簧的活塞执行

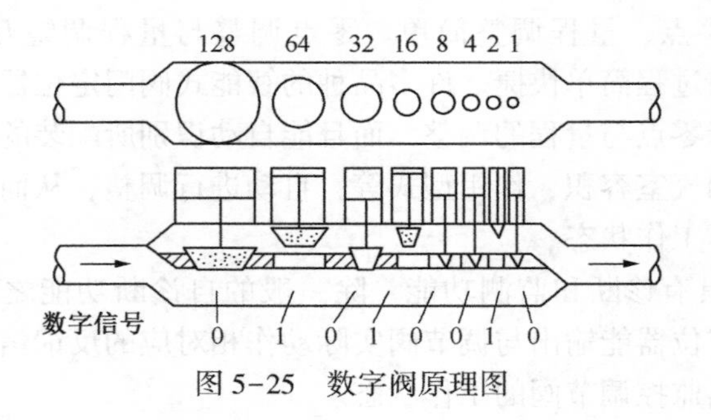

图 5-25　数字阀原理图

机构。

数字阀有以下特点。

① 高分辨率。数字阀位数越高，分辨率越高。8 位、10 位的分辨率比模拟式控制阀高得多。

② 高精度。每个流孔都装有预先校正流量特性的喷管和文丘里管，精度很高，尤其适合小流量控制。

③ 反应速度快、关闭特性好。

④ 直接与计算机相连。数字阀能直接接收计算机的并行二进制数码信号，有直接将数字信号转换成阀开度的功能。因此数字阀能用于直接由计算机控制的系统中。

⑤ 没有滞后、线性好、噪声小。

但是数字阀结构复杂、部件多、价格贵。此外由于过于敏感，导致输送给数字阀的控制信号稍有错误，就会造成控制错误，使被控流量大大高于或低于所要求的量。

二、智能控制阀

智能控制阀是近年来迅速发展的执行器，集常规仪表的检测、控制、执行等作用于一身，具有智能化的控制、显示、诊断、保护和通信功能，是以控制阀为主体，将许多部件组装在一起的一体化结构。智能控制阀的智能主要体现在以下几个方面。

1. 控制智能

除了一般的执行器控制功能外，还可以按照一定的控制规律动作。此外还配有压力、温度和位置等参数的传感器，可对流量、压力、温度、位置等参数进行控制。

2. 通信智能

智能控制阀采用数字通信方式与主控制室保持联络，主计算机可以直接对执行器发出动作指令。智能控制阀还允许远程检测、整定、修改参数或算法等。

3. 诊断智能

智能控制阀安装在现场，但都有自诊断功能，能根据配合使用的各种传感器通过微机分析判断故障情况，及时采取措施并报警。

目前智能控制阀已经用于现场总线控制系统中。

第五章　自动控制系统

设计一个控制系统，首先应对被控对象作全面的了解，下一步则是解决控制方案和控制器参数的整定，最后是系统的投运。当简单控制系统不能满足生产过程的控制要求时，可以选用合适的复杂控制系统来完成。本章将着重介绍被控对象的特性、简单控制系统和复杂控制系统的结构、工作原理及工业应用等内容。

第一节　被控对象的特性

控制质量的优劣是过程控制中最重要的问题，它主要取决于自动控制系统的结构及各个环节的特性。其中，被控对象的特性是由生产工艺过程和工艺设备决定的，在控制系统的设计中是无法改变的。因此，必须深刻了解被控对象的特性，才能设计出合适的控制方案，取得良好的控制质量。

所谓被控对象的特性，就是当被控对象的输入变量发生变化时，其输出变量随时间的变化规律(包括变化的大小、速度等)。对一个被控对象来说，其输出变量就是控制系统的被控变量，而其输入变量则是控制系统的操纵变量和干扰作用。被控对象输入与输出变量之间的联系称为通道；操纵变量与被控变量之间的联系称为控制通道；干扰变量与被控变量之间的联系称为干扰通道。通常所讲的对象特性是指控制通道的对象特性。

一、被控对象的数学描述

在不同的生产部门中被控对象千差万别，下面仅以工业过程中最简单的水槽液位对象为例，分析推导被控对象的数学描述形式。在连续生产过程中，最基本的关系是物料平衡和能量平衡。在静态条件下，单位时间流入对象的物料(或能量)等于从对象中流出的物料(或能量)；在动态条件下，单位时间流入对象的物料(或能量)与单位时间从对象中流出的物料(或能量)之差等于对象内物料(或能量)储存量的变化率。被控对象的数学描述就是由这两种关系推导出来的微分方程式。

1. 一阶对象

图 5-1 所示是一个简单的水槽液位对象，输出变量为液位 H，水槽的流入量 q_{v1} 由入水阀来调节，水槽的流出量 q_{v2} 决定于出水阀的开度，q_{v1}、q_{v2} 均为体积流量。显然，在任何时刻水位的变化均满足下面的物料平衡关系

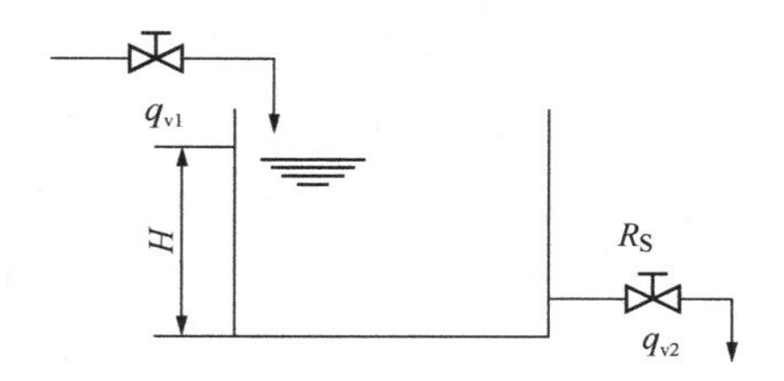

图 5-1　单溶水槽液位对象

$$q_{v1} - q_{v2} = \frac{dV}{dt} \tag{5-1}$$

式中　V——水槽内液体的储存量(液体的体积)；

t——时间；

dV/dt——储存量的变化率。

设水槽的横截面积为 A，而 A 是一个常数，则因为

$$V = A \times H \tag{5-2}$$

所以

$$\frac{dV}{dt} = A \times \frac{dH}{dt} \tag{5-3}$$

在静态情况下，$dV/dt = 0$，$q_{v1} = q_{v2}$；当 q_{v1} 发生变化时，液位 H 将随之变化，水槽出口处的静压也随之发生变化，流出量 q_{v2} 亦发生变化。假设其变化量很小，可以近似认为流出量 q_{v2} 与液位 H 成正比关系，而与出水阀的水阻 R_S 成反比关系，即

$$q_{v2} = \frac{H}{R_S} \tag{5-4}$$

在讨论被控对象的特性时，所研究的是未受任何人为控制的被控对象，所以出水阀开度不变，阻力 R_S 为常数。

将式(5-3)和式(5-4)代入式(5-1)，经整理得到

$$A \times R_S \times \frac{dH}{dt} + H = R_S \times q_{v1} \tag{5-5}$$

令 $T=A \times R_S$，$K=R_S$，并代入式(5-5)，可得

$$T \times \frac{dH}{dt} + H = K \times q_{v1} \tag{5-6}$$

式(5-6)是用来描述一个水槽液位被控对象的微分方程式，它是一个一阶常系数微分方程式，因此，通常将这样的被控对象叫做一阶被控对象。式中的 T 称为被控对象的时间常数，K 称为被控对象的放大系数，它们反映了被控对象的特性。

2. 二阶对象

如果把二个水槽对象串联起来，就构成了二阶对象，对象的特性可以用二阶微分方程式来描述，对于二阶对象我们不作详细讨论。

以上介绍的是液位被控对象的数学描述形式的推导，即数学模型的建立。对于其他类型比较简单的被控对象，如压力罐的压力被控对象、热交换器的温度被控对象等，都可以用同样的方法建立其数学模型。对于复杂的被控对象，直接用数学方法建立模型是比较困难的，可以考虑通过实验的方法建立被控对象的数学模型，人为地给被控对象施加一个输入信号，观察被控对象的输出信号，通过分析其响应曲线建立被控对象的数学模型，这需要工艺技术人员的配合和支持。

二、被控对象的特性参数

描述被控对象的参数有放大系数 K、时间常数 T 和滞后时间 τ。

1. 放大系数

式(5-6)中的 K 就是对象的放大系数，又称静态增益，是被

控对象重新达到平衡状态时的输出变化量与输入变化量之比。放大系数对被控对象的影响体现在以下两个方面：

① 放大系数 K 表达了被控对象在干扰作用下重新达到平衡状态的性能，是不随时间变化的参数，所以 K 是被控对象的静态特性参数。

② 在相同的输入变化量作用下，被控对象的 K 越大，输出变化量就越大，即输入对输出的影响越大，被控对象的自身稳定性越差；反之，K 越小，被控对象的稳定性越好。

处于不同通道的放大系数 K 对控制质量的影响是不一样的。对控制通道而言，如果 K 值大，则即使控制器的输出变化不大，对被控变量的影响也会很大，控制很灵敏。对于这种对象其控制作用的变化应相应地缓和一些，否则被控变量波动较大，不易稳定。反之，K 小，会使被控变量变化迟缓。对干扰通道而言，如果 K 较小，即使干扰幅度很大，也不会对被控变量产生很大的影响。若 K 很大，则当干扰幅度较大而又频繁出现时，系统就很难稳定，除非设法排除干扰或者采用较为复杂的控制系统，否则很难保证控制质量。

2. 时间常数

从大量的生产实践中发现，有的对象受到干扰后，被控变量变化很快，较迅速地达到了稳定值；而有的对象在受到干扰后，惯性很大，被控变量要经过很长时间才能达到新的稳态值；描述这一对象特性的参数就是时间常数，如式(5-6)中的 T，它反映了被控对象受到输入作用后，输出变量达到新稳态值的快慢，决定了整个动态过程的长短，因此，它是被控对象的动态特性参数。图 5-2 显示了不同时间常数下单容对象的响应曲线，随着时间常数 T 的增加，输出量达到新稳态值的时间也变长。

处于不同通道的时间常数对控制系统的影响是不一样的。对于控制通道，若时间常数 T 大，则被控变量的变化比较缓和。一般来讲，这种对象比较稳定，容易控制，但不足的是控制过于缓慢。若时间常数 T 小，则被控变量的变化速度快，不易控制。

因此，时间常数太大或太小，对过程控制都不利。而对于干扰通道，时间常数大则有明显的好处，此时干扰信号对系统的影响会变得比较缓和，被控变量的变化平稳，对象容易控制。

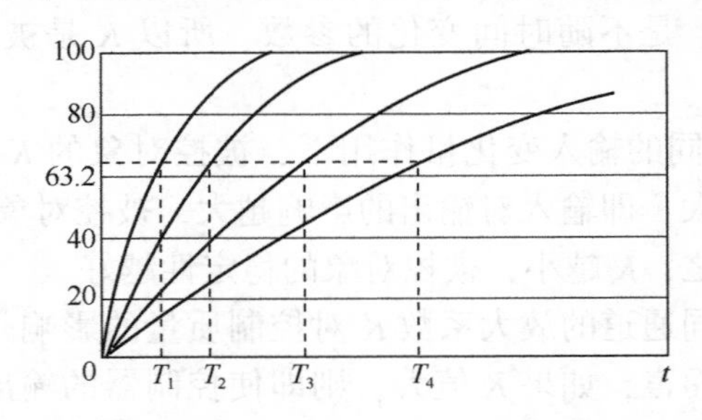

图 5-2　单容对象不同时间常数下的响应曲线

3. 滞后时间

有不少化工对象，在受到输入变量的作用后，其被控变量并不立即发生变化，而是过一段时间才发生改变，这种现象称为滞后现象。滞后时间是描述滞后现象的动态参数。根据滞后性质的不同可分为传递滞后和容量滞后两种。

（1）传递滞后 τ_0

又称为纯滞后，是由于信号的传输、介质的输送或热的传递要经过一段时间而产生的，常用 τ_0 来表示。如图 5-3(a)所示的溶解槽，料斗中的固体用皮带输送机送入槽中，在料斗加大送料量后(即阶跃输入)，固体溶质需等输送机将其送到加料口并落入槽中后，才会影响溶解槽内溶液的浓度。若以料斗的加料量作为对象的输入，以溶液浓度作为对象的输出，则其响应曲线如图 5-3(b)所示。纯滞后 τ_0 与皮带输送机传送速度 v 和传递距离 L 有如下关系

$$\tau_0 = \frac{L}{v} \tag{5-7}$$

（2）容量滞后 τ_h

一般是由于物料或能量的传递过程中受到一定的阻力而引起

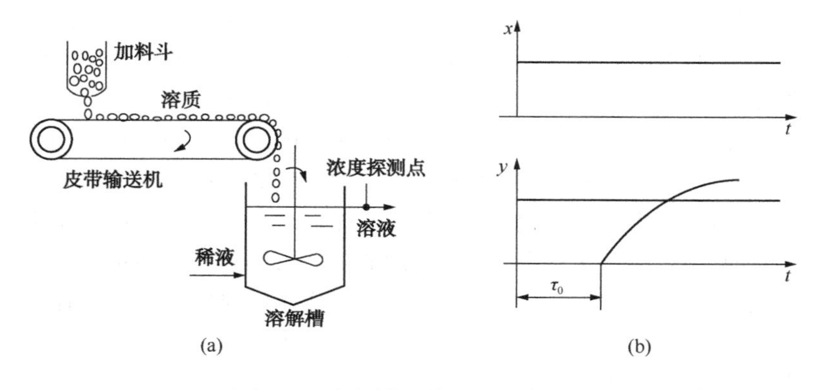

图 5-3　溶解槽及其阶跃响应曲线

的，或者说是由于容量数目多而产生的。一般用容量滞后时间 τ_h 来表征其滞后的程度，其主要特征是当输入阶跃作用后，被控对象的输出变量开始变化很慢，然后逐渐加快，接着又变慢，直至逐渐接近稳定值，如图 5-4 所示。容量滞后时间 τ_h 就是在响应曲线的拐点处作切线，切线与时间轴的交点与被控变量开始变化的起点的时间间隔就是容量滞后时间 τ_h。

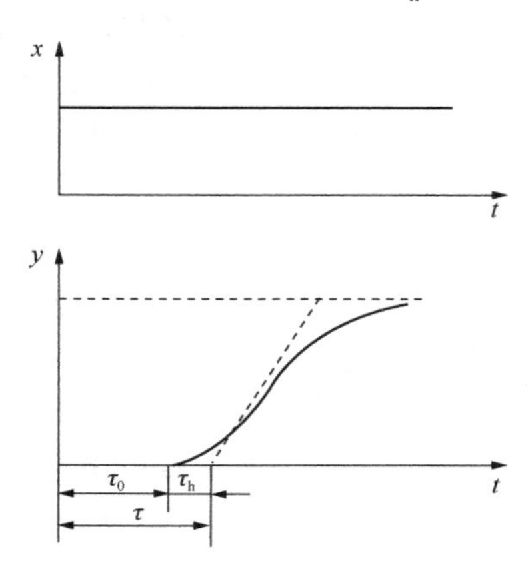

图 5-4　滞后时间 τ 示意图

从原理上讲，传递滞后和容量滞后的本质是不一样的，但实际上很难严格区分。当两者同时存在时，通常把这两种滞后时间加在一起，统称为滞后时间，用 τ 来表示，即 $\tau=\tau_0+\tau_h$。

在控制系统中，滞后的影响与其所在的通道有关。对于控制通道来讲，滞后的存在是不利于控制的，例如，调节阀距对象较远，控制作用的效果要隔一段时间才能显现出来，这将使控制不够及时，在干扰出现后不能迅速调节，严重影响控制质量；对于干扰通道而言，纯滞后只是延缓了干扰作用的时间，因此对控制质量没有影响，而容量滞后则可以缓和干扰对被控变量的影响，因而对控制系统是有利的。

第二节　简单控制系统

简单控制系统是最基本、最常见、应用最广泛的控制系统，约占控制回路的 80% 以上。简单控制系统的特点是结构简单，易于实现，适应性强。

一、简单控制系统的结构

自动控制系统是由被控对象和自动化装置两大部分组成，由于构成自动化装置的数量、连接方式及其目的不同，自动控制系统可以有许多类型。而简单控制系统指的是由被控对象、一个测量元件及变送器、一个控制器和一个执行器所组成的单回路负反馈控制系统。

图 5-5 的流量控制系统是由管路系统、孔板和差压变送器 FT、流量控制器 FC 和流量控制阀所组成，控制的目的是保持流量恒定。当管道其他部分阻力发生变化或有其他扰动时，流量将偏离给定值。利用孔板作为检测元件，把孔板上、下游的静压用连接导管接至差压变送器，将流量信号转化为标准电流信号；该信号送至流量控制器 FC 与给定值进行比较，流量控制器 FC 根据其偏差信号进行运算后将控制命令送至控制阀，改变阀门开度，就调整了管道中流体的阻力，从而影响了流量，使流量维持在设定值。

图 5-6 所示的是蒸汽加热器的温度控制系统，它由蒸汽加热器、温度变送器 TT、温度控制器 TC 和蒸汽流量控制阀组成。控制的目标是保持流体出口温度恒定。当进料流量或温度等因素的变化引起出口物料温度变化时，通过温度变送器 TT 测得温度的变化，并将其信号送至温度控制器 TC 与给定值进行比较，温度控制器 TC 根据其偏差信号进行运算后将控制命令送至控制阀，以改变蒸汽流量来维持物料的出口温度。

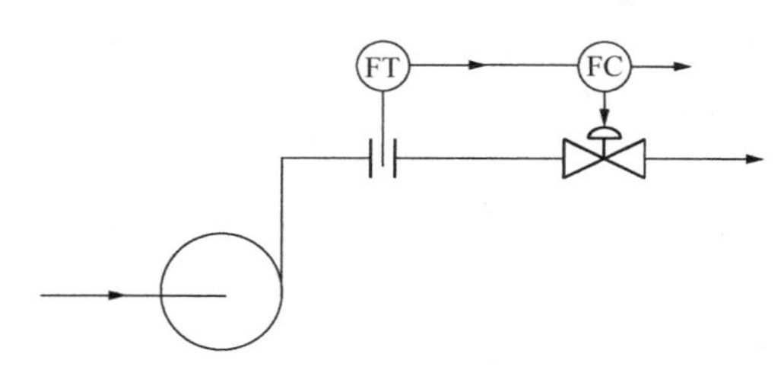

图 5-5　流量控制系数

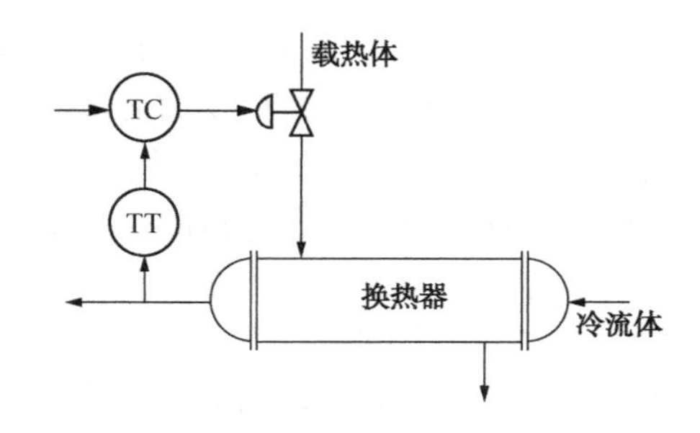

图 5-6　蒸汽加热器温度控制系统

图 5-5 所示的流量控制系统与图 5-6 所示的温度控制系统都是简单控制系统的实例。简单控制系统有着共同的特征，它由下列基本单元组成。

1. 被控对象

也称对象，是指被控制的生产设备或装置。以上二例分别是管路系统和蒸汽加热器。被控对象需要控制的变量称为被控变量，以上二例分别是流量和温度。

2. 测量变送器

测量被控变量，并按一定的规律将其转换成标准信号的输出，作为测量值。

3. 执行器

常用的是控制阀。接受控制器送来的信号 u，直接改变操纵变量 q。操纵变量是被控对象的某输入变量，通过操作这一变量可克服扰动对被控变量的影响，通常是由执行器控制的某工艺流量。如图 5-6 中的蒸汽流量。

4. 控制器

也称调节器，它将被控变量的给定值与测量值进行比较得出偏差信号 e，并按一定规律给出控制信号 u。

二、简单控制系统与工艺的关系

1. 自动控制的目的

自动控制的目的是使生产过程自动按照预定的目标进行，并使工艺参数保持在预先规定的数值上(或按预定规律变化)。因此，在构成一个自动控制系统时，被控变量的选择尤为重要。它关系到自动控制系统能否达到稳定运行、增加产量、提高质量、节约能源、改善劳动条件、保证安全等目的。如果被控变量选择不当，将很难达到预定的控制目标。

2. 被控变量选取与工艺的关系

被控变量的选择与生产工艺密切相关。影响生产过程的因素很多，但并不是所有影响因素都必须加以控制。所以设计自动控制方案时必须深入实际，调查研究，分析工艺，找出影响生产的关键变量作为被控变量。所谓“关键”变量，是指对产品的产量、质量以及生产过程的安全具有决定性作用的变量。

根据被控变量与生产过程的关系，可分为两种类型的控制方式：直接指标控制与间接指标控制。如果被控变量本身就是需要控制的工艺指标(温度、压力、流量、液位、成分等，如图 5-5、图 5-6 所示的系统)，则称直接指标控制；如果工艺是按质量指标进行操作的，但由于缺乏各种合适的获取质量信号的检测手段，或虽然能检测，但信号很微弱或滞后很大，不能直接采用质量指标作为被控变量时，则可选取与直接质量指标有单值对应关系而反应又快的另一变量(如温度、压力等)作为间接控制指标，进行间接指标控制。

被控变量的选择，有时是一件十分复杂的工作，除了前面所说的要找出关键变量外，还要考虑许多其他因素，下面先举一个例子来略加说明。

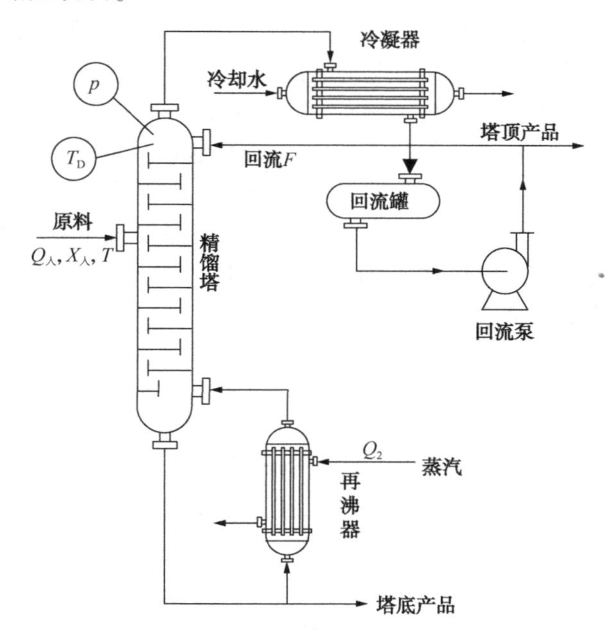

图 5-7 精馏过程的示意图

图 5-7 是精馏过程的示意图。它的工作原理是利用被分离物各组分的挥发度不同，把混合物中的各组分进行分离。假定该精馏塔的操作是要使塔顶(或塔底)馏出物达到规定的纯度，那么塔顶(或塔底)馏出物的组分 x_D(或 x_W)应作为被控变量，因为它就是工艺上的质量指标。

如果检测塔顶(或塔底)馏出物的组分 x_D(或 x_W)尚有困难，或滞后太大，那么就不能直接以 x_D(或 x_W)作为被控变量进行直接指标控制。这时可以从与 x_D(或 x_W)有关的参数中找出合适的变量作为被控变量，进行间接指标控制。

在二元系统的精馏中，当气液两相并存时，塔顶易挥发组分的浓度 x_D、塔顶温度 T_D、压力 p 三者之间有一定的关系。当压力恒定时，组分 x_D 和温度 T_D 之间存在有单值对应的关系。图5-8所示为苯-甲苯二元系统中易挥发组分的百分浓度与温度之间的关系。易挥发组分的浓度越高，对应的温度越低；相反，易挥发组分的浓度越低，对应的温度越高。

当温度 T_D 恒定时，组分 x_D 和压力 p 之间也存在单值对应关系，如图 5-9 所示。易挥发组分的浓度越高，对应的温度越高；相反，易挥发组分的浓度越低，对应的温度越低。由此可见，在组分、温度、压力三个变量中，只要固定温度或压力中的一个，另一个变量就可以代替 x_D 作为被控变量。那么在温度与压力中，又应该选哪一个参数作为被控变量呢？

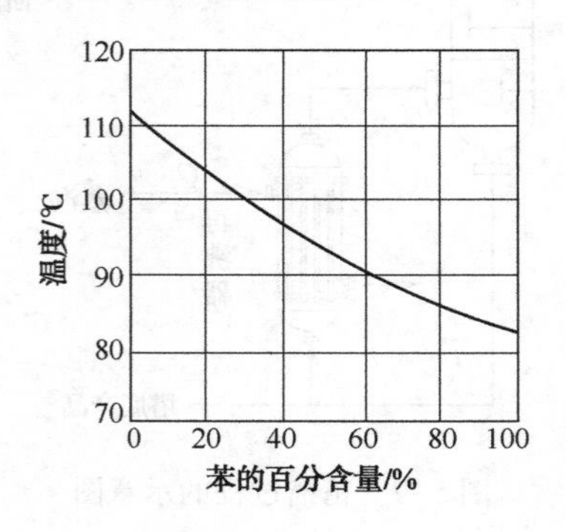

图 5-8　苯-甲苯溶液的 T-x 图

从工艺合理性考虑，常常选择温度作为被控变量。这是因为：第一，在精馏塔操作中，压力往往需要固定。只有将塔在规定的压力下操作，才易于保证塔的分离纯度，保证塔的效率和经

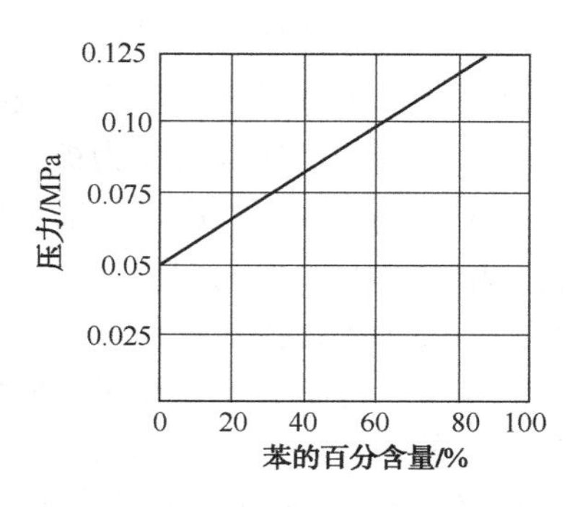

图 5-9　苯-甲苯溶液的 $p-x$ 图

济性。如塔压波动，就会破坏原来的气液平衡，影响相对挥发度，使塔处于不良工况。同时，随着塔压的变化，往往还会引起与之相关的其他物料量的变化，影响塔的物料平衡，引起负荷的波动。第二，在塔压固定的情况下，精馏塔各层塔板上的压力基本上是不变的，这样各层塔板上的温度与组分之间就有一定的单值对应关系。由此可知，固定压力，选择温度作为被控变量是可能的，也是合理的。

在选择被控变量时，还必须考虑使所选变量有足够的灵敏度。在上例中，当 x_D 变化时，温度 T_D 的变化必须灵敏，有足够大的变化，容易被测量元件所感受，且使相应的测量仪表比较简单、便宜。

此外，还要考虑简单控制系统被控变量间的独立性。假如在精馏操作中，塔顶和塔底的产品纯度都需要控制在规定的数值，据以上分析，可在固定塔压的情况下，塔顶与塔底分别设置温度控制系统。但这样一来，由于精馏塔各塔板上物料温度相互之间有一定的联系，塔底温度提高，上升蒸汽温度升高，塔顶温度相应也会提高；同样，塔顶温度升高，回流液温度升高，会使塔底温度相应提高。也就是说，塔顶的温度与塔底的温度之间存在关联问题。因此，以两个简单控制系统分别控制塔顶温度与塔底温度，势必造成相互干扰。使两个系统都不能正常工作。所以采用简单控制系统时，通常只能保证塔顶或塔底一端的产品质量。工艺要求保证塔顶产品质量，则选塔顶温度作为被控变量；若工艺要求保证塔底产品质量，则选塔底温度作为被控变量。如果工艺要求塔顶和塔底产品纯度都要保证，则通常需要组成复杂控制系统，增加解耦装置，解决相互关联问题。

从上例可以看出，要正确选择被控变量，必须了解工艺过程和工艺特点对控制的要求，仔细分析各变量之间的相互关系。选择被控变量时，从工艺的角度来看必须满足以下三点：

① 被控变量应能代表一定的工艺操作指标或能反映工艺操作状态，一般都是工艺过程中比较重要的变量。

② 被控变量在工艺操作过程中经常会受到一些干扰影响而变化，为维持被控变量的恒定，需要较频繁地调节。

③ 选择被控变量时，必须考虑工艺合理性和国内仪表产品现状。

三、操纵变量选取与工艺的关系

选定了被控变量之后，接下来的问题是选择什么样的物理量来使被控变量保持在工艺设定值上，即选择什么样的物理量来作为操纵变量。在自动控制系统中，操纵变量为克服干扰对被控变量的影响，实现控制作用的输入变量。图 5-5 所示的流量控制系统，其操纵变量是出口流体的流量；图 5-6 所示的温度控制系统，其操纵变量是载热体的流量。

一般来说，影响被控变量的外部输入往往有很多个而不是一个，在这些输入中，有些是可控的，有些是不可控的。原则上，在诸多影响被控变量的输入中选择一个对被控变量影响显著而且可控性良好的输入，作为操纵变量，而其他所有的未被选中的输入则成为了系统的干扰。

图 5-7 所示的精馏设备，如果工艺要求保证塔顶产品质量，由前面的分析可知应选塔顶温度作为被控变量。影响塔顶温度的主要因素有进料的流量 $Q_{入}$、进料的组分 $X_{入}$、进料的温度 $T_{入}$、回流的流量 F 、回流液的温度 T_{H}、加热蒸汽流量 Q_{2}、冷凝器冷

却温度及塔压等。这些因素都会影响被控变量 T_D，那么在这些输入变量中该选哪个变量作为操纵变量最合适呢？为此，可先将这些影响因素分为两大类，即可控的和不可控的。从工艺角度分析，上述因素中只有回流流量 F 和加热蒸汽流量 Q_2 是可控的，其他一般为不可控因素。当然，在不可控因素中，有些也是可能调节的，例如进料流量 $Q_入$、塔压等，只是工艺上一般不允许用这些变量去控制塔温，因为进料流量 $Q_入$ 的波动意味着负荷的波动，塔压的波动意味着塔的工况不稳定，并且会破坏温度与组分之间的单值对应关系，这些都是不允许的，因此，将这些影响因素也看成是不可控因素。在两个可控因素中，回流量对塔顶温度的影响比蒸汽流量对塔顶温度的影响更显著。同时，从保证产品质量的角度来看，控制回流量比控制蒸汽流量更有效，所以应选择回流量作为操纵变量。当然回流量的大小会直接影响到产量的高低，所以应选择适当的塔顶温度，以解决好产品质量与产量之间的矛盾。

根据以上分析，可以概括出选择操纵变量与工艺的关系。

① 操纵变量应该是可控的，即工艺上允许调节的变量。

② 在选择操纵变量时，除了从自动化角度考虑外，还要考虑工艺的合理性与生产的经济性。一般来说，不宜选择生产负荷作为操纵变量，因为生产负荷直接关系到产品的产量，是不宜经常波动的。另外，从经济性考虑，应尽可能降低物料与能源的消耗。

四、控制器的选取与控制系统的投运

在控制系统设计过程中，仪表选型确定后，对象的特性是固定的，工艺上是不允许随便改动的；测量元件及变送器的特性比较简单，一般也是不可以改变的；执行器加上阀门定位器可以有一定程度的调整，但灵活性不大；因此，主要可以改变的就是控制器的参数了。系统之所以设置控制器，也是希望通过它来改变整个控制系统的特性，以期达到控制被控变量的目的。

控制器的控制规律对控制质量影响很大。根据不同的过程特性和要求，选择相应的控制规律，以获得较高的控制质量；确定控制器的作用方向，以满足控制系统的要求，也是控制系统设计的一个重要内容。

1. 控制规律的选择

控制器的控制规律主要根据过程特性和要求来选择。

（1）比例控制

比例控制是最基本的控制规律。当负荷变化时，采用比例控制，系统克服扰动能力强，控制作用及时，过渡过程时间短，但过程终了时存在余差，且负荷变化越大其余差也越大。比例控制适用于控制通道滞后较小、时间常数不太大、负荷变化不大、控制质量要求不高、允许有余差的场合。如中间储罐液位与压力控制、精馏塔的塔釜液位控制和不太重要的蒸汽压力控制等。

（2）比例积分控制

在比例控制的基础上引入积分作用能消除余差，故比例积分控制是使用最多、应用最广的控制规律。但是，加入积分作用后要保持系统原有的稳定性，必须加大比例度（削弱比例作用），以致控制质量有所下降，如最大偏差和振荡周期相应增大，过渡过程时间延长。对于控制通道滞后小，负荷变化不太大，工艺上不允许有余差的场合，如流量、压力和要求严格的液位控制，采用比例积分控制规律可获得较好的控制质量。

（3）比例微分控制

在比例控制的基础上引入微分作用，会有超前调节作用，能提高系统的稳定性，能使最大偏差和余差减小，加快控制过程，改善控制质量，故比例微分控制适用于过程容量滞后较大的场合，如允许有余差的温度、成分和 pH 值的控制。对于滞后较小和扰动作用频繁的系统，应尽可能避免使用微分作用。

（4）比例微分积分控制

微分作用对于克服容量滞后有显著效果，在比例控制基础上加入微分作用能提高系统的稳定性，加上积分作用能消除余差，又有比例度 δ 、积分时间常数 T_i 、微分时间常数 T_D 三个可以调整的参数，因而可以使系统获得较好的控制质量。它适用于容量滞后大、负荷变化大、控制要求较高的场合。如反应器、聚合釜的温度控制。

2. 控制器作用方向的选择

控制器作用方向的选择是关系到系统能否正常运行与安全操作的主要问题。

自动控制系统稳定运行的必要条件之一是闭环回路形成负反馈，也就是说，被控变量值偏高，则控制作用应使其降低；反之，如果被控变量值偏低，控制作用应使之增加。控制作用对被控变量的影响应与干扰作用对被控变量的影响相反，才能使被控变量回复到给定值。显然这就是一个作用方向的问题。

在控制系统中，控制器、被控对象、测量元件及变送器和执行器都有自己的作用方向。它们如果组合不当，使总的作用方向构成了正反馈，则控制作用不仅不能起作用，反而破坏了生产过程的稳定。所以，在系统投运前必须注意各环节的作用方向，以保证整个控制系统形成负反馈。选择控制器的“正”、“反”作用的目的是通过改变控制器的“正”、“反”作用，来保证整个控制系统形成负反馈。

所谓作用方向，就是指环节的输入变化后，环节输出的变化方向。当输入增加时，输出也增加，则称该环节是“正”作用方向的；当环节的输入增加时，输出减小，则称该环节是“反”作用方向的。

测量变送环节一般都是“正”作用方向的。

选择控制器的正、反作用方向可以按以下步骤进行。

(1) 判断被控对象的作用方向

在一个安装好的控制系统中，被控对象的作用方向是由工艺机理确定的。当操纵变量增加时，被控对象的输出也增加，操纵变量减小时，被控对象的输出也减小，则被控对象是正作用方向的；若操纵变量增加时，被控对象的输出减小，操纵变量减小时，被控对象的输出反而增加，则被控对象是反作用方向的。

(2) 确定执行器的作用方向

执行器的作用方向是由调节阀的气开、气关型式决定的，气开阀是正作用方向的，气关阀是反作用方向。调节阀的气开、气关型式是从工艺安全角度来确定的，其选择的原则是控制信号中断时，应保证操作人员与设备的安全。若选用的是气开阀，当来自控制器的输出信号增加时，其操纵变量也增加，所以是正作用方向的；若选用的是气关阀，当来自控制器的输出信号增加时，其操纵变量将减小，所以是反作用方向的。

(3) 确定控制器的作用方向

确定控制器的作用方向的原则是使整个控制系统形成负反馈，若规定环节的正作用方向为“+”，反作用方向为“-”，则可得出“乘积为负”的选择判别式。

(控制器“ * ”)(调节阀“ * ”)(被控对象“ * ”)=“-”

由上式可知，当调节阀与被控对象的作用方向相同时，控制器应选反作用方式的，若调节阀与被控对象的作用方向相反时，控制器应选正作用方式的。

下面通过一个实例来进一步说明如何选择控制器作用方向。

图 5-10 为一锅炉水位-压力控制系统示意图，由两个简单控制系统组成，左边为锅炉汽包压力控制系统，右边为锅炉汽包水位控制系统。为防止锅炉爆炸，工艺上要求锅炉汽包的水位不能太低，压力不能太大。

左边的压力控制系统，被控对象为锅炉汽包，被控变量为锅炉汽包内的压力，操纵变量为燃料的流量，当操纵变量(燃料流量)增大时，被控变量(锅炉汽包内压力)升高，故被控对象是正作用的；为防止爆炸，燃料阀应选气开阀(停气时关断)，故执行器是正作用方向的，根据选择判别式(控制器“ * ”)(调节阀“+”)(被控对象“+”)=“-”，控制器应选反作用方向的。

右边的水位控制系统，被控对象为锅炉汽包，被控变量为锅炉汽包的水位，操纵变量为进水的流量，当操纵变量(进水流量)增大时，被控变量(锅炉汽包水位)升高，故被控对象是正作

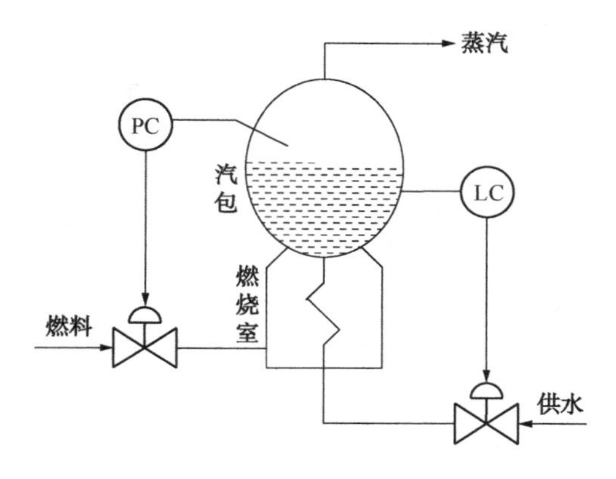

图 5-10 锅炉水位-压力控制系统

用的；为防止因水位太低锅炉烧干而引发爆炸，进水阀应选气关阀(停气时全部打开)，故执行器是反作用方向的，根据选择判别式(控制器“ * ”)(调节阀“-”)(被控对象“+”)=“-”，控制器应选正作用方向的。

3. 控制器参数的工程整定

当控制系统方案已经确定，设备安装完毕后，那么控制系统的品质指标就主要取决于控制器参数的数值了。因此，如何确定最合适的比例度 δ 、积分时间常数 T_i、微分时间常数 T_D，以保证控制系统的质量就成为非常关键的工作了。通常把确定最合适的比例度 δ 、积分时间常数 T_i、微分时间常数 T_D 的方法称为控制器参数的工程整定。控制器参数的工程整定方法很多，常用的整定方法有：经验凑试法、临界比例度法、衰减曲线法和反应曲线法等。下面对这几种方法分别加以介绍。

(1) 经验凑试法

这是一种在实践中很常用的方法，该方法是多年操作经验的总结。具体做法是：在闭环控制系统中，根据控制对象的情况，先将控制器的参数设定在一个常见的范围内(如表 5-1 所示)，然后施加一定的干扰，以 δ 、T_i、T_D对过程的影响为指导，对

δ、T_i、T_D逐个整定，直到满意为止。

表 5-1　控制器参数的大数范围

控制对象	对 象 特 征	δ/%	T_i/min	T_D/min
流量	对象时间常数小，参数有波动，δ要大，T_i要短，不用微分	40~100	0.3~1	
温度	对象容易滞后较大，即参数受干扰候变化迟缓，δ应小，T_i要长，一般需加微分	20~60	3~10	0.5~3
压力	对象的容易滞后一般，不算大，一般不加微分	30~70	0.4~3	
液位	对象时间常数范围较大。要求不高时，δ可在一定范围内选取，一般不用微分	20~80		

凑试的顺序有以下两种。

第一种：先整定δ，再整定T_i，最后整定T_D

① 比例度整定。首先置积分时间常数至最大，微分时间常数为0，再将比例度由大逐渐减小，观察由此而得的一系列控制曲线，直到曲线认为最佳为止。

② 积分时间常数整定。把δ稍放大10%~20%，引进积分，将积分时间常数由大到小进行改变，使其得到比较好的控制曲线，最后在这个积分时间常数下再改变比例度，看控制过程曲线有无变化，如有变好，则就朝那个方向再整定比例度，若没有变化，可将原整定的比例度减小一些，改变积分时间常数看控制曲线有否变好，这样经过多次的反复凑试，就可以得到满意的过程曲线。

③ 微分时间常数整定。然后引入微分作用，使微分时间常数由小到大进行变化，但增大微分时间常数时，可适当减小比例度和积分时间常数，然后对微分时间常数进行逐步凑试，直到最佳。

在整定中，若观察曲线振荡频繁，应当增大比例度(目的是减小比例作用)以减小振荡；曲线最大偏差大且趋于非周期时，说明比例控制作用小了，应当加强，即应减小比例度；当曲线偏离给定值长时间不回复，应减小积分时间常数，增强积分作用，如果曲线一直波动不止，说明振荡严重，应当增大积分时间常数以减弱积分作用；如果曲线振荡频率快，很可能是微分作用强了，应减小微分时间常数，如果曲线波动大而且衰减慢，说明微分作用不够强，未能抑制波动，应增大微分时间常数。总之，一面看曲线，一面分析和调整，即“看曲线，调参数”，直到满意为止。

第二种：先整定 T_i、T_D，再整定 δ

从表 5-1 中取 T_i 的某个值，如果需要微分，则取 $T_D=(1/3\sim1/4)T_i$，然后对 δ 进行凑试，也能较快达到要求。实践证明，在一定范围内适当组合 δ 和 T_i 数值，可以获得相同的衰减比曲线。也就是说，δ 的减小可用增加 T_i 的办法来补偿，而基本不影响控制过程的质量。

(2) 临界比例度法

临界比例度法又称稳定边界法，是一种闭环整定方法。由于该方法直接在闭环系统中进行，不需要测试系统的动态特性，因而方法简单、使用方便，得到了较为广泛的应用。具体步骤如下。

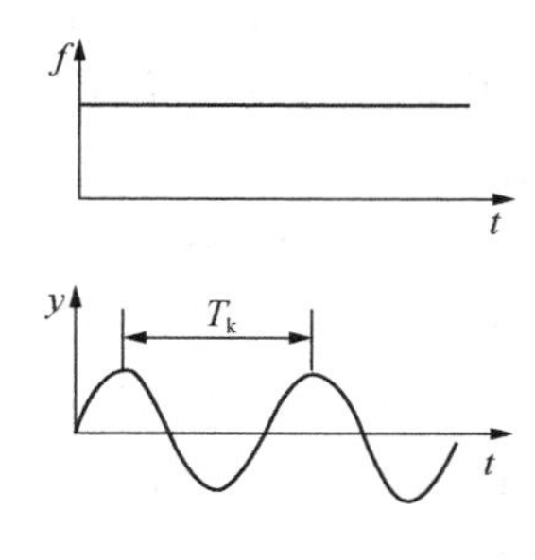

图 5-11　临界振荡示意图

① 先将积分时间常数 T_i 置于最大，微分时间常数置为 0，比例度 δ 置为较大的数值，使系统投入闭环运行。

② 当整个闭环控制系统稳定以后，对给定值施加一个阶跃干扰，并减小 δ，直到系统出现如图 5-11 所示的等幅振荡，即临界振荡过程，记录下此时的 δ_k(临界比例度)和 T_k(临界振荡周期)。

③ 根据记录的 δ_k 和 T_k，按表 5-2 给出的经验公式计算出控

制器的 δ 、T_i、T_D 参数。

表 5-2　临界比例法参数计算表

控制作用	比例度/%	积分时间 T_i/min	微分时间 T_D/min
比例	$2\delta_k$		
比例+积分	$2.2\delta_k$	$0.85T_k$	
比例+微分	$1.8\delta_k$		$0.1T_k$
比例+积分+微分	$1.7\delta_k$	$0.6T_k$	$0.125T_k$

(3) 衰减曲线法

这种方法与临界比例度法相类似，所不同的是无需出现等幅振荡，而是要求出现一定比例的衰减振荡，具体方法如下。

① 先将积分时间常数 T_i 置于最大，微分时间常数置为 0，比例度 δ 置为较大的数值，使系统投入闭环运行。

② 当系统稳定时，在纯比例作用下，用改变给定值的办法加入阶跃干扰，观察记录曲线的衰减比，从大到小改变比例度，直到系统出现如图 5-12(a)所示的衰减比为4：1 的振荡过程，记录下此时的 δ_s(衰减比例度)和 T_s(衰减周期)。

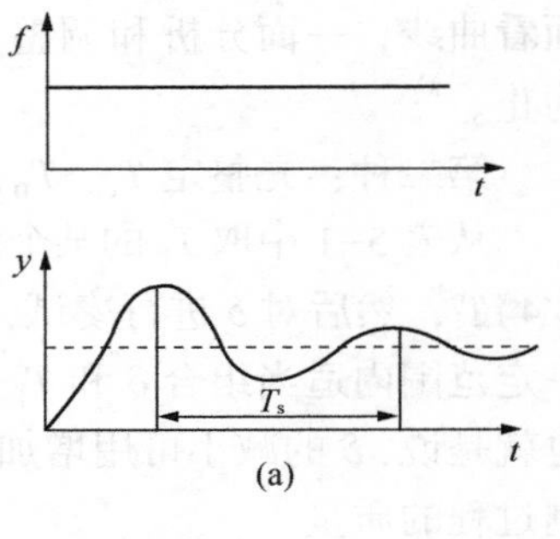

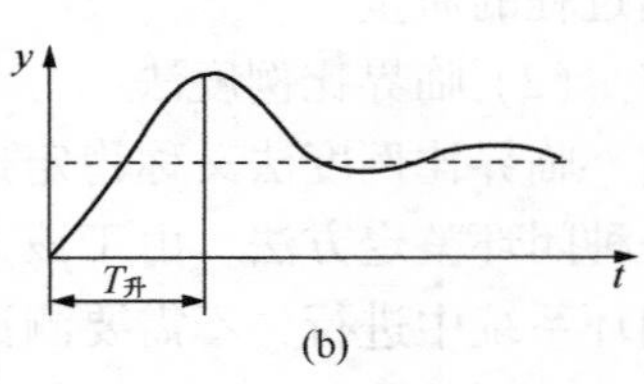

图 5-12　4：1 和 10：1 的衰减振荡过程

③ 根据记录的 δ_s 和 T_s，按表 5-3 给出的经验数据来确定控制器的 δ、T_i、T_D 参数值。

有些控制系统的过渡过程，4：1 的衰减仍嫌振荡过强，可采用 10：1 的衰减曲线法，如图 5-12(b)所示，方法同上。得到 10：1 的衰减曲线，记下此时的比例度 δ'_s 和最大偏差时间 $T_升$

（又称响应上升时间），再按表 5-4 给出的经验公式来计算 δ、T_i、T_D 参数值。

表 5-3　4：1 衰减曲线法参数计算表

控制作用	δ/%	T_i/min	T_D/min
比例	δ_s		
比例+积分	$1.2\delta_s$	$0.5T_s$	
比例+积分+微分	$0.8\delta_s$	$0.3T_s$	$0.1T_s$

表 5-4　10：1 衰减曲线法参数计算表

控制作用	δ/%	T_i/min	T_D/min
比例	δ'_s		
比例+积分	$1.2\delta'_s$	$2T_{升}$	
比例+积分+微分	$0.8\delta'_s$	$1.2T_{升}$	$0.4T_{升}$

在加阶跃干扰时，加的幅度过小则过程的衰减比不易判别，过大又为工艺条件所限制，所以一般加为给定值的 5%左右。扰动必须在工艺稳定时再加入，否则得不到正确的 δ_s、T_s 或者 δ'_s、$T_{升}$ 值。对于一些变化比较迅速、反应快的过程，在记录纸上严格得到 4：1 的衰减曲线较难，一般以曲线来回波动两次达到稳定，就近似认为达到 4：1 的衰减过程了。

（4）三种整定方法的比较

以上三种方法是工程上常用的方法，简单比较一下，不难看出，临界比例度法方法简单、容易掌握和判断，但使用这种方法需要进行反复振荡实验，找到系统的临界振荡状态，记录下 δ_k 和 T_k，然后才能由经验公式计算出所需参数值。所以对于有些不允许进行反复振荡实验的过程控制系统，如锅炉给水系统和燃烧控制系统等，就不能用此法。再如某些时间常数较大的单容过程，采用比例控制时根本不可能出现等幅振荡，也就不能用此法，所以使用范围受到了限制。

衰减曲线法能适用于一般情况下的各种控制系统，但却需要使系统的响应出现4:1或10:1衰减振荡过程，衰减程度较难确定，从而较难得到准确的δ_s、T_s或者δ'_s、$T_{升}$值，尤其对于一些扰动比较频繁、过程变化比较快的控制系统，不宜采用此法。

经验凑试法简单方便，容易掌握，能适用于各种系统，特别对于外界干扰作用频繁、记录曲线不规则的系统，这种方法很合适，但时间上有时不经济。但不管怎样，经验凑试法是用得最多的一种控制器参数工程整定方法。

4. 控制系统的投运

当自动控制系统安装完成或停车检修后使控制系统投入使用的过程称之为系统的投运。系统投运能否一次成功取决于仪表技术人员的实践经验和工艺操作人员的积极配合，投运前仪表技术人员要熟悉生产工艺和控制方案，全面检查过程检测控制仪表，并对系统所有仪表进行联调实验；在工艺操作人员的帮助下，当装置工况较为稳定时，自动控制系统即可投入运行，投运的具体操作过程如下：

① 检测系统先投入运行，检查检测信号是否正常。

② 将控制器置于手动操作状态。

③ 手动操作调节阀，使其工作在正常工况下的开度。

④ 将控制器的PID参数设置在合适的值上，待被控变量与给定值一致时，将控制器的操作状态由手动改为自动，将控制器投入运行，实现系统的自动控制。

若控制系统投运后控制效果达不到工艺的要求，根据被控变量的变化情况，适当修改PID参数，优化自动控制系统的控制品质。

5. 简单控制系统的故障与处理

一般来说，开工初期或停车阶段，由于工艺生产过程不正常、不稳定，各类故障较多。这种故障不一定都出自控制系统和仪表本身，也可能来自工艺部分。所以造成系统运行不正常主要来自以下几个方面的原因。

① 工艺过程设计不合理或者工艺本身不稳定，从而在客观

上造成控制系统扰动频繁、扰动幅度变化很大，自控系统在调整过程中不断受到新的扰动，使控制系统的工作复杂化，从而反映在记录曲线上的控制质量不够理想。这时需要对工艺和仪表进行全面分析，才能排除故障。可以在对控制系统中各仪表进行认真检查并确认可靠的基础上，将自动控制切换为手动控制，在开环情况下运行。若工艺操作频繁，参数不易稳定，调整困难，则一般可以判断是由于工艺过程设计不合理或者工艺本身的不稳定引起的。

② 自动控制系统的故障也可能是控制系统中个别仪表造成的。多数仪表故障的原因出现在与被测介质相接触的传感器和控制阀上，这类故障约占 60% 以上。尤其是安装在现场的控制阀，由于腐蚀、磨损、填料的干涩而造成阀杆摩擦力增加，使控制阀的性能变坏。

③ 用于连接生产装置和仪表的各类取样取压管线、阀门、电缆电线、插接板件等仪表附件所引起的故障也很常见，这与其周边恶劣的环境密切相关。

④ 过程控制系统的故障与控制器参数的整定及控制方法的选取是否合适有关。控制器的参数整定不合适，将造成控制质量下降，从而达不到工艺的要求。若工艺条件发生了较大的变化(如负荷的变化)，被控过程的特性将随之变化，需对控制器的参数重新进行整定。随着对产品质量要求的提高，生产过程越来越复杂，需要控制的参数增加了，控制系统之间的相互干扰明显增多，采用传统的 PID 控制不一定能达到工艺的要求，导致控制质量不高，这时宜考虑采用先进的控制方法。

第三节　复杂控制系统

随着现代工业生产过程向着大型、连续、强化方向发展，对操作条件、控制精度、经济效益、安全运行、环境保护等提出了更高的要求，简单控制系统往往难以满足这些要求，为了提高控制品质，在简单控制方案的基础上，出现了诸如串级控制、前馈控制、均匀控制、比值控制、分程控制、选择性控制等一类较复杂的控制系统结构方案。

一、串级控制系统

1. 串级控制系统的结构

采用不止一个控制器，而且控制器间相串接，一个控制器的输出作为另一个控制器的给定值的系统，称为串级控制系统，串级控制系统是按其结构命名的。

下面以加热炉温度控制系统为例说明串级控制系统的结构。

该系统的被控变量是物料出口的温度，操纵变量是送入加热炉中的燃料流量。可以组成图 5-13(a)所示的简单控制系统。在有些场合，燃料上游的压力会有波动，即使控制阀阀门开度不变，仍将影响燃料的流量，从而逐渐影响物料的出口温度。因为加热炉炉管等热容较大，被控对象加热炉的时间常数较大，等温度控制器发现偏差再进行调节，显然不够及时，物料的出口温度的最大动态偏差必然很大。如果改用图 5-13(b)所示的流量控制系统，则对温度控制来说又是开环的，此时对于阀前压力等扰动，可以迅速克服，但对进料负荷、燃料热值变化等扰动，流量控制系统却完全是无能为力了。操作人员日常操作经验是，当温度偏高时，将燃料流量控制器的给定值减少一些，当温度偏低时，将燃料流量控制器的给定值增加一些。按照上述操作经验，把图 5-13(a)、图 5-13(b)的两个控制器串接起来，流量控制器的给定值由温度控制器输出决定，即流量控制器的给定值不再是固定的，系统结构如图 5-13(c)所示，这就是一个串级控制系统。采用串接控制后，系统既能迅速克服影响燃料流量的扰动作用，又能使温度在其他干扰作用下也保持在给定值上。

串接控制系统的系统方框图如图 5-14 所示。

为了更好地阐述和分析串接控制系统，这里介绍几个串接控制系统中常用的名词。

主被控变量 是工艺控制指标，大多为工业过程中的重要操作参数，在串接控制系统中起主导作用的被控变量，如示例中的

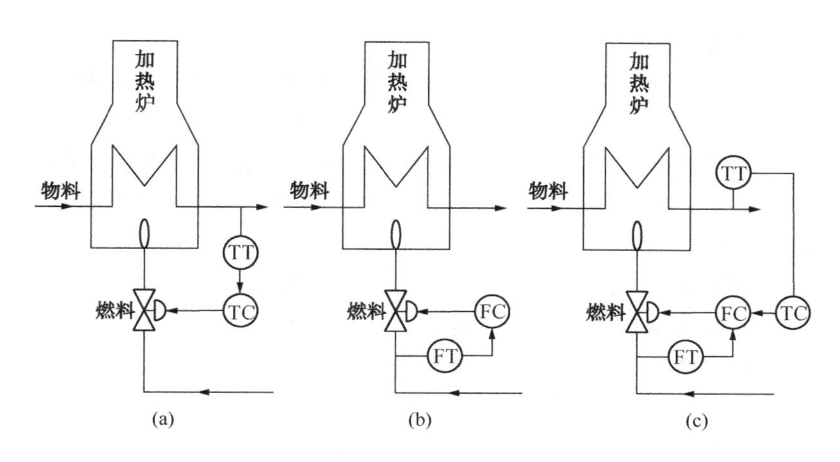

图 5-13　加热炉出口温度控制系统

物料出口温度。

副被控变量　串接控制系统中为了稳定主被控变量或因某种需要而引入的辅助变量，如示例中的燃料流量。

主对象　大多为工业过程中所要控制的、由主被控变量表征其主要特性的生产设备或过程，如示例中的加热炉。

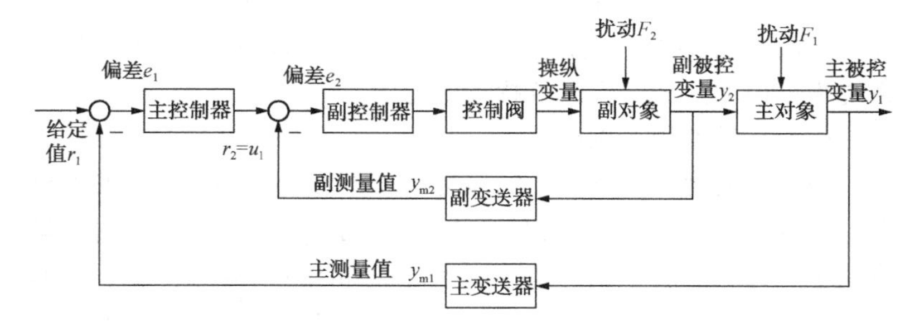

图 5-14　串接控制系统方框图

副对象　大多为工业过程中影响主被控变量的、由副被控变量表征其特性的辅助生产设备或辅助过程，如示例中燃料输入管道。

主控制器 在系统中起主导作用，按主被控变量和其给定值之差进行控制运算并将其输出作为副控制器的给定值的控制器，简称“主控”。

副控制器 在系统中起辅助作用，按所测得的副被控变量和主控输出之差进行控制运算，其输出直接作用于控制阀的控制器，简称“副控”。

主变送器 测量并转换主被控变量的变送器。

副变送器 测量并转换副被控变量的变送器。

主回路 由主变送器、主控制器、副控制器、控制阀、主对象和副对象等环节构成的外闭环回路，又称为“主环”或“外环”。

副回路 处于串接控制系统的内部，由副变送器、副控制器、控制阀和副对象构成的闭环回路，又称“副环”或“内环”。

串级控制系统是由两个或两个以上的控制器串联连接，一个控制器的输出是另一个控制器的给定。主控制回路是定值控制系统。对主控制器的输出而言，副控制回路是随动控制系统，对进入副回路的扰动而言，副控制回路也是定值控制系统。

2. 串级控制系统的抗扰动性能

串级控制系统由于有副回路的存在，其抗扰动能力大大提高，下面以图 5-15 所示的加热炉出口温度与燃料流量串级控制系统为例说明是如何提高抗扰动能力的。

(1) 扰动作用于副回路

当系统的扰动为燃料气的压力时，即在图 5-14 所示的方框图中，扰动 F_1 不存在，只有扰动 F_2 作用在副对象上，这时扰动作用于副回路。若采用简单控制系统，如图 5-13(a)所示，只有当物料的出口温度发生变化后，控制作用才能开始，由于被控对象加热炉的时间常数较大，因此控制迟缓、滞后大。采用串接控制系统后，设置了副回路，如图 5-13(c)所示，扰动 F_2 将引起燃料流量发生改变，副控制器 FC(流量控制器)及时进行控制，使其很快稳定下来，如果扰动量小，经过副回路控制后，该扰动一般影响不到主被控变量物料的出口温度，在大幅度的扰动下，其大部分影响为副回路所克服，波及到物料出口温度已经很小了，再由主回路进一步控制，彻底消除了扰动的影响，使主被控变量回到给定值上来。

由于副回路控制通道短，时间常数小，所以当扰动进入回路时，可以获得比简单控制超前的控制作用，有效地克服了燃料压力变化对物料出口温度的影响，从而大大提高了控制质量。

（2）扰动作用于主回路

若在某一时刻，由于进料负荷发生变化，即在图 5-14 所示的方框图中，扰动 F_2 不存在，只有扰动 F_1 作用在主对象上，这时扰动作用于主回路。假设扰动 F_1 的作用使物料的出口温度升高。这时温度控制器（主控制器）的测量值 y_{m1} 增加，故主控制器 TC 的输出降低。由于这时燃料流量暂时还没有改变，即流量控制器 FC 的测量值 y_{m2} 没有变，因而 FC 的输出将随给定值的降低而降低。随着 FC 输出的降低，气开式阀门的开度也随之减小，于是燃料流量减小，即燃料的供给量将减小，促使物料出口温度降低，直到恢复到给定值为止。在整个控制系统中，流量控制器 FC 的给定值不断变化，要求副被控变量燃料流量也随之变化，这是为了维持主被控变量物料出口温度不变所必需的。如果由于扰动 F_1 作用的结果使物料出口温度增加超过了给定值，那么必须相应降低燃料流量，才能使物料出口温度回复到给定值。所以，在串接控制系统中，如果扰动作用于主对象，由于副回路的存在，可以及时改变副被控变量的数值，以达到稳定主被控变量的目的。

在串接控制系统中，由于引入了一个闭合的副回路，不仅能迅速克服作用于副回路的扰动，而且对作用于主对象上的扰动也能加速克服过程。副回路具有先调、粗调、快调的特点，主回路具有后调、细调、慢调的特点，并将副回路没有完全克服的扰动影响彻底加以克服。因此，在串接控制系统中，由于主、副回路相互配合，充分发挥了控制作用，大大提高了控制质量。

3. 串级控制系统的特点

串接控制系统增加了副控制回路，使控制系统的性能得到了改善，主要表现在以下几个方面。

（1）能迅速克服进入副回路扰动的影响

当扰动进入副回路后，首先，副被控变量检测到扰动的影响，并通过副回路的定值控制作用，及时调节操纵变量，使副被控变量回复到副给定值，从而使扰动对主被控变量的影响减少。即副回路对扰动进行粗调，主回路对扰动进行细调。因此，串接控制系统能迅速克服进入副回路扰动的影响。

（2）串接控制系统由于有副回路的存在，改善了对象特性，提高了工作效率

串接控制系统将一个控制通道较长的对象分为两级，把许多干扰在第一级副环就基本克服掉，剩余的影响及其他各方面干扰的综合影响由主环加以克服。相当于改善了主控制器的对象特性，即减少了容量滞后，因此对于克服整个系统的滞后大有帮助，从而加快了系统响应速度，减小了超调量，提高了控制品质。由于对象减少了容量滞后，串接控制系统的工作效率得到了提高。

（3）串接控制系统的自适应能力

串接控制系统就其主回路来看，是一个定值控制系统，而就其副回路来看，则为一个随动控制系统。主控制器的输出能按照负荷或操作条件的变化而变化，从而不断地改变副控制器的给定值，使副控制器的给定值能随着负荷或操作条件的变化而变化，这就使得串接控制系统对负荷或操作条件的改变有一定的自适应能力。

（4）能够更精确控制操纵变量的流量

当副被控变量是流量时，未引入流量副回路，控制阀的回差、阀前压力的波动都会影响到操纵变量的流量，使它不能与主控制器输出信号保持严格的对应关系。采用串接控制系统后，引入了流量副回路，使流量测量值与主控制器的输出一一对应，从

而能够更精确控制操纵变量的流量。

(5) 可实现更灵活的操作方式

串接控制系统可以实现串级控制、主控和副控等多种操作方式。其中，主控方式是切除副回路，以主被控变量作为被控变量的单回路控制，副控方式是切除主回路，以副被控变量为被控变量的单回路控制。因此，串接控制系统运行过程中，如果某些部件故障时，可灵活进行切换，减少对生产过程的影响。

4. 串接控制系统的应用范围和实例

与简单控制系统相比，串级控制系统控制质量有显著提高。但是，串级控制系统结构复杂，使用仪表多，参数整定也比较麻烦。串级控制系统主要用于对象容量滞后较大、纯滞后时间较长、扰动幅度大、负荷变化频繁和剧烈的被控过程。

图 5-13(c)所示的加热炉出口温度与燃料流量串接控制系统对克服燃料流量上游压力变化是相当有效的，但对于燃料热值变化就无能为力了，此时可采用图 5-15 所示的加热炉出口温度与炉膛温度串接控制系统，该串接控制系统包含生产过程中主要的、变化剧烈、频繁和幅度大的扰动，并包含尽可能多的扰动，是一个较好的控制方案，但有的加热炉炉膛温度不好找。

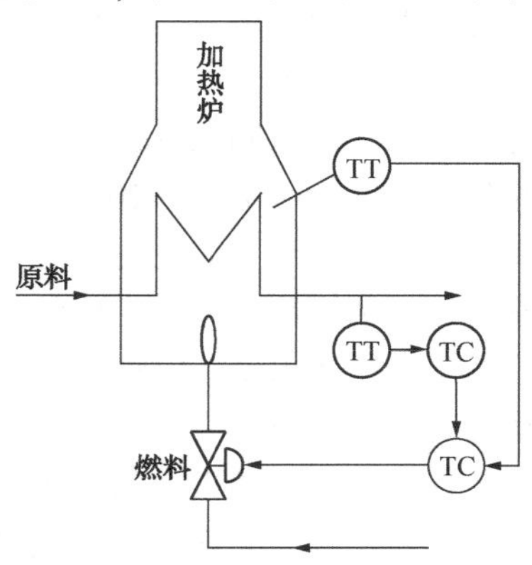

图 5-15　加热炉出口温度与炉膛温度串级控制系统

图 5-15 所示的加热炉出口温度与炉膛温度串级控制系统的控制过程为：当扰动或负荷变化使炉膛温度升高时，副控制器先起作用，它输出减小，从安全角度出发控制阀选用的是气开阀，因此，控制阀的开度减小，燃料供给量减小，使炉膛温度下降；同时，炉膛温度也使物料出口温度也升高，通过主控制器的调节作用，使副控制器的给定值降低，相当于副测量值增大，将把控制阀关的更小，通过主、副回路的协调控制，迅速降低炉膛温度，从而降低物料出口温度，使其尽快回复到给定值上来。

二、前馈控制系统

前馈的概念很早就已经产生了，由于人们对它认识不足和自动化工具的限制，致使前馈控制发展缓慢。近年来，随着新型仪表和计算机技术的飞速发展，为前馈控制创造了有利条件，前馈控制又重新被重视。目前前馈控制已在锅炉、精馏塔、换热器和化学反应器等设备上获得成功的应用。

1. 前馈控制的基本原理

前面所讨论的控制系统中，控制器都是按照被控变量与给定值的偏差来进行控制的，这就是所谓的反馈控制，是闭环的控制系统。反馈控制中，当被控变量偏离了给定值，产生了偏差，然后才进行控制，这就使得控制作用总是落后于扰动对控制系统的影响。

前馈控制系统是一种开环控制系统，它是在前苏联学者所倡导的不变性原理的基础上发展而成的。20 世纪 50 年代以后，在工程上，前馈控制系统逐渐得到了广泛的应用。前馈控制系统是根据扰动或给定值的变化按补偿原理来工作的控制系统，其特点是当扰动产生后，被控变量还未变化以前，根据扰动作用的大小进行控制，以补偿扰动作用对被控变量的影响。前馈控制系统运用得当，可以使被控变量的扰动消灭在萌芽之中，使被控变量不会因扰动作用或给定值变化而产生偏差，它较之反馈控制能更加及时地进行控制，并且不受系统滞后的影响。

图 5-16 所示的是换热器前馈控制系统，如果已知影响换热

器物料出口温度的主要扰动是进料流量的变化，为了克服这一扰动对被控变量物料出口温度的影响，可以测量进料流量，根据进料流量大小的变化直接去改变加热蒸汽量的大小，这就构成了前馈控制。

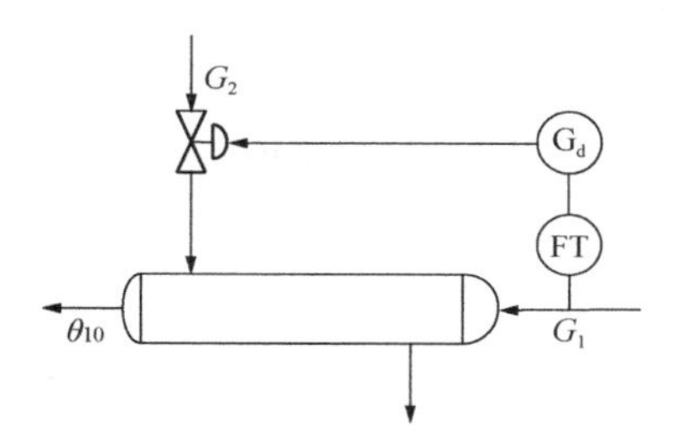

图 5-16　换热器前馈控制系统原理图

2. 前馈反馈控制系统

单纯的前馈控制是开环的，是按扰动进行补偿的，因此根据一种扰动设置的前馈控制就只能克服这一扰动对被控变量的影响，而对于其他扰动对被控变量的影响，由于这个前馈控制器无法感受到，也就无能为力了。所以在实际工业过程中单独使用前馈控制很难达到工艺要求，因此为了克服其他扰动对被控变量的影响，就必须将前馈控制和反馈控制结合起来，构成前馈反馈控制系统。前馈反馈控制系统有两种结构形式，一种是前馈控制作用与反馈控制作用相乘，如图 5-17 所示的精馏塔出口温度的进料前馈反馈控制系统；另一种是前馈控制作用与反馈控制作用相加，这是前馈反馈控制系统中最典型的结

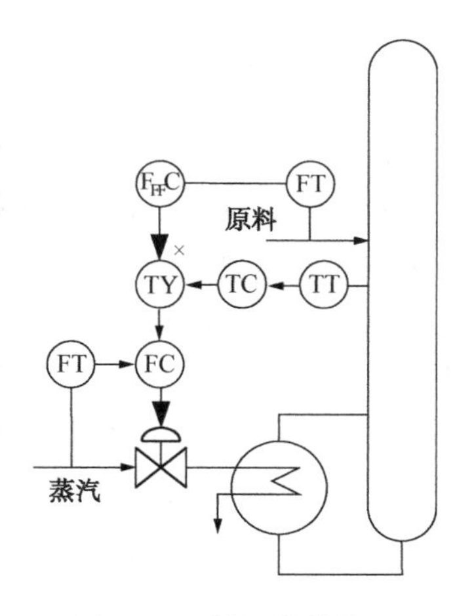

图 5-17　精馏塔前馈反馈控制系统（相乘型）

构形式，如图 5-18 所示的加热炉出口温度的进料前馈反馈控制系统。

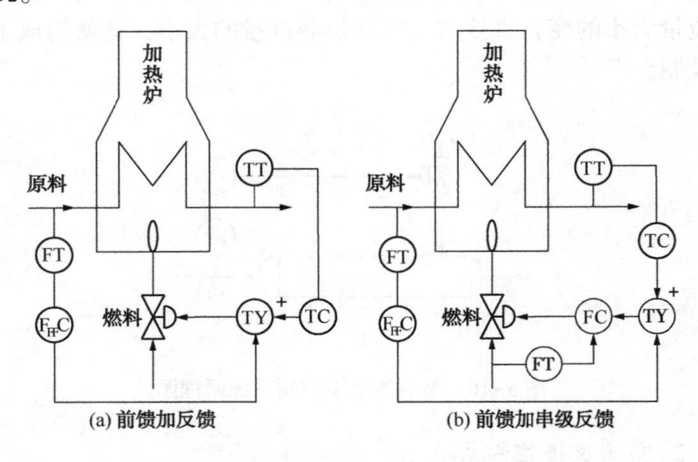

图 5-18　加热炉前馈反馈控制系统(相加型)

3. 采用前馈控制系统的条件

前馈控制是根据扰动作用的大小进行控制的。前馈控制系统主要用于对象滞后大、由扰动而造成的被控变量偏差消除时间长、不易稳定和控制品质差等系统。因此采用前馈控制系统的条件是：

① 扰动可测但是不可控。

② 变化频繁且变化幅度大的扰动。

③ 扰动对被控变量的影响显著，反馈控制难以及时克服，且过程控制精度要求又十分严格的情况。

三、均匀控制系统

1. 均匀控制系统的工作原理及特点

在连续生产过程中，有许多装置是前后紧密联系的，前一装置的出料量是后一装置的进料量，而后一装置的出料量又输送给其他装置。各个装置之间相互联系，互相影响。在连续精馏塔的多塔分离过程中，精馏塔串联在一起工作，前一塔的出料是后一塔的进料。图 5-19 所示为两个连续操作的精馏塔，为了保证分馏过程的正常进行，要求将 1#塔釜液位稳定在一定的范围内，应设置液位控制系统；而 2#精馏塔又希望进料量稳定，应设置流量控制系统。显然，这两套控制系统的控制目标存在矛盾。假如 1#塔在扰动作用下塔釜液位上升时，液位控制器 LC 输出控制信号来开大控制阀 1，使出料流量增大；由于 1#塔出料量是 2#塔的进料量，因而引起 2#塔进料量的增加，于是，流量控制器 FC 输出控制信号去关小控制阀 2。这样，按液位控制要求，控制阀 1 的开度在开大，流量要增大；按流量控制要求，控制阀 2 的开度要关小，流量要减小。而控制阀 1、2 装在同一条管道上，于是两套控制系统互相矛盾，在物料供求上无法兼顾。

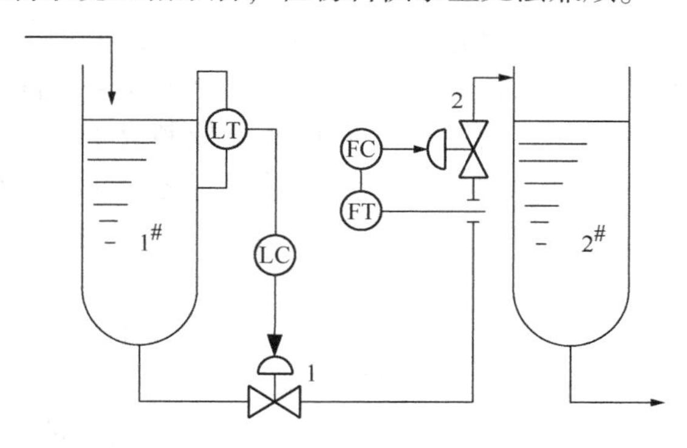

图 5-19　前后塔不协调的控制方案

为了解决前后两个塔之间在物料供求上的矛盾，可设想在前后两个串联的塔中间增设一个缓冲设备，既满足 1#塔控制液位的要求，又缓冲了 2#塔进料流量的波动。但问题是，增加设备不仅要增加投资，使流程复杂化，而且要增加物料输送过程中的能量消耗；尤其是中间物料不允许中间停留，否则对发生分解或聚合的生产过程，增加缓冲设备会带来许多问题。因此，必须从自动控制方案上想办法，以满足前后装置在物料供求上互相均匀协调、统筹兼顾的要求。

从工艺设备分析，1#塔有一定的容量，液位并不要求保持在给定值上，允许在一定范围内变化；至于2#塔的进料，如不能做到定值控制，若能使其缓慢变化，也是生产工艺所容许的。为此，可以设计相应的控制系统，解决前后工序物料供求矛盾，达到前后兼顾协调运行，使液位和流量均匀变化，以满足生产工艺的要求。通常把能实现这种控制目的的系统称为均匀控制系统。

均匀控制通过对液位和流量两个变量同时兼顾的控制策略，使两个互相矛盾的变量相互协调，满足二者均在小范围内缓慢变化的工艺要求。和其他控制方式相比，均匀控制有以下两个特点。

(1) 两个被控参数在控制过程中缓慢变化

因为均匀控制是指前后设备的物料供求之间的均匀、协调，表征前后供求矛盾的两个参数都不应该稳定在某一固定的数值上。若如图5-20(a)所示，把1#塔液位控制成平稳的直线，会导致2#塔的进料量波动很大，无法满足工艺要求，这样的控制过程只能看作液位的定值控制，而不能看作均匀控制；而图5-20(b)则把2#塔的进料量控制成平稳的直线，会导致1#塔的液位波动很大，也无法满足工艺要求。前者是液位的定值控制，后者是流量的定值控制，都不是均匀控制。只有图5-20(c)所示的液位和流量的控制曲线才符合均匀控制的要求，两者都有一定程度的波动，但波动都比较缓慢。另外，均匀控制在有些情况下对控制参数有所偏重，视工艺需要来确定其主次，有时以液位参数为主，有时则以流量参数为主。

(2) 前后互相联系又互相矛盾的两个变量应保持在所允许的范围内波动

在均匀控制系统中，被控参数是非定值的，允许它们在一定的范围内变化，如图5-20所示的两个串联的精馏塔，前塔的液位变化有一个规定的上、下限，过高或过低可能造成冲塔现象或抽干的危险。同样，后塔的进料流量也不能超过它所能承受的最大负荷和最低处理量，否则不能保证精馏过程的正常运行。因

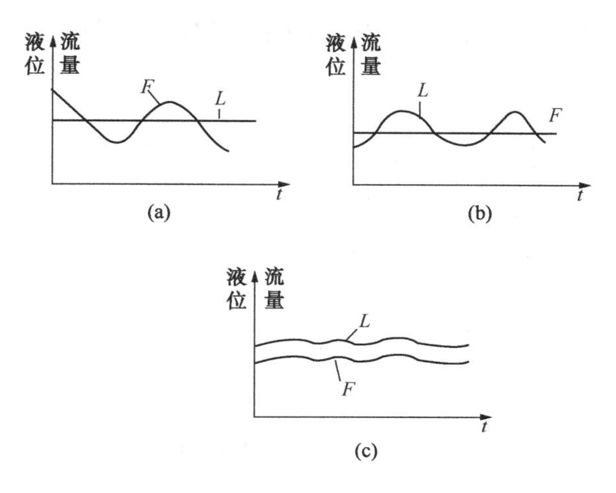

图 5-20　1#塔液位与 2#塔流量之间的关系

此，均匀控制的设计必须满足这两个限制条件。当然，这里的允许波动范围肯定比定值控制过程的允许偏差要大得多。

在均匀控制系统设计时，首先要明确均匀控制的目的及其特点。因不清楚均匀控制的设计意图而变成单一参数的定值控制，或者想把两个变量都控制得很平稳，都会导致所设计的均匀控制系统最终难以满足工艺要求。

2. 均匀控制方案

均匀控制常用的方案有简单均匀控制、串级均匀控制等方式。

(1) 简单均匀控制

图 5-21 为简单均匀控制系统流程图。从流程图上看，它与简单液位控制系统的结构和使用的仪表完全一样。由于控制目的不同，对控制系统的动态过程要求是不一样的。均匀控制的功能与动态特性通过控制器的参数整定来实现的。简单均匀控制系统中的控制器一般都是纯比例控制规律的，比例度的整定不能按 4∶1(或 10∶1)的衰减振荡过程来整定，而是将比例度整定得很大，当液位变化时，控制器的输出变化很小，排出流量只作微小

缓慢的变化，以较弱的控制作用达到均匀控制的目的。

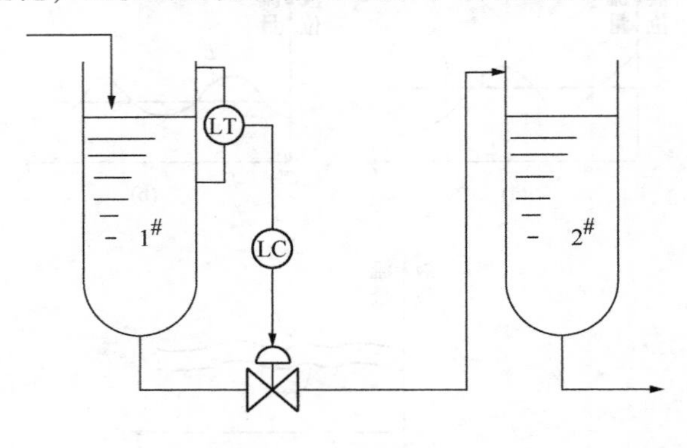

图 5-21　简单均匀控制系统

在有些生产过程中，液位是通过进料阀来控制的，用液位控制器对进料流量进行控制，同样可实现均匀控制的要求。

简单均匀控制系统的优点是结构简单，投运方便，成本低。但当前后设备的压力变化较大时，尽管控制阀的开度不变，输出流量也会发生相应的变化，故它适用于扰动不大、对流量的均匀程度要求较低的场合。当控制阀两端压力差变化较大，流量变化除控制阀的开度外还受到压力波动的影响时，简单均匀控制难以满足工艺要求。

（2）串级均匀控制

简单均匀控制方案虽然结构简单，但当控制阀两端压力变化时，即使控制阀的开度不变，流量也会随阀前后压差变化而改变。当生产工艺对 2# 塔进料量变化的平稳性要求比较高时，简单均匀控制系统不能满足要求。为了消除压力扰动的影响，可在原方案基础上增加一个流量副回路，设计以流量为副被控变量的副回路，构成精馏塔塔釜液位和流出流量的串级均匀控制系统，如图 5-22 所示。

从结构上看，它与一般的液位和流量串级控制系统相同，但这里采用的串级形式并不是为了提高主被控变量液位的控制精

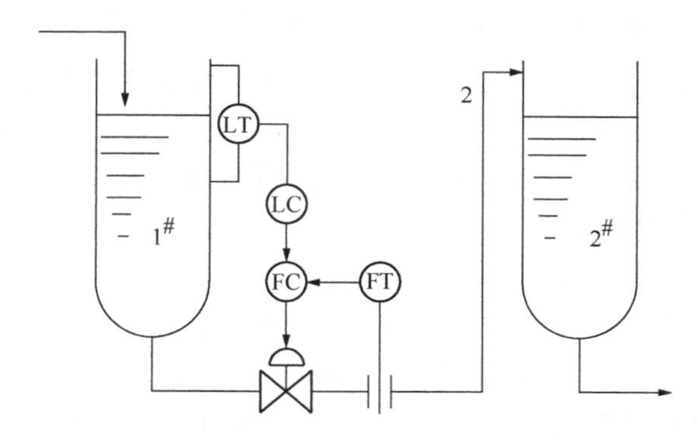

图 5-22　串级均匀控制系统

度，而是在充分地利用塔釜有效缓冲容积的条件下，尽可能地使塔釜的流出流量平稳。液位控制器 LC 的输出作为流量控制器 FC 的给定值，用流量控制器调节控制阀。由于增加了副回路，可以及时克服由于 1#塔内或排出端(2#塔内)压力改变所引起的流量变化，尽快地将流量调回到给定值，这些都是串级控制系统的特点。但是，由于设计这一系统的目的是为了协调液位和流量两个参数的关系，使液位和流量两个参数在规定的范围内缓慢而均匀地变化，所以本质上还是均匀控制。

串级均匀控制方案适用于系统前后压力波动较大的场合。但与简单均匀控制系统相比，使用仪表较多，投运、维护较复杂。

四、比值控制系统

1. 概述

在生产过程中经常遇到要求保持两种或多种物料流量成一定比例关系，如果比例失调就会影响生产的正常进行，影响产品质量，造成环境污染，甚至会引发生产事故。例如在锅炉燃烧系统中，要保持燃料和空气的合适比例，才能保证燃烧的经济性；再如聚乙烯醇生产中，树脂和氢氧化钠必须以一定比例混合，否则树脂将会自聚而影响生产。在重油气的造气生产过程中，进入汽化炉的氧气和重油流量应保持一定的比例，若氧-油比过高，因炉温过高使喷嘴和耐火砖烧坏，严重时甚至会引起炉子爆炸，如果氧气量过低，则生成的炭黑增多，还会发生堵塞现象。

实现两个或两个以上参数符合一定比例关系的控制系统，称为比值控制系统。在需要保持比值关系的两种物料中必有一种物料处于主导地位，称为主物料，其流量称为主流量，用 Q_1 表示；而另一种物料按主物料进行配比，在控制过程中随主物料而变化，因此称为从物料，其流量称为副流量，用 Q_2 表示。一般情况下，总以生产中的主要物料流量作为主流量，如前面举例中的燃料、树脂和重油均为主物料，而相应跟随主要物料流量变化的空气、氢氧化钠和氧气则为从物料。在有些场合，以流量不可控的物料作为主物料，用改变可控物料(从物料)的量，实现它们之间的比值关系。

比值控制系统就是要实现副流量 Q_2 与主流量 Q_1 成一定比值关系，即满足以下关系式。

$$K = \frac{Q_2}{Q_1} \tag{5-8}$$

在比值控制系统中，副流量是随主流量按一定比例变化的，因此，比值控制系统实际上是一种随动控制系统。

2. 比值控制系统的类型

(1) 开环比值控制系统

图 5-23 所示的是开环比值控制系统，图中 Q_1 是主流量，Q_2 是副流量。当 Q_1 变化时，通过流量变送器 FT 检测主物料流量 Q_1，由控制器 FC 及安装在从物料管道上的控制阀来控制副流量 Q_2，使其满足 $Q_2 = KQ_1$ 的要求。

图 5-24 是该系统的方框图。从图中可以看出，该系统的测量信号取自主物料 Q_1，但控制器的输出却是去控制从物料的流量 Q_2，整个系统没有形成闭环，所以是一个开环控制系统。

该系统副流量无抗扰动能力，当副流量管线压力等改变时，就不能保证所要求的比值关系。所以这种开环比值控制系统只适用于副流量管线压力比较稳定、对比值精度要求不高的场合，其

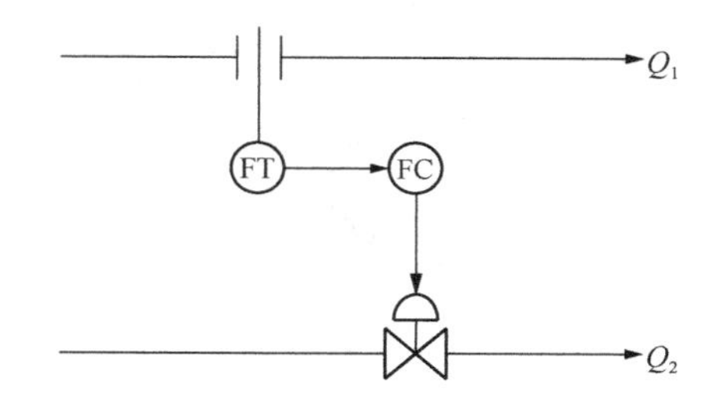

图 5-23　开环比值控制系统

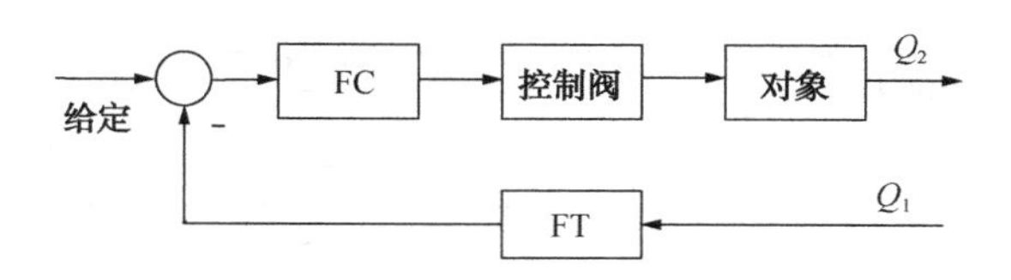

图 5-24　开环比值控制系统方框图

优点是结构简单、投资少。

(2) 单闭环比值控制系统

单闭环比值控制系统是为了克服开环比值控制方案的不足，在开环比值控制的基础上，通过增加一个副流量闭环控制系统而组成的，如图 5-25 所示。

系统处于稳定状态时，主、副流量满足比值要求，即 $Q_2=KQ_1$。当主流量 Q_1 变化时，测量信号经变送器 F_1T 送至控制器 F_1C，F_1C 按预先设置好的比值使输出成比例变化，改变副流量控制器 F_2C 的给定值。此时副流量闭环系统为一随动控制系统，使 Q_2 跟随 Q_1 变化，流量比值 K 保持不变。当主流量 Q_1 没有变化而副流量 Q_2 由于自身扰动发生变化时，副流量闭环系统相当于一定值控制系统，通过控制回路克服扰动，使工艺要求的流量比值 K 仍保持不变。当主、副流量同时受到扰动时，控制器 F_2C 在克服副流量扰动的同时，又根据新的给定值改变控制阀的开度，使主、副流量的新流量数值仍保持其原设定的比值关系。

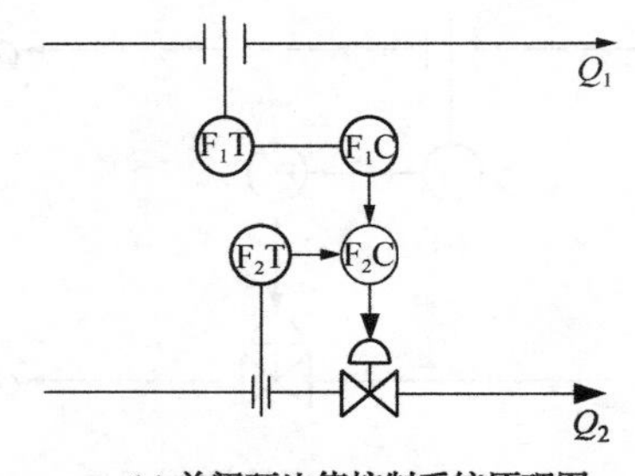

(a) 单闭环比值控制系统原理图

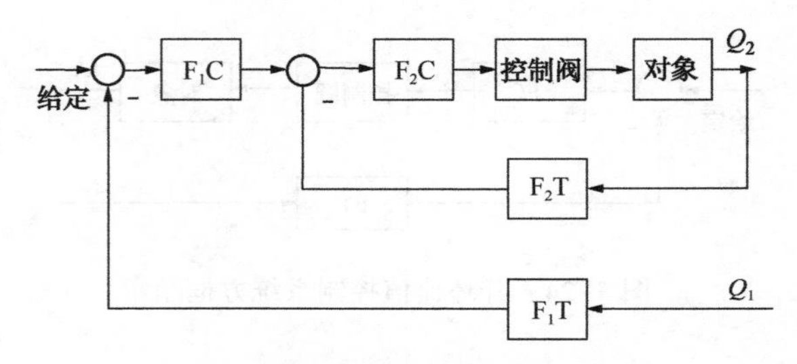

(b) 单闭环比值控制系统方框图

图 5-25　单闭环比值控制系统

如果比值器 F_1C 采用比例控制器，并把它视为主控制器，它的输出作为副流量控制器的给定值，两个控制器串联工作。单闭环比值控制系统在连接方式上与串级控制系统相同，但系统总体结构与串级控制不一样，它只有一个闭合回路[如图 5-25(b)]。

单闭环比值控制系统优点是它不但能实现副流量随主流量变化，而且可以克服副流量本身扰动对比值的影响，主、副流量的比值较为精确。这种方案的结构形式较简单，所以得到了广泛的应用，尤其适用于主物料在工艺上不允许进行控制的场合。

虽然单闭环比值控制系统能保持两种物料量的比值一定，但由于主流量是不受控制的，当主流量变化时，总的物料量就会跟随变化，因而在总物料量要求控制的场合，单闭环比值系统不能满足要求。

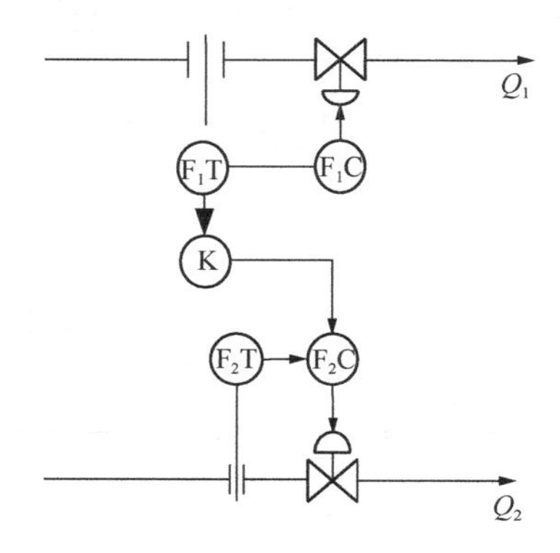

图 5-26　双闭环比值控制系统

(3) 双闭环比值控制系统

双闭环比值控制系统是为了克服单闭环比值控制系统主流量不受控制，生产负荷在较大范围内波动的不足而设计的。它是在单闭环比值控制的基础上，增加了主流量控制回路，如图 5-26 所示。从图中可以看出，当主流量 Q_1 变化时，一方面通过主流量控制器 F_1C 进行控制；另一方面通过比值控制器 K(可以是乘法器)乘以适当的系数后作为副流量控制器的给定值，使副流量跟随主流量的变化而变化。由于主流量控制回路的存在，双闭环比值控制系统实现了对主流量 Q_1 的定值控制，增强了主流量抗扰动能力，使主流量变得比较平稳。这样不仅实现了比较精确的流量比值，而且也确保了两物料总量基本不变。

图 5-27 是双闭环比值控制系统的方框图，从图中可以看出，该系统具有两个闭合回路，分别对主、副流量进行定值控制，同时，由于比值控制器的存在，使得副流量要按比值关系跟随主流量的变化而变化，故称之为双闭环比值控制。

双闭环比值控制系统的另一个优点是升降负荷比较方便，只要缓慢地改变主流量控制器的给定值就可以升降主流量，同时，副流量也会自动跟踪升降，并保持两者比值不变。

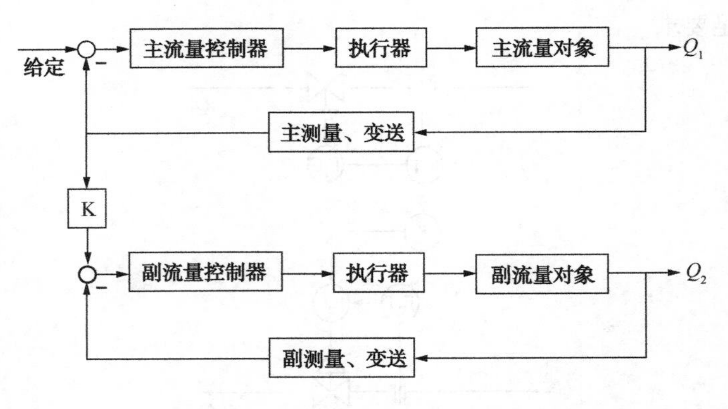

图 5-27　双闭环比值控制系统方框图

双闭环比值控制系统适用于主流量扰动频繁、工艺上不允许负荷有较大波动或工艺上经常需要升降负荷的场合。双闭环比值控制方案的不足是结构比较复杂，使用的仪表较多，系统投运、维护比较麻烦。

（4）变比值控制系统

以上介绍的几种控制方案都是属于定比值控制系统。控制过程的目的是要保持主、从物料的比值关系为定值。但有些化学反应过程要求两种物料的比值能灵活地随第三变量的需要而加以调整，这样就产生了变比值控制系统。

图 5-28 是变换炉的半水煤气与水蒸气的变比值控制系统的示意图。在变换炉生产过程中，半水煤气与水蒸气的量需保持一定的比值，但其比值系数要能随一段触媒层的温度变化而变化，才能在较大负荷变化下保持良好的控制质量。半水煤气与水蒸气的流量经测量变送后，送往除法器，计算得到它们的实际比值，作为流量比值控制器 FC 的测量值。而 FC 的给定值来自温度控制器 TC，最后通过调整蒸汽量(实际上是调整了蒸汽与半水煤气的比值)来使变换炉触媒层的温度恒定在规定的数值上。

五、选择性控制系统

自动控制系统不但要能够在生产处于正常情况下工作，在出

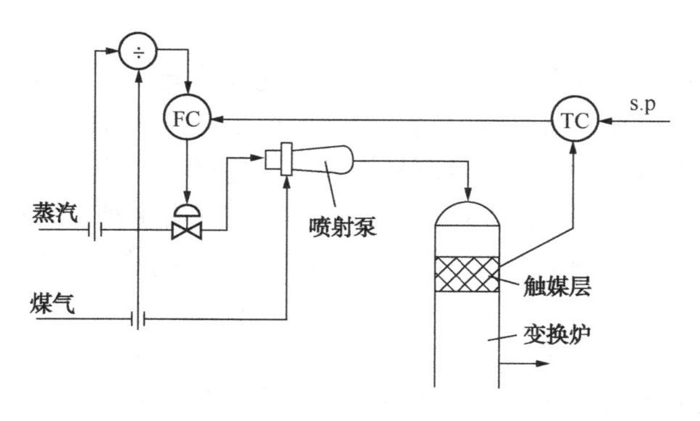

图 5-28　变换炉半水煤气与水蒸气变化值控制系统

现异常或发生故障时，还应具有一定的安全保护功能。早期的控制系统常用的安保措施有声光报警、自动安全联锁等，即当工艺参数达到安全极限时，报警开关接通，通过警灯或警铃发出报警信号，改为人工手动操作，或通过自动安全联锁装置，强行切断电源或气源，使整个工艺装置或某些设备停车，在维修人员排除故障后再重新启动。而随着生产的现代化，一些生产过程的运行速度越来越快，操作人员往往还没有反应过来，事故可能已经发生了；在连续运行的大规模生产过程中，设备之间的关联程度越来越高，设备安全联锁装置在故障时强行使一些设备停车，可能会引起大面积停工停产，造成很大的经济损失。传统的安全保护方法已难以适应安全生产的需要。为了有效地防止事故的发生，确保生产安全，减少停、开车次数，人们设计出能适应不同生产条件或异常状况的控制方案——选择性控制。

选择性控制是把由生产过程的限制条件所构成的逻辑关系叠加到正常自动控制系统上的一种控制方法，即为一个生产过程配置一套能实现不同控制功能的控制系统，当生产趋向极限条件时，通过选择器，控制备用系统自动取代正常工况下的控制系统，实现对非正常生产过程下的自动控制。待工况脱离极限条件回到正常工况后，又通过选择器使适用于正常工况的控制系统自动投入运行。

选择性控制系统是通过选择器实现其功能。选择器可以接在两个或多个控制器的输出端，对控制信号进行选择；也可以接在几个变送器的输出端，对测量信号进行选择，以适应不同生产条件的功能需要。选择性控制系统的分类方式有多种，根据选择器在系统中结构中的位置不同，将选择性控制系统简单分为以下两种。

1. 对控制器输出信号进行选择的选择性控制系统

这类系统的选择器装在控制器之后，对控制器的输出信号进行选择，控制系统的方框图如图 5-29 所示。

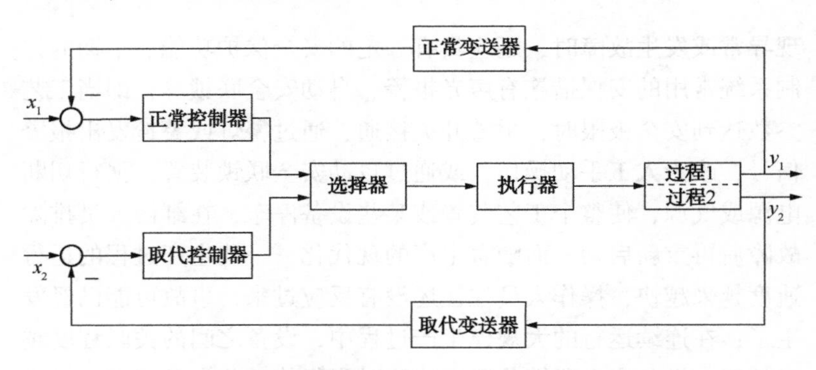

图 5-29　对控制器输出信号进行选择的控制系统图

从方框图中可以看出，这类选择性控制系统包含取代控制器和正常控制器两个控制器，两者的输出信号都送至选择器，通过选择器选择后，控制一个公用的执行器。在生产正常状况下，选择器选出正常控制器的控制信号送到执行器，实现对正常生产的自动控制。当工况不正常时，通过选择器选择，由取代控制器代替正常控制器工作，实现对非正常生产过程的自动控制。一旦生产状况恢复正常，再通过选择器进行自动切换，仍由正常控制器来控制生产过程的正常运行。由于结构简单，这类选择性控制系统在工业生产过程中得到了广泛的应用。

图 5-30 是锅炉蒸汽压力与燃气压力选择性控制系统的一个实例，其中燃料为天然气或其他燃料气。在锅炉运行过程中，蒸汽负荷随用户的需要而变化。在正常工况下，用调节燃料量的方法来实现蒸汽压力的控制。但燃料阀阀后压力过高，会产生脱火现象，可能造成生产事故；燃料阀阀后压力过低，则可能出现熄火事故。如果采用图 5-30 所示的蒸汽压力与燃气压力选择性控制系统，则就能避免脱火和熄火事故的发生。

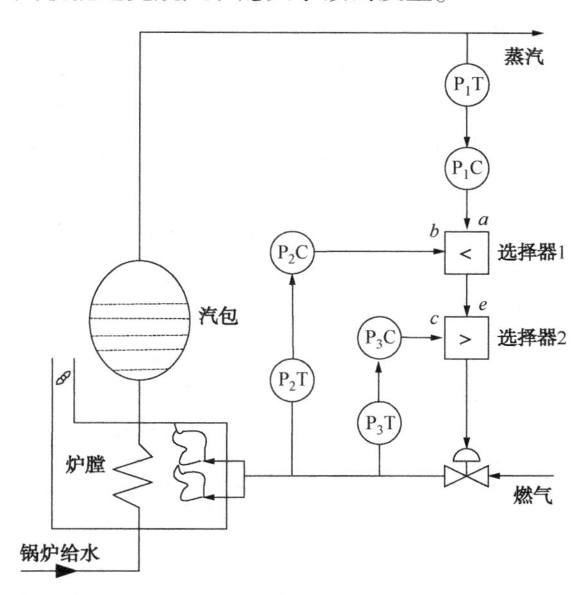

图 5-30　锅炉蒸汽压力与燃气压力选择性控制系统

图中燃气控制阀为气开式，P_1C 是蒸汽压力控制器，是正常情况下工作时使用的控制器，其输出信号用 a 表示；P_2C 是燃气压力控制器，是燃气压力过高时(非正常工况)使用的控制器，其输出信号用 b 表示；P_3C 是燃气压力过低时(非正常工况)使用的控制器，其输出信号用 c 表示；控制器 P_1C、P_2C、P_3C 都为反作用方向。选择器 1 为低选工作方式，即从两个输入信号(控制器 P_1C、P_2C 的输出)a、b 中选最小值作为输出信号 e 送到选择器 2 中；选择器 2 为高选工作方式，即从两个输入信号(控制器 P_3C 和选择器 1 的输出) c、e 中选最大值作为输出信号去控制燃气控制阀的开度。

在正常情况下，蒸汽压力控制器 P_1C 的输出信号 a 小于燃气压力控制器 P_2C 的输出信号 b，(低值)选择器 1 选择蒸汽压力控制器 P_1C 的输出信号 a 作为输出 e 送到选择器 2，此时选择器 1 的输出 $e=a>c$，选择器 2 从两个输入信号 e、c 中选最大值 e(蒸汽压力控制器 P_1C 的输出信号 a)作为输出，去调节燃气控制阀的开度，这种情况下的选择性控制系统相当于一个以锅炉蒸汽压力为被控变量、以燃气流量为操纵变量的简单控制系统。

当蒸汽压力大幅度降低或长时间低于给定值时，控制器 P_1C 的输出信号 a 增大，控制阀的开度也随之增大，导致燃气阀后的压力增大，使燃气压力控制器(反作用) P_2C、P_3C 的输出信号 b、c 减小。当 P_1C 的输出信号 a 大于燃气压力控制器 P_2C 的输出信号 b 时，控制器(低值)选择器 1 选择燃气压力控制器 P_2C 的输出信号 b 作为输出 e，送到选择器 2，选择器 2 从两个输入信号(控制器 P_3C 和选择器 1 的输出) c、e 中选最大值 e(燃气压力控制器 P_2C 的输出信号 b)作为输出，去调节燃料控制阀，减小开度，使控制阀阀后压力下降，避免脱火事故的发生，起到自动保护的作用。当蒸汽压力上升，工况恢复正常，$a<b$ 时，选择器 1 自动切换，蒸汽压力控制器 P_1C 又自动投入运行。

当蒸汽压力大幅度升高或长时间高于给定值时，控制器 P_1C 的输出信号 a 减小，控制阀的开度也随之减小，导致燃气阀后的压力降低，使燃气压力控制器(反作用) P_2C、P_3C 的输出信号 b、c 增大。此时 P_1C 的输出信号 a 小于燃气压力控制器 P_2C 的输出信号 b，控制器(低值)选择器 1 选择 P_1C 的输出信号 a 作为输出 e，送到选择器 2，选择器 2 从两个输入信号(控制器 P_3C 和选择器 1 的输出) c、e 中选最大值 e(燃气压力控制器 P_3C 的输出信号 c)作为输出，去调节燃料控制阀，增大开度，使控制阀阀后压力上升，以免控制阀阀后压力过低，导致熄火事故的发生，起到自动保护的作用。当蒸汽压力下降，工况恢复正常，$a>e$ 时，选择器 2 自动切换，蒸汽压力控制器 P_1C 又自动投入运行，使锅炉系统恢复到正常工作状态。

2. 对变送器输出信号进行选择的系统

这类系统的选择器装在控制器之前、变送器之前，对变送器的输出信号进行选择，如图 5-31 所示。该系统至少有两个以上的变送器，其输出信号均送入选择器，选择器输出一个信号到控制器。

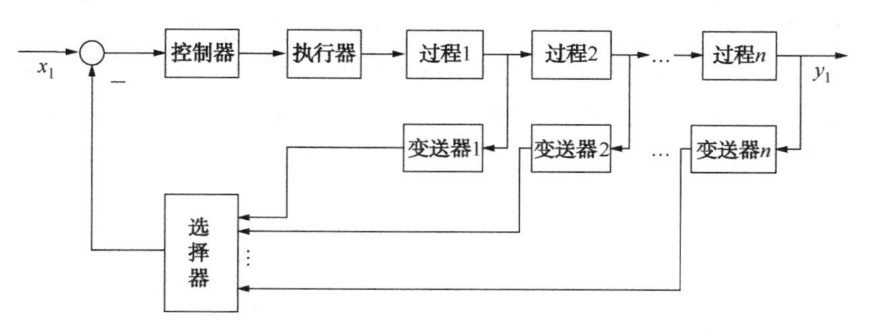

图 5-31　对变送器输出信号进行选择的控制系统框图

对变送器输出信号进行选择的系统在化工生产中已得到了实际应用，如在固定床反应器内装有固定的催化剂层，为了防止反应器温度过高而烧坏催化剂，在反应器内的固定催化剂层内的不同位置安装温度传感器，各个温度传感器的检测信号一起送到高值选择器，选出最高的温度信号进行控制，以防止反应器催化剂层温度过高，保护催化剂层的安全。

六、分程控制系统

1. 分程的含义

在一般的控制系统中，通常是一台控制器的输出信号只控制一个控制阀。但在某些工艺过程中，需要由一台控制器的输出同时去控制两台或两台以上的控制阀的开度，以使每个控制阀在控制器输出的某段信号范围内作全程动作，这种控制系统通常称为分程控制系统。分程一般由附设在控制阀上的阀门定位器来实现。

在如图 5-32 所示的分程控制系统中，采用了两台分程控制阀 A 和 B。若要求 A 阀在 0.02～0.06MPa 信号范围内作全程动作(即由全关到全开或由全开到全关)，B 阀在 0.06～0.1MPa 信号范围内作全程动作，则可以对附设在控制阀 A、B 上的阀门定位器进行调整，使控制阀 A 在 0.02～0.06MPa 的输入信号下走完全行程，阀 B 在 0.06～0.1MPa 的输入信号下走完全行程。这样，当控制器输出信号在小于 0.06MPa 范围内变化时，就只有控制阀 A 随着信号压力的变化改变自己的开度，而控制阀 B 则处于某个极限位置(全开或全关)，其开度不变。当控制器输出信号在 0.06～0.1MPa 范围内变化时，控制阀 A 因已移动到极限位置开度不再变化，控制阀 B 的开度却随着信号大小的变化而变化。

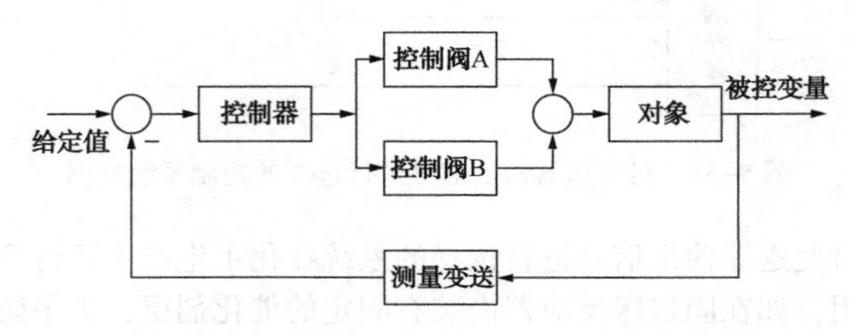

图 5-32　分程控制系统方框图

就控制阀的动作方向而言，分程控制系统可以分为两类，一类是两个控制阀同向动作，即两控制阀都随着控制器输出信号的增大或减小同向动作，其过程如图 5-33(a)、(b)所示，其中图(a)为气开阀的情况，图(b)为气关阀的情况；另一类是两个控制阀异向动作，即随着控制器输出信号的增大或减小，一个控制阀开大，另一个控制阀则关小，如图 5-33(c)、(d)所示。

分程阀同向或异向动作的选择必须根据生产工艺的实际要求来确定。

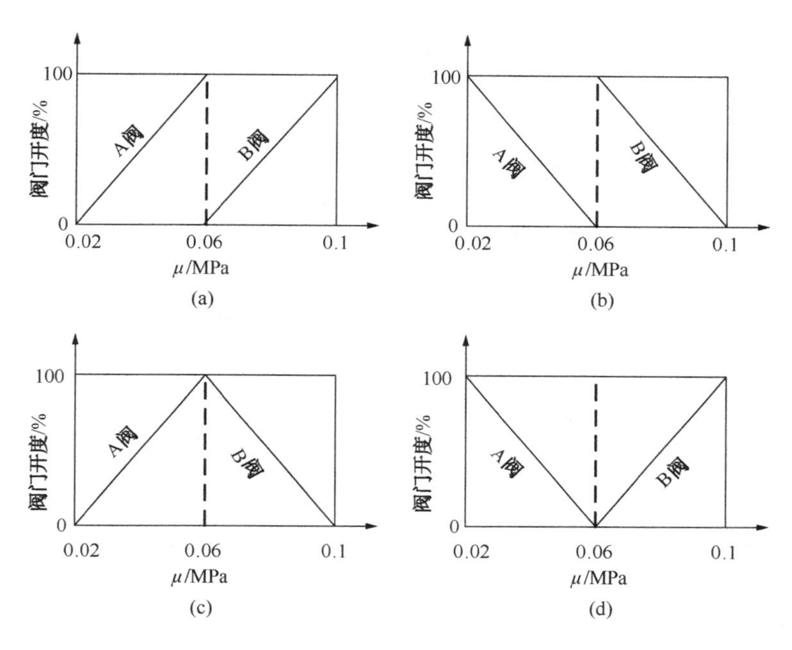

图 5-33　两个阀门的分程控制特性

2. 分程控制的应用实例

(1) 用于扩大控制阀可调范围的分程控制系统

图 5-34 为某蒸汽压力减压系统。锅炉产汽压力为 10MPa，是高压蒸汽，而生产上需要的是压力平稳的 4MPa 中压蒸汽。为此，需要通过节流减压的方法将 10MPa 的高压蒸汽节流减压成 4MPa 中压蒸汽。在选择控制阀口径时，为了适应大负荷下蒸汽供应量的需要，控制阀的口径就要选择得很大，然而，在正常情况下，蒸汽量却不需要这么多，这就要将阀关小。也就是说，正常情况下控制阀只在小开度下工作。而大口径阀门在小开度下工作时，除了阀特性会发生畸变外，还容易产生噪声和振荡，这样会使控制效果变差，控制质量降低。为解决这一问题，可采用分程控制方案，构成图 5-34 所示的分程控制系统。

在该分程控制方案中采用了 A、B 两台控制阀(假设根据工

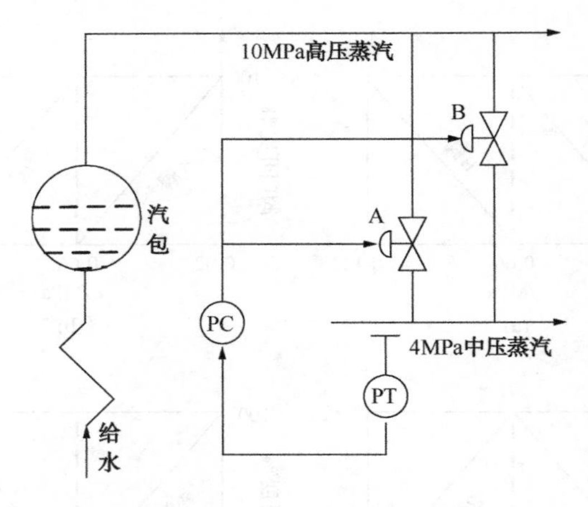

图 5-34　锅炉蒸汽减压系统分程控制

艺要求均选气开阀)，其中 A 阀在控制器输出压力为 0.02～0.06MPa 时，从全关到全开，B 阀在控制器输出压力为 0.06～0.1MPa 时，从全关到全开。这样在正常情况下，即小负荷时，B 阀处于关闭状态，只通过 A 阀开度的变化来进行控制；当大负荷时，A 阀已全开仍满足不了蒸汽量的需要，中压管线的压力仍达不到给定值，于是当压力控制器 PC 输出继续增加，超过了 0.06MPa 时，B 阀便逐渐打开，以弥补蒸汽供应量的不足。

(2) 用于控制两种不同的介质以满足工艺操作上特殊要求的分程控制系统

在图 5-35 所示的间歇式生产的化学反应过程中，当反应物料投入设备后，为了使其达到反应温度，在反应开始前，需要给它提供热量。一旦达到反应温度后，就会随着化学反应的进行不断释放热量，这些放出的热量如不及时移走，反应就会越来越剧烈，以致有爆炸的危险。因此，对这种间歇式化学反应器，既要考虑反应前的加热问题，还需要考虑过程中移走热量的问题，为此可采用分程控制系统。

在该系统中，利用 A、B 两台控制阀，分别控制冷水与蒸汽

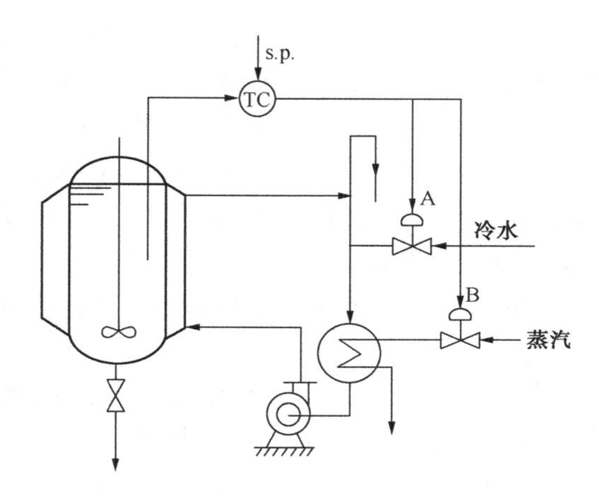

图 5-35　可歇式反应器温度分程控制系统

两种不同介质，以满足工艺上冷却和加热的不同需要。

图 5-35 中温度控制器 TC 选择为反作用方向，冷水控制阀 A 选为气关式，蒸汽控制阀 B 选为气开式，两阀的分程情况如图 5-36 所示。

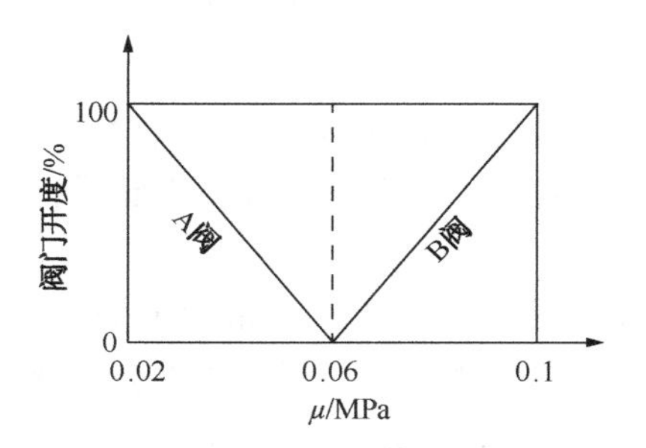

图 5-36　间歇式反应器的分程控制特性

系统是这样进行工作的，在进行化学反应前的升温阶段，由于温度测量值小于给定值，控制器 TC 输出较大（大于 0.06MPa），因此，A 阀将关闭，B 阀被打开，此时蒸汽通入热交换器使循环水被加热，循环热水再通入反应器夹套为反应物加热，以便使反应物温度慢慢升高；当反应物温度达到反应温度时，化学反应开始，于是就有热量释放出来，反应物的温度逐渐升高。由于控制器 TC 是反作用方向的，因此随着反应物温度的升高，控制器的输出将逐渐减小，与此同时，B 阀将逐渐关闭，待控制器的输出小于 0.06MPa 以后，B 阀全关，A 阀则逐渐打开，这时，反应器夹套中流过的将不再是热水而是冷水，这样一来，反应所产生的热量就不断为冷水所带走，从而达到维持反应温度不变的目的。

从生产安全的角度考虑，本方案中选择蒸汽控制阀为气开式，冷水控制阀为气关式，因为一旦出现供气中断情况，A 阀将处于全开，B 阀将处于全关，这样，就不会因为反应器温度过高而导致生产事故。

(3) 用作安全生产保护措施的分程控制系统

有时分程控制系统也用作安全生产的保护措施。

炼油或石油化工企业中的常用设备储罐是用来存放油品或石油化工产品的，这些油品或石油化工产品不宜与空气长期接触，因为空气中的氧气会使油品氧化而变质，甚至可能引发爆炸事故。

因此，常常在储罐上方充以惰性气体 N_2，以使油品与空气隔绝，通常称为氮封。为了保证空气不进储罐，一般要求氮气压力应保持为微正压。

这里需要考虑的一个问题是，储罐中物料量的增减会导致氮封压力的变化。当抽取物料时，氮封压力会下降，如不及时向储罐中补充 N_2，储罐就有被吸瘪的危险。而当向储罐中打料时，氮封压力又会上升，如不及时排出储罐中的部分 N_2，储罐就可能被鼓破。为了维持氮封压力，可采用如图 5-37(a)所示的分程控制方案。该方案中采用的 A 阀为气关式的，B 阀为气开式的，它们的分程特性如图 5-37(b)所示，压力控制器 PC 为反作用方向的。当储罐压力升高时，压力控制器 PC 的输出降低，B 阀将关闭，而 A 阀将打开，于是通过放空的办法将储罐内的压力降下来。当储罐压力降低时，压力控制器 PC 的输出将变大，此时 A 阀将关闭，而 B 阀将打开，于是 N_2 被补充加入到储罐中，储罐的压力得以提高。

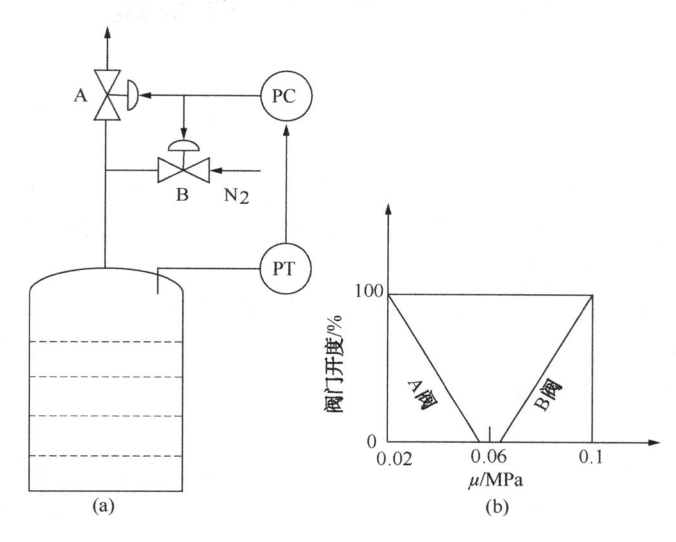

图 5-37　储罐氮封分程控制方案及分程特性图

为了防止储罐中压力在给定值附近变化时 A、B 两阀的频繁动作，可在两阀信号交接处设置一个不灵敏区，如图 5-37(b) 所示。方法是通过阀门定位器的调整，使 A 阀在 0.02～0.058MPa 信号范围内从全开到全关，使 B 阀在 0.62～0.1MPa 信号范围内从全关到全开，而当控制器输出压力在 0.058～0.62MPa 范围内变化时，A、B 两阀都处于全关位置不动。这样做的结果，对于储罐这样一个空间较大，因而时间常数较大且控制精度要求不是很高的具体压力对象来说，是有益的。因为留有这样一个不灵敏区之后，将会使控制过程变化趋于缓慢，系统更为稳定。

第六章　集散控制系统

第一节　概　　述

现代工业日益复杂的控制要求，使得传统常规的仪表已经无法满足。因此，随着计算机技术的发展，出现了计算机控制系统在工业过程控制中的应用。

计算机控制系统就是利用工业控制计算机(简称工业控制机)来实现生产过程自动化的系统。图 6-1 所示为计算机控制系统的框图，与常规仪表控制系统不同的是：模拟控制器换成了计算机；在计算机控制系统中，控制器的输入、输出均为数字信号，而常规仪表控制系统所采用的是连续信号。因此，在计算机控制系统中要加入 A/D 与 D/A 环节，来匹配系统中的模拟仪表。

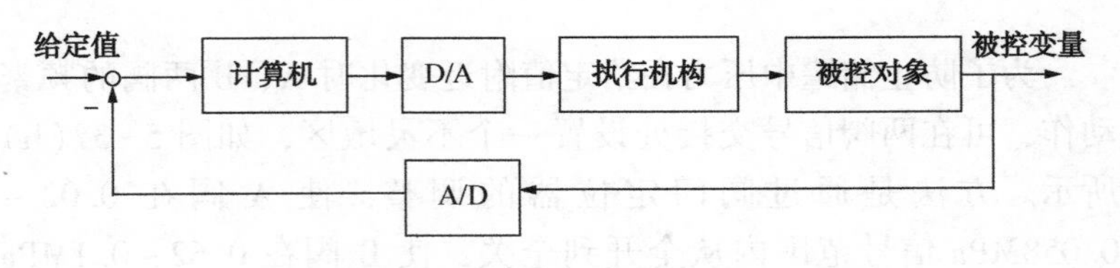

图 6-1　计算机控制系统框图

计算机在控制系统中的应用形式随着相关信息技术的发展在不断变化，一般将其分为以下几种类型：数据采集和数据处理系统、直接数字控制系统、监督控制系统、集散控制系统以及现场总线控制系统。其中集散控制系统在石油化工中有广泛的应用。

集散控制系统是以微处理器为基础的、综合 3C(计算机、控制、通信)技术的集中分散型控制系统。自从美国 Honeywell 公司于 1975 年推出世界上第一套集散控制系统 TDC-2000 以来，集散控制系统已经在工业控制领域得到了广泛的应用。集散控制系统自诞生以来，在短短的 30 多年时间里已经发展到第四代。第四代集散控制系统的典型产品有：Honeywell 公司的 TPS，横河公司的 CENTUM-CS，西门子公司的 SIMATIC PCS7，Foxboro 公司的 A2 等等。

第二节　集散控制系统的体系结构

不同公司生产的系统在硬件、软件、操作过程上会有不同，但其体系结构具有相同或相似的部分。按功能划分，集散控制系统通常分为四个级别：现场控制级、过程控制级、过程管理级、全厂优化和经营管理级。对应每一级，有相应的通信网络连接，然后不同级别之间也通过通信网络连接，使系统各个部分可以进行互通互联。集散控制系统的典型结构如图 6-2 所示。

一、现场控制级

现场控制级的设备主要有各类传感器、变送器、执行器等。这些设备一般位于被控生产设备附近，直接面对生产过程。现场控制级的信息传递有三种方式，一种是传统的 4～20mA DC 模拟量传输方式；另一种是现场总线的全数字量传输方式；还有一种是在 4～20mA DC 模拟信号上，叠加上调制后的数字量信号的混合传输方式。

现场控制级的功能主要有以下几方面：

① 完成过程数据采集与处理；

② 直接输出操作命令、实现分散控制；

③ 完成与过程控制级设备的数据通信；

④ 完成对现场控制级智能设备的监测、诊断和组态等。

二、过程控制级

过程控制级主要由过程控制站、数据采集站和现场总线接口等构成。过程控制站接收现场控制级设备送来的信号，按照预先确定的控制规律进行运算，并将运算结果作为控制信号，送回现场的执行器中去。

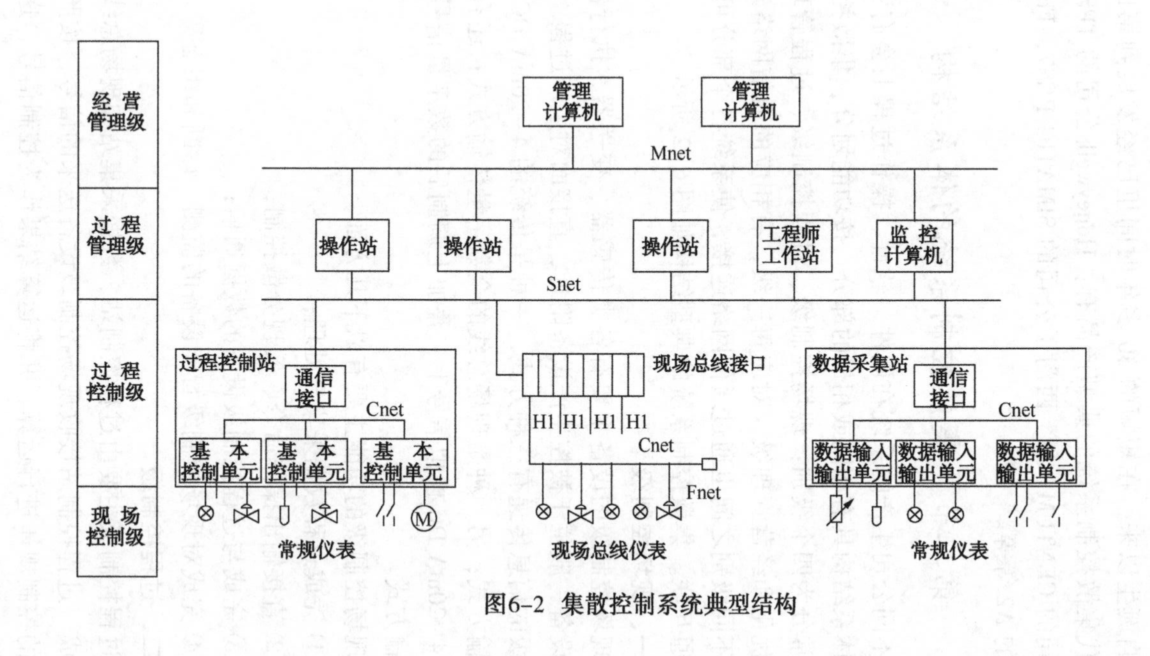

图6-2　集散控制系统典型结构

过程控制级的主要功能表现如下：

① 采集过程数据，进行数据转换与处理；

② 对生产过程进行监测和控制，输出控制信号，实现反馈控制、逻辑控制、顺序控制和批量控制功能；

③ 现场设备及 I/O 卡件的自诊断；

④ 与过程管理级进行数据通信。

三、过程管理级

过程管理级的主要设备有操作站、工程师站和监控计算机等。

操作站是操作人员与系统进行人机交互的设备，是 DCS 的核心显示、操作和管理装置。操作员可以通过操作站及时了解现场的各种状况，完成监视和控制任务。另外，它还可以打印各种报表，系统运行状态信息和报警信息，复制屏幕上的各种画面和曲线。

工程师站是为了控制工程师对 DCS 进行配置、组态、调试、维护所设置的工作站。工程师站的另一个作用是对各种设计文件进行归类和管理，形成各种设计、组态文件，如各种图样、表格等。

一个 DCS 中操作员站的数量需要根据具体情况配置，而工程师站可以只有一个，甚至可以用一个操作员站代替。

监控计算机的主要任务是实现对生产过程的监督控制，如机组运行优化和性能计算，先进控制策略的实现等。

四、全厂优化和经营管理级

全厂优化和经营管理级的设备可能是厂级管理计算机，也可能是若干个生产装置的管理计算机。全厂优化和经营管理级位于工厂自动化系统的最高级，只有大规模的集散控制系统才具备这一级。它的管理范围广，可以说是涉及企业运行的各个方面，面对的对象通常为有一定级别的行政管理或运行管理人员。其功能有很多，其中主要功能有：

① 监视企业各部门的运行情况；

② 实时监控承担全厂性能监视、运行优化、全厂负荷分配和日常运行管理等任务；

③ 日常管理承担全厂的管理决策、计划管理、行政管理等任务。

上述体系结构分为四层，各层具有自己的功能。但是对于某一具体系统，并不是四层功能都具备，要具体系统具体分析。

第三节　操作站的硬件构成与功能

集散控制系统一般是由现场控制站、工程师站、操作员站和过程控制网络等组成，如图 6-3 所示 JX-300XP 系统结构。

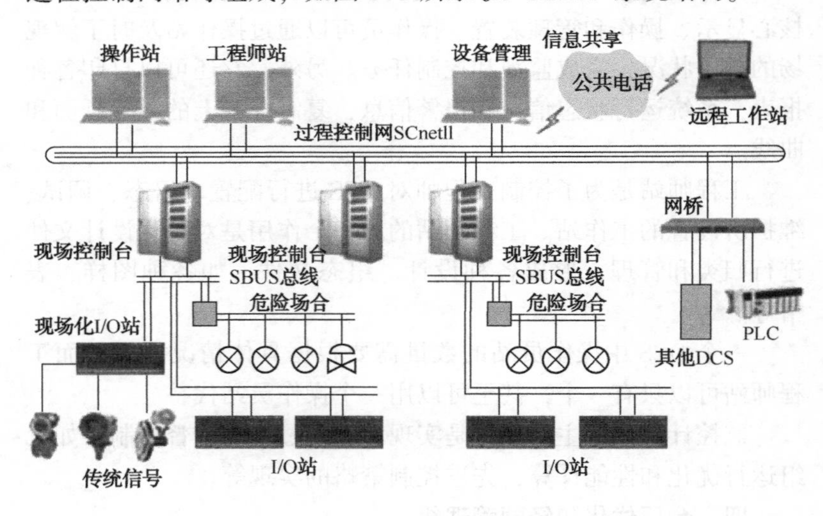

图 6-3　浙大中控 JX-300XP 系统结构示意图

其中现场控制站实现实时控制、直接与工业现场进行信息交互，是实现对物理位置、控制功能都相对分散的现场生产过程进行控制的主要硬件设备；工程师站是工程师的组态、监视和维护平台；操作员站是操作人员完成过程监控管理任务的人机界面；过程控制网络把控制站、操作站、通信接口单元等硬件设备连接起来，构成一个完整的分布式控制系统，实现系统各节点间相互通信的网络。本节主要介绍操作站的硬件构成与功能。

一、操作站的硬件

操作站的硬件基本组成包括：工控 PC 机、彩色显示器、鼠标、键盘、专用网卡、专用操作员键盘、操作台、打印机等。工程师站硬件配置与操作站基本一致，它们的区别在于系统软件的配置不同，工程师站除了安装有操作、监视等基本功能的软件外，还装有相应的系统组态、维护等工程师应用的工具软件。

二、操作站的功能

一个 DCS 中可以设置一个或多个操作站，而且，一般这些操作站是互相冗余的。通常 DCS 操作站的功能有画面监控、系统操作支持、数据收集和处理、开放数据接口及系统维护等。其中与操作员关系最密切的是画面监控功能。画面监控以生产过程的日常监视与控制操作为主，通过一系列预先建立的操作画面，实现对生产过程的运行、操作、监视、控制、报表等运作。

1. 画面显示

操作站画面显示分为标准画面显示与用户自定义画面显示两大类。标准画面显示是 DCS 生产厂家的工程师和相关操作人员根据多年的经验在系统中设定的显示功能。例如，总貌画面显示、趋势画面显示、控制分组画面显示等。用户自定义画面显示是那些与用户特定应用有关的画面。这些画面由用户根据需要，通过 DCS 系统提供的功能库设置生成。

(1) 标准画面显示

DCS 生产厂家有很多，不同厂家的产品其标准画面显示会有区别，但大多数会提供如下标准画面显示。

① 总貌画面显示。总貌画面是通过对实时数据库中某一区域或区域中某个单元中的所有点的信息的集中显示。可以通过脚本程序实现一个总貌对象显示全部区域中的所有数据。操作员可以在总貌画面下切换到任一组欲查看的画面。

② 控制分组画面显示。控制分组画面通常每页显示 8 个位号仪表，每个位号仪表通常包含位号名、模拟量、闭环回路、顺

序控制器、手动/自动控制等信息。对应于这些信息，操作员可以进行给定值设置、控制切换(包括自动、手动、串级)、手动方式下输出给定、控制开关的启停、显示详细信息等一系列的操作。

③ 趋势画面显示。DCS 的一个重要特点是其可以存储各种过程参数，并可以曲线的形式反映这些参数的变化状态。通常趋势画面有两种，一种是实时趋势画面显示，即周期性地从数据库中取出当前的值，并画出曲线。系统通常每点记录 100～300 点左右，这些点以一个循环存储区的形式存在内存中，并周期更新，刷新时间比较短。实时趋势画面通常用来观察某些点的近期变化情况，在控制调节时更为有用。

另一种是历史趋势画面显示，该画面是把系统长期记录保存的数据以曲线的形式显示。这些数据一方面通过历史趋势画面显示，供给操作员查看，也可以用来进行一些管理运算和报表制作。运行状态下可以在实时趋势与历史趋势画面间自由切换。

④ 数据一览画面显示。数据一览画面根据组态信息和工艺运行情况，动态更新每个位号的实时数据值。数据一览画面最多可以显示 32 个(不同产品数目有不同)位号信息，包括序号、位号、描述、数值和单位共五项信息。序号项即组态一览画面时引用位号的先后顺序，位号项即相应的位号名称，描述项显示位号的实时数据，单位项即该位号数值的单位。

⑤ 报警一览画面显示。DCS 系统对系统运行期间出现的紧急报警都会立即做出反应，并在操作站画面上显示。报警的显示形式有很多，这里介绍报警一览画面。报警一览画面用于显示系统所有的报警信息，根据组态信息和工艺运行情况动态查找新产生的报警并显示符合条件的报警信息。该画面上有相应的按钮，可以进行报警追忆、实时报警显示、报警属性设置、报警确认、销警、报警历史记录备份、打印等一系列有关报警操作。

(2) 自定义画面显示

自定义画面是用户根据现场的情况与显示要求，用系统生成自己特定的与应用有关的画面显示。其中流程图就是一个与应用密切相关的显示画面。流程图画面是工艺过程在实时监控画面上的仿真，由用户在组态软件中绘制。它是装置过程的全动态模拟流程图，操作员可以很方便地通过该图直观地监视、操作和控制工厂或生产过程，达到监控整个生产的目的。操作员大部分的过程监视和控制操作都可以在流程图画面上完成。

流程图画面可以显示静态图形和动态数据、开关量、命令按钮、趋势图、动态液位以及图形的移动、旋转、显示/隐藏、闪烁、比例填充等动态特性。

2. 操作功能

操作站具有人机交互功能，用来管理系统的正常运行。这些操作都与画面结合，可借助功能键来完成。常见的操作有如下几种：

① 功能键定义。操作键盘上有若干个功能键供用户定义，一旦定义完成，按下该键即可完成预先指定的功能。这里的操作键盘指的是 DCS 专用的操作员键盘。

② 画面切换操作。操作员在进行监控操作时需要查看不同的监控画面，就需要用到画面切换操作。通过图标、菜单或按钮可以很方便地在不同的画面间自由切换。

③ 数据设置操作。在系统启动、运行、停车过程中，常常需要操作人员对系统初始参数、回路给定值、控制开关等进行赋值操作以保证生产过程符合工艺要求。这些赋值操作，只有某一操作员具有足够的权限，就可以利用鼠标和操作员键盘在监控画面中完成。

④ 报警操作。操作员对操作画面上以各种形式出现的报警信息进行报警确认等处理。

⑤ 系统操作。系统操作主要指报表的浏览打印、趋势画面浏览操作、故障诊断画面操作以及系统管理操作。

第四节　实时监控操作举例

操作站功能的实现，需要实时监控软件的运行。实时监控软件是控制系统的上位机监控软件，通过鼠标和操作员键盘的配合使用，可以方便地完成各种监控操作。实时监控软件的运行界面是操作人员监控生产过程的工作平台。在这个平台上，操作人员通过各种监控画面监视工艺对象的数据变化情况，发出各种操作指令来干预生产过程，从而保证生产系统正常运行。熟悉各种监控画面，掌握正确的操作方法，有利于及时解决生产过程中出现的问题，保证系统的稳定运行。

本节以浙大中控的JX-300XP系统的监控操作为例，介绍监控操作的内容。

一、监控操作注意事项

为了保证DCS的稳定和生产的安全，在监控操作中应注意以下事项：

① 在第一次启动实时监控软件前完成用户授权设置；

② 操作人员上岗前须经过正规操作培训；

③ 在运行实时监控软件之前，如果系统剩余内存资源已不足50%，建议重新启动计算机(重新启动Windows不能恢复丢失的内存资源)后再运行实时监控软件；

④ 在运行实时监控软件时，不要同时运行其他的软件(特别是大型软件)，以免其他软件占用太多的内存资源；

⑤ 不要进行频繁的画面翻页操作(连续翻页超过10s)。

二、启动实时监控软件

正确启动实时监控软件是实现监控操作的前提。由于组态时为各操作小组配置的监控画面及采用的网络策略不同，启动时一定要正确选择。

实时监控软件启动操作步骤如下：

① 双击快捷图标【实时监控】(或是点击【开始】/【程序】中的“实时监控”命令)，弹出实时监控软件启动的“组态文件”对话

框，如图 6-4 所示。

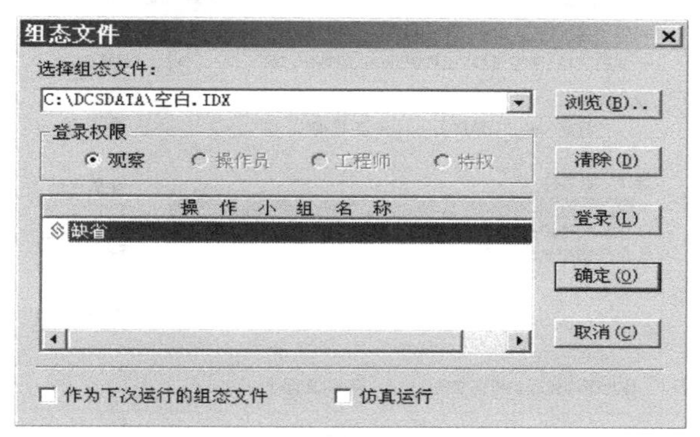

图 6-4　实时监控软件启动对话框

a. 在“选择组态文件”中通过下拉列表框选择需要查看的组态索引文件，可通过“浏览”按钮查找新的组态文件。

b. 登录权限：选择登录的级别。本例选“工程师”级别登录。

c. 作为下次运行的组态文件：选中此选项后，下次系统启动时自动运行实时监控软件，并以本次设定的所有选项作为缺省设置，直接启动监控画面。

d. 仿真运行：在未与控制站相连时，可选择此选项，以便观察组态效果。

② 点击“浏览”命令，弹出组态文件查询对话框，选择要打开的组态索引文件（扩展名为 .IDX，保存在组态文件夹的 Run 子文件夹下），点击“打开”返回到图 6-4 所示的界面。

③ 点击“登录”按钮，弹出登录对话框，如图 6-5 所示。

④ 在操作小组名称列表中选择“工程师小组”，点击“确定”，弹出选择网络策略对话框，网络策略确定了登录操作小组所用数据的来源。选择工程师的网络策略，点击“确定”进入实时监控画面。

监控软件界面分为标题栏、工具栏、报警信息栏、光字牌、综合信息栏和主画面，如图 6-6 所示。

a. 标题栏：显示当前监控画面名称。

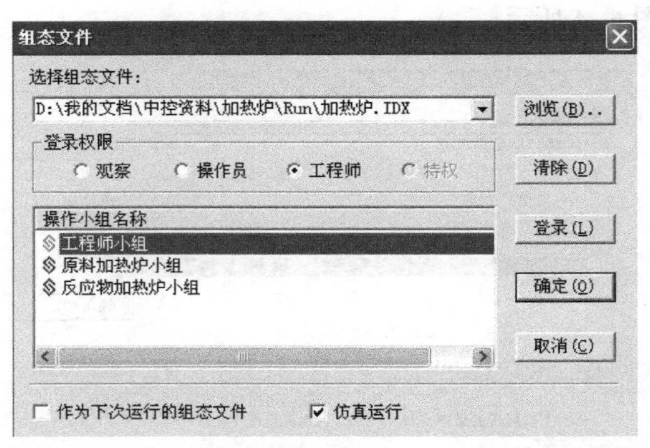

图 6-5　组态登录

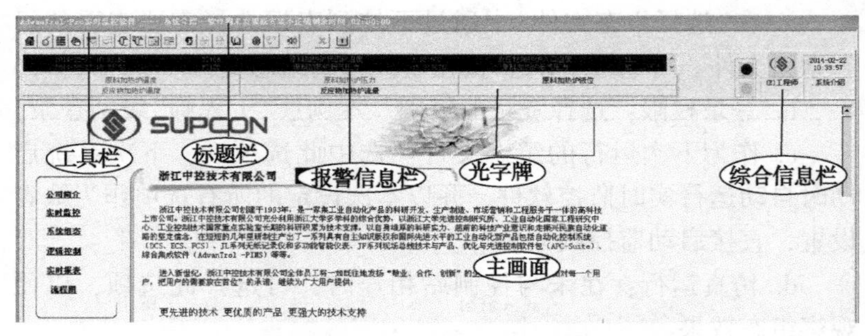

图 6-6　实时监控界面

b. 工具栏：放置操作工具图标。监控画面中有 24 个形象直观的操作工具图标，如图 6-7 所示，这些图标基本包括了监控软件的所有总体功能。

图 6-7　操作工具栏图标

c. 报警信息栏：滚动显示最近产生正在报警的 32 条报警信息，报警信息根据产生的时间依次排列，第一条报警信息是最新产生的报警信息。每条报警信息显示：报警时间、位号名称、位号描述、当前值、报警描述和报警类型。

d. 光字牌：光字牌用于显示光字牌所表示的数据区的报警信息，单击光字牌按钮，可弹出该光字牌所表示的数据区报警信息。

e. 综合信息栏：显示系统标志、系统时间、当前登录用户和权限、当前画面名称、系统报警指示灯、工作状态指示灯等信息，如图 6-8 所示。

图 6-8　综合信息栏

f. 主画面：显示监控画面，主画面可显示的画面如表 6-1 所示。

表 6-1　监控画面信息

画面名称	页数	显示	功　　能	操作
系统总貌	160	32 块	显示内部仪表、检测点等的数据和状态或标准操作画面	画面展开
控制分组	320	8 点	显示内部仪表、检测点、SC 语言数据和状态	参数和状态修改
调整画面	不定	1 点	显示一个内部仪表的所有参数和调整趋势图	参数和状态修改、显示方式变更
趋势图	640	8 点	显示 8 点信号的趋势图和数据	显示方式变更、历史数据查询
流程图	640		流程图画面和动态数据、棒状图、开关信号、动态液位、趋势图等动态信息	画面浏览、仪表操作
报警一览	1	1000 点	按发生顺序显示 1000 个报警信息	报警确认
数据一览	160	32 点	显示 32 个数据、文字、颜色等	画面展开

三、画面操作

实时监控操作可分为三种类型的操作，即：监控画面切换操作、设置参数操作和系统检查操作。

1. 监控画面切换操作

监控画面的切换操作非常简单，下面分几种情况介绍切换画面的方法：

（1）不同类型画面间的切换

① 从某一类型画面（如调整画面）切换到另一类型画面（如总貌画面）时，只要点击目标画面的图标 即可。

② 若在组态时已将总貌画面组态为索引画面，则可在总貌画面中点击目标信息块切换到目标画面。如图 6-9 中要求通过索引画面打开流程图、控制分组画面以及数据一览等画面。打开的数据一览画面如图 6-10 所示。双击位号可进入该位号的调整画面。

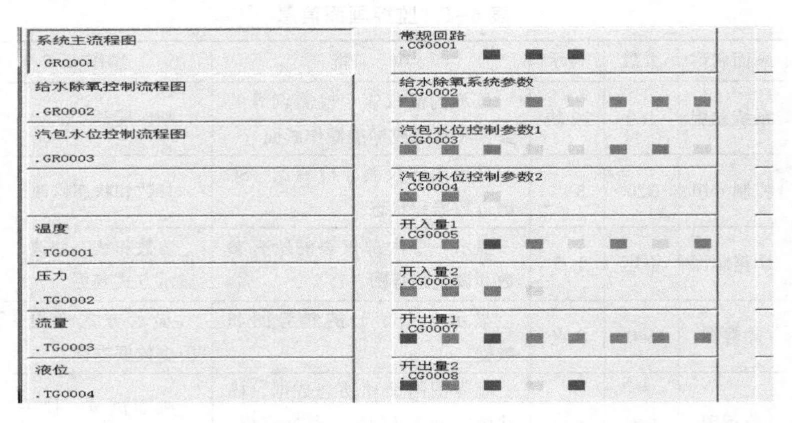

图 6-9　索引画面

③ 右击翻页图标 ，从下拉菜单中选择目标画面。

（2）同一类型画面间的切换

数据一览1

序号	位号	描述	数值	单位	序号	位号	描述	数值	单位
1	TIT-1	给水温度	[illegible]	℃	17	PT-7	主蒸汽压力	[illegible]	MPa
2	TIT-2	除氧器温度	[illegible]	℃	18	PT-8	炉膛负压	6.227	Pa
3	TIT-3	汽包蒸汽温度	[illegible]	℃	19	FT-1	给水流量	[illegible]	M3/h
4	TIT-4	主汽温度	[illegible]	℃	20	FT-2	锅炉蒸汽流量	29.985	M3/h
5	TIT-6	排烟温度	[illegible]	℃	21	FT-3	[illegible]	29.473	M3/h
6	TIT-5	炉膛口温度	[illegible]	℃	22	FT-4	送风量	[illegible]	M3/h
7	LT-1	给水箱液位	[illegible]	mm	23				
8	LT-2	除氧器液位	[illegible]	mm	24				
9	LT-3	汽包液位	40.049	mm	25				
10	OXY	烟气含氧量	1.031	%	26				
11	PT-1	给水压力	0.477	MPa	27				
12	PT-2	除氧器入口压力	[illegible]	MPa	28				
13	PT-3	除氧器出口压力	[illegible]	MPa	29				
14	PT-4	过滤器入口压力	[illegible]	MPa	30				
15	PT-5	过滤器出口压力	[illegible]	MPa	31				
16	PT-6	汽包蒸汽压力	[illegible]	MPa	32				

图 6-10　数据一览画面

① 用前页图标和后页图标进行同一类型画面间的翻页。

② 左击翻页图标，从下拉菜单中选择目标画面。

(3) 流程图中画面的切换

在流程图组态过程中，可以将命令按钮定义成普通翻页按钮或是特殊翻页按钮。若定义为普通翻页按钮，在流程图监控画面中点击此按钮可以将监控画面切换到指定画面；若定义为特殊翻页按钮，在流程图监控画面中点击此按钮将弹出下拉列表，可以从列表中选择要切换的目标画面。

如图 6-11 所示，流程图最下面两行为流程图画面切换按钮，在每个按钮上都标记有流程图画面名称，点击某一按钮，可切换到对应的流程图画面。

右键点击动态数据框或动态开关，点击某一菜单对象，可弹出对应的内部仪表，点击位号可弹出调整画面。

(4) 操作员键盘操作切换画面

在操作员键盘上有与实时监控画面功能图标对应的功能按键，点击这些按键可实现相应的画面切换功能。

若将操作员键盘上的自定义键定义为翻页键，则可利用这些键实现画面切换。

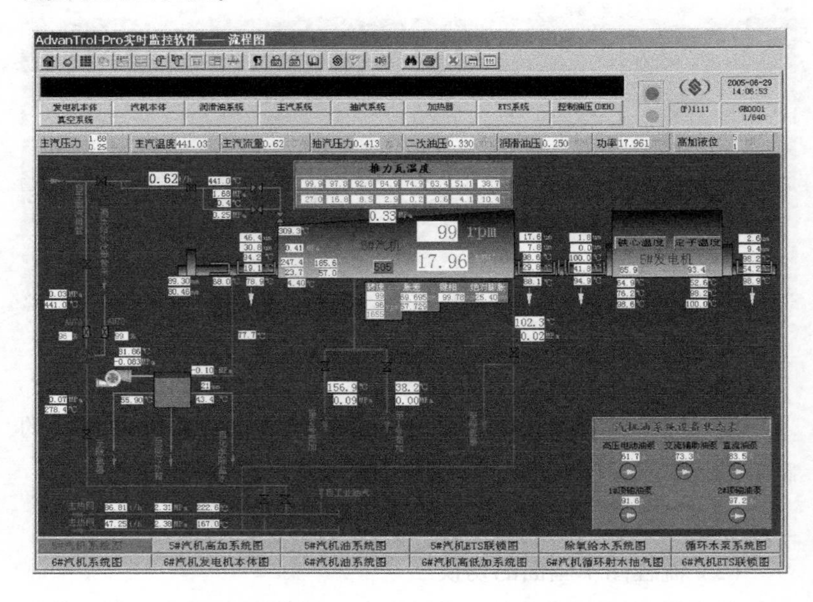

图 6-11 流程图画面

2. 参数设置操作

在系统启动、运行、停车过程中，常常需要操作人员对系统初始参数、回路给定值、控制开关等进行赋值操作以保证生产过程符合工艺要求。这些赋值操作大多是利用鼠标和操作员键盘在监控画面中完成的。常见的参数设置操作方法有：

(1) 在调整画面中进行赋值操作

调整画面如图 6-12 所示。调整画面以数值形式显示位号所有信息，如果数据输入框为灰色，表示禁止修改或权限不够，输入框为白底时，可人为修改其中参数。

在权限足够的情况下，在调整画面中可进行的赋值操作有：

① 设置回路参数：若调整画面是回路调整画面，则可在画

面中设置各种回路参数，包括：手/自动切换（ ）、调节器正反作用设置、PID 控制参数修改、回路给定值 SV 设置、手动调节回路阀位输出值 MV。

② 设置自定义变量：若调整画面是自定义变量调整画面，则可在画面中设置变量值。

③ 手工设置模入量：若调整画面是模入量调整画面，则可在画面中手工设置模入量。

（2）在控制分组画面中进行赋值操作

在现场操作时，通常要浏览模拟量、开关量、控制回路的状态，并对其进行设置和相应的操作。控制分组画面主要通过内部仪表的方式显示各个位号及回路的各种信息。

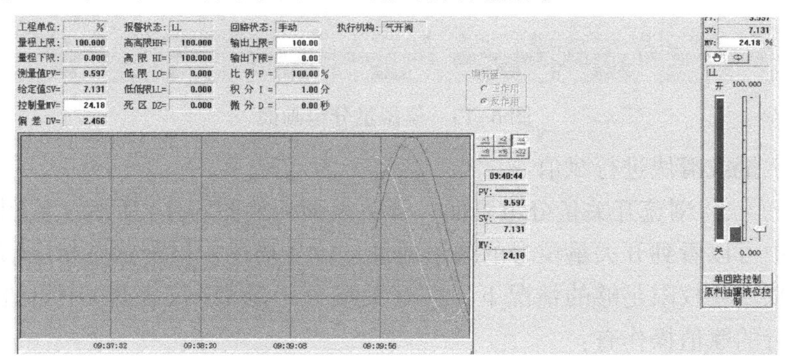

图 6-12 实时监控调整画面

① 浏览模拟量分组画面。“原料加热炉参数”分组画面如图 6-13 所示。从图中可以看到模拟量位号的通道地址、位号描述、报警状态、测量值以及通过棒状态图的方式显示的测量值。点击位号按钮可以进入对应的调整界面。例如图 6-13 中的位号地址 2-0-0-3，就表示测点位置为主控卡地址为 02，数据转发卡地址为 00，I/O 卡件地址为 00，通道地址为 03。

模拟量数字赋值：右击动态数据对象，在弹出的右键菜单中选择“显示仪表”，将弹出内部仪表盘，在仪表盘中可直接用数

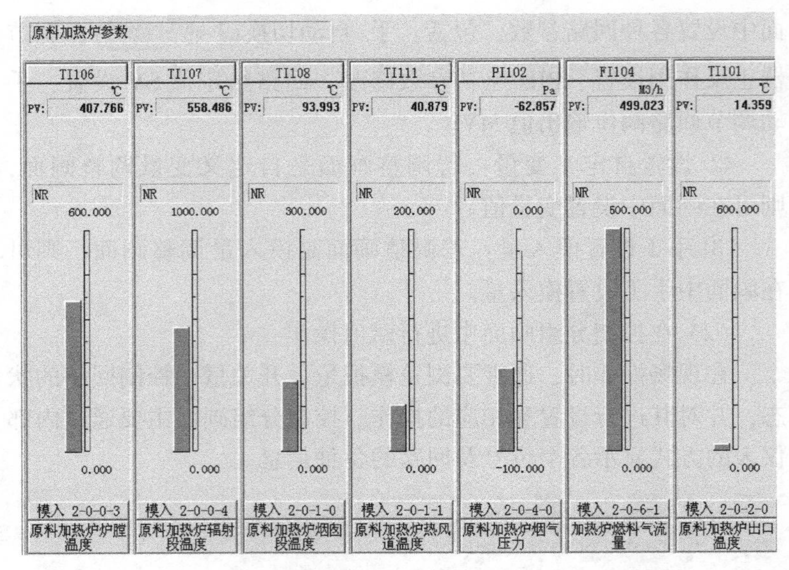

图 6-13　模拟量分组画面

字量或滑块进行赋值。

② 浏览开关量分组画面。开关量画面如图 6-14 所示。从图中可以看到开关量位号的通道地址、位号描述、报警状态相应信息。在权限足够的情况下，在开关量分组画面(仪表盘)中可进行的赋值操作有：

a. 开关量赋值：开关量可在仪表盘中直接赋值。

b. 自定义开关量赋值：自定义开关量可在仪表盘中直接赋值。

③ 浏览控制回路分组画面。在控制回路分组画面中，可以查看当前回路的手动/自动状态、回路仪表的给定值(SV)、输出值(MV)、仪表的描述及报警等信息。内部仪表对应的信息，控制回路分组画面如图 6-15 所示。点击回路位号按钮可以进入对应的调整界面。

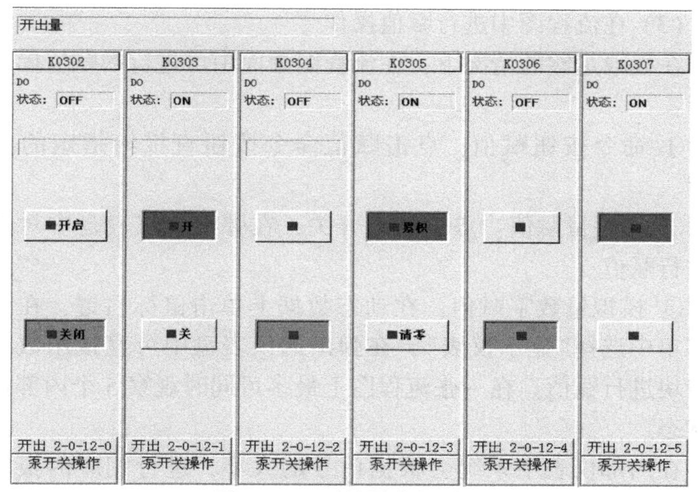

图 6-14　开关量分组画面

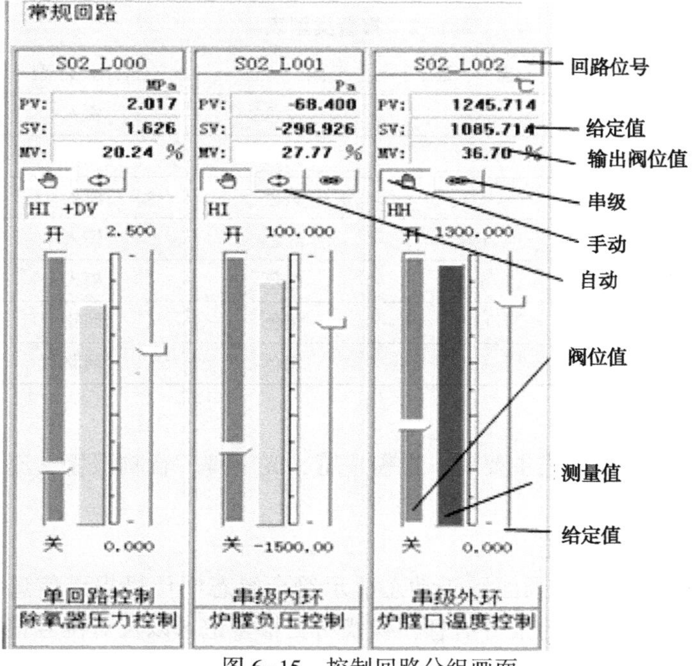

图 6-15　控制回路分组画面

（3）在流程图中进行赋值操作

在权限足够的情况下，在流程图画面中可进行的赋值操作方法有：

① 命令按钮赋值：点击赋值命令按钮直接给指定的参数赋值。

② 开关量赋值：点击动态开关，在弹出的仪表盘中对开关量进行赋值。

③ 模拟量数字赋值：在动态数据上单击鼠标右键，在弹出的菜单中选择“显示仪表”，在弹出的仪表盘中可直接用数字量或滑块进行赋值。在一张流程图上最多可同时观察5个内部仪表的状态。

在内部仪表中系统会根据信号的大小，进行相应的报警提示，可以显示的报警类型如表6-2所示。

表6-2　报警类型表

报警类型	描　述	颜　色	信号类型
正常	NR	绿色	模入
高限	HI	黄色	模入
低限	LO	黄色	模入
高高限	HH	红色	模入
低低限	LL	红色	模入
正偏差	+DV	黄色	回路
负偏差	-DV	黄色	回路

3. 报警操作

报警监控方式主要有：报警一览，光字牌，音响报警，流程图动画报警等。

（1）报警一览

① 报警一览画面用于动态显示符合组态中位号报警信息和工艺情况而产生的报警信息，查找历史报警记录以及对位号报警信息进行确认等。画面中分别显示了报警序号、报警时间、数据

区(组态中定义的报警区缩写标识)、位号名、位号描述、报警内容、优先级、确认时间和消除时间等。在监控软件界面中点击图标可打开报警一览画面，如图 6-16 所示。

② 图标：对在报警一览画面中选中的某条报警信息进行确认，且在确认时间项显示确认时间。功能同工具栏中的图标。点击报警一览工具条中的图标将对当前页内报警信息进行确认。

③ 图标：查找历史报警记录。点击该图标弹出报警追忆对话框，设置希望查看的报警内容和时间，点击“确认”即可在报警一览画面中显示静止的历史报警信息。

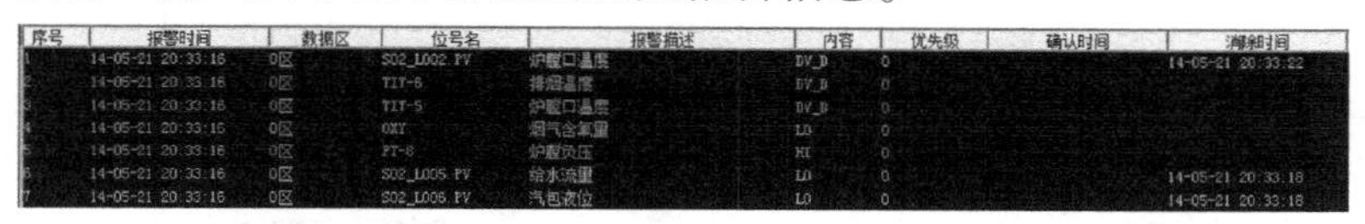

序号	报警时间	数据区	位号名	报警描述	内容	优先级	确认时间	消除时间
1	14-05-21 20:33:16	0区	S02_L002.PV	炉膛口温度	DV_D	0		14-05-21 20:33:22
2	14-05-21 20:33:16	0区	TIT-6	排烟温度	DV_D	0		
3	14-05-21 20:33:16	0区	TIT-5	炉膛口温度	DV_D	0		
4	14-05-21 20:33:16	0区	OXY	烟气含氧量	LO	0		
5	14-05-21 20:33:16	0区	PT-8	炉膛负压	HI	0		
6	14-05-21 20:33:16	0区	S02_L005.PV	给水流量	LO	0		14-05-21 20:33:18
7	14-05-21 20:33:16	0区	S02_L006.PV	汽包液位	LO	0		14-05-21 20:33:18

图 6-16　实时监控报警一览画面

④ 图标：打印当前页的历史报警信息，该功能只对历史报警有效。在历史报警记录显示状态下，点击这个按钮，当前历史报警记录就会在监控系统的默认打印机中打印出来。在实时报警显示状态下，实时报警记录的打印是通过逐行打印机打印的。报警的逐行打印机的控制在“系统”中设置。点击监控主菜单的“系统”按钮弹出系统设置画面，如图 6-17 所示。画面中有实时报警打印控制复选框(已打圈)。选中或取消这个复选框就可以启动或停止实时打印功能。控制的更改只有当用户点击关闭以后才会起效。

⑤ 图标：切换到实时报警显示方式。记录和显示报警的时间为点击操作的当前时间。

⑥ 图标：对报警画面属性进行设置。可以设置报警一览画面中报警位号的一些信息，如：位号名，位号描述，报警描述等。可以选择是否显示已经消除但未确认的报警(瞌睡报警)以

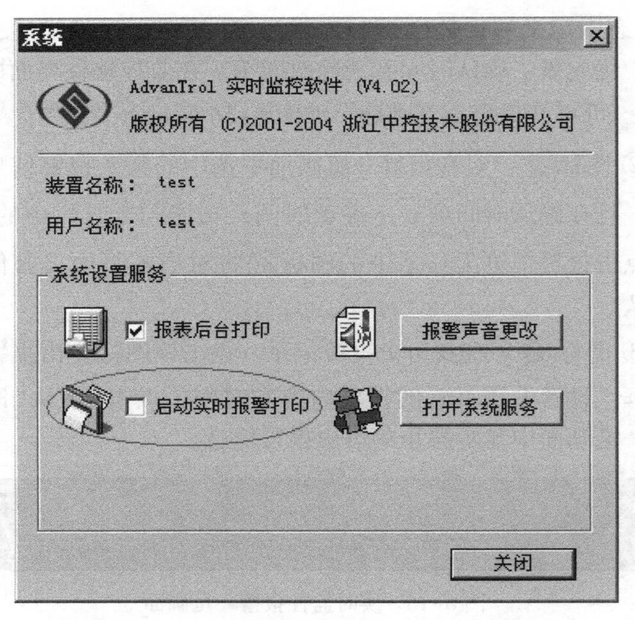

图 6-17　实时报警记录打印设置对话框

及已经确认但未消除的报警。

实时报警列表每过一秒钟检测一次位号的报警状态，并刷新列表中的状态信息。报警色：红色表示 0 级报警，黄色为非 0 级报警，绿色表示报警已消除。没有确认的报警条目都会闪烁，确认并消除的报警条目会自动消失，不显示在报警画面中。所有曾经产生过的报警条目都可以通过历史查询查看。

（2）光字牌

光字牌用于显示光字牌所表示的数据区的报警信息。在二次计算中进行组态，根据组态内容不同，会有不一样的布局，光字牌未组态或者组态为 0 行时，监控界面报警信息栏只显示实时报警信息。光字牌组态为 1 行或者 2 行时，监控界面报警信息栏有部分用于显示光字牌，如图 6-18 所示。光字牌组态为 3 行时，监控界面报警信息栏全部用于显示光字牌，此时需通过报警一览来查看全部报警信息。

图 6-18　光字牌组态为 2 行时报警信息栏的状态

（3）流程图动画报警

若在系统组态制作流程图时，设置了对象动画报警(如：显示/隐藏、闪烁等，具体操作：右键单击对象，在弹出的列表中选择动态特性)，则在流程图监控画面中，发生报警时，相应的对象产生动画，提醒操作员进行报警处理。

4. 报表浏览打印操作

报表打印分报表自动实时打印和手动打印历史报表两种情况。

若要实现报表的实时打印，则可在监控画面中点击系统图标，在弹出的对话框中选中报表后台打印。

若要手动打印历史报表，可在监控画面中点击图标，弹出报表画面，如图 6-19 所示。

报表名称:合成过程氨控制　生成时间:2014-05-24 19:54:57　打印输出　保　存

	A	B	C	D	E	F	G	H	I	J
1	合成氨过程控制报表									
2										
3	时间		53:58	53:59	54:00	54:01	54:02	54:03	54:04	54:05
4	内容	描述	数据							
5	AT105	空气、...	96.67	96.45	96.21	95.97	95.72	95.45	95.21	94.92
6	AT104	CH4、Ar...	99.63	99.56	99.48	99.38	99.29	99.16	99.07	98.94
7	AT201	CH4、Ar...	99.51	99.58	99.65	99.73	99.78	99.82	99.87	99.90
8	FT101	蒸汽流...	96.28	96.53	96.75	96.97	97.19	97.38	97.58	97.77

图 6-19　历史报表浏览画面

在报表画面中选择需要打印的报表，点击“打印输出”按钮，即可打印指定的报表。此外，弹出报表画面后，可对报表内容进行修改，修改完成后点击“保存”按钮保存修改后的报表。

5. 趋势画面浏览操作

点击趋势图图标，进入趋势画面如图 6-20 所示(图的趋势布局方式为 1 * 1)。

点击趋势页标题(图为“New Page”)将弹出选择菜单，可以

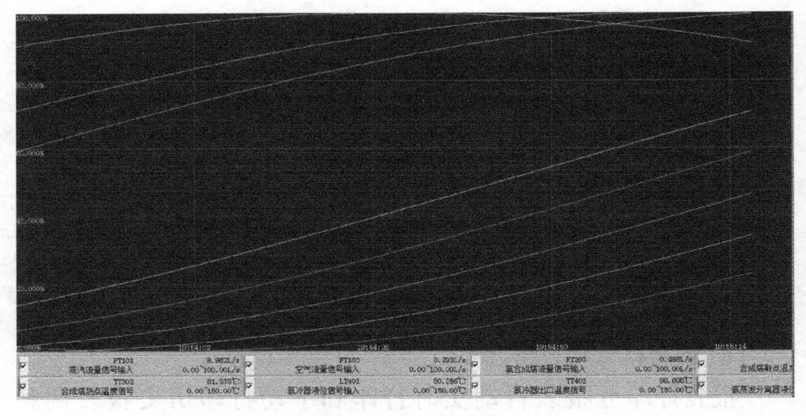

图 6-20　实时监控趋势画面

选择将其中一个趋势图扩展，其他几个暂时不显示。点击趋势控件中的位号名，去掉“√”，可使对应曲线不显示。

图标：使趋势画面进入静止状态，再次点击将恢复实时状态。

图标：显示前一页或后一页趋势画面。

图标 100%：选择每次翻过一页的百分之几。

图标：时间和位号设置。

起始时间、终止时间：用于选择需要查看的曲线段，在显示的有效范围内起始时间应比终止时间小 100s 以上。时间间隔：单位为：时：分：秒，不能超过 23：59：59。

图标：设置趋势图的显示特性。

此外，还能对趋势画面作以下的操作：

① 通过滚动条可察看历史趋势记录。用鼠标拖动时间轴，可显示指定时刻的位号数值。

② 趋势可自由选择 100%、50%或 20%的翻页。

③ 每个位号有一详细描述的信息块，双击模入量位号、自定义半浮点位号、回路信息块可进入相应位号的调整画面。

④ 要显示一些在趋势画面中没有组态的位号的趋势，可采用自由页进行临时设置，可设置的自由页有 5 页。

⑤ 一页最长显示趋势时间为 3 天。

6. 故障诊断画面操作

在监控画面中点击图标将显示故障诊断画面，如图 6-21 所示。

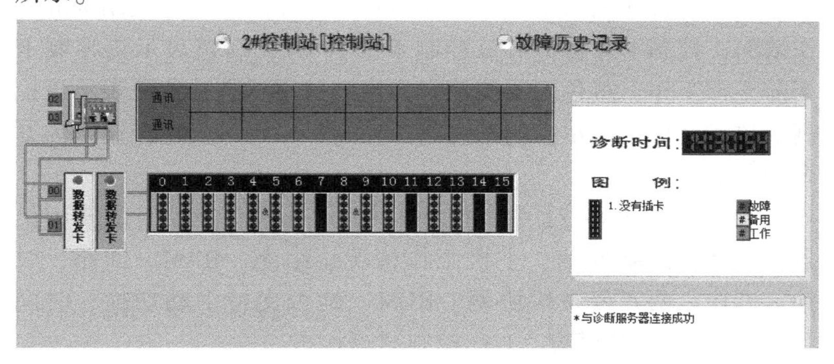

图 6-21　故障诊断画面

(1) 控制站选择

在控制站标题处显示为当前处于实时诊断状态的控制站，用户可单击此处切换当前实时诊断的控制站。

(2) 控制站基本状态诊断

在控制站基本状态信息区内显示当前处于实时诊断状态的控制站的基本信息，包括控制站的网络通信情况，工作/备用状态，主控制卡内部 RAM 存储器状态，I/O 控制器(数据转发卡)的工作情况，主控制卡内部 ROM 存储器状态，主控制卡时间状态，组态状态。绿色表示工作正常，红色表示存在错误，主控制卡为备用状态时，工作项显示为黄色备用。第二行表示冗余控制卡的基本信息，如未组态冗余卡件，则该行为空。图 6-22 表示当前控制站设置了冗余控制卡，当前为工作状态，RAM 正常，I/O 控制器正常，控制卡程序运行正常，ROM 正常，时间正确，组态正确。

通讯	工作	RAM	IO控制器	程序	ROM	时间	组态
通讯	工作	RAM	IO控制器	程序	ROM	时间	组态

图 6-22　控制站基本状态信息区

（3）主控制卡诊断

在故障诊断画面中可以直观显示当前控制站中主控制卡的工作情况，控制卡左边标有该控制卡的 IP 号，绿色表示该控制卡当前正常工作，黄色表示该控制卡当前备用状态，红色表示该控制卡故障。单卡表示控制站为单主控制卡，双卡表示控制站为冗余控制卡。

通过双击图 6-21 中主控制卡 02 处来查看主控卡的明细信息，包括：网络通信、主机工作情况、组态、RAM、回路、时钟、堆栈、两冗余主机协调、ROM、是否支持手动切换、时间状态，SCnet 工作情况，I/O 控制器等状态。

（4）数据转发卡诊断

数据转发卡和主控制卡相似，直观显示了当前控制站每个机笼中的数据转发卡工作状态。左侧显示数据转发卡编号，绿色表示工作状态，黄色表示备用状态，红色表示出现故障无法正常工作。非冗余卡显示为单卡，冗余卡显示为双卡，如图 6-23 所示。其中，图(a)表示 $0^{\#}$数据转发卡单卡处于工作状态。图(b)表示 $2^{\#}$，$3^{\#}$冗余双卡，$2^{\#}$处于工作状态，$3^{\#}$处于备用状态。图(c)表示 $2^{\#}$，$3^{\#}$冗余双卡，均处于故障无法正常工作状态。

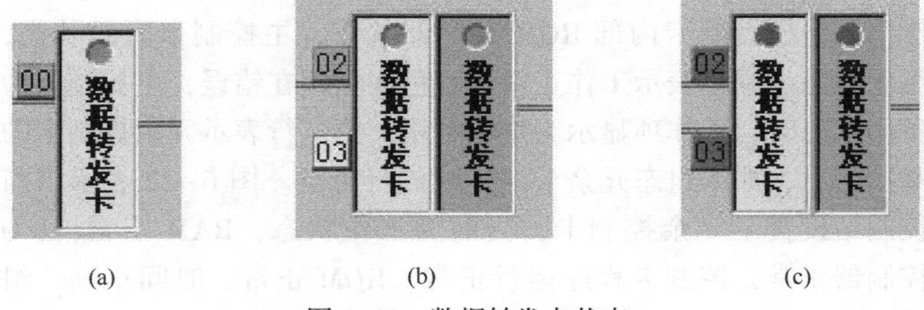

图 6-23　数据转发卡状态

双击数据转发卡可以获得该组卡件的明细信息。

(5) I/O 卡件诊断

机笼上标有 I/O 卡件在机笼中的编号($0^{\#}$ ~ $15^{\#}$)，“&”号表示互为冗余的两块 I/O 卡件。如图 6-24 表示机笼组满 8 对冗余 I/O 卡件。

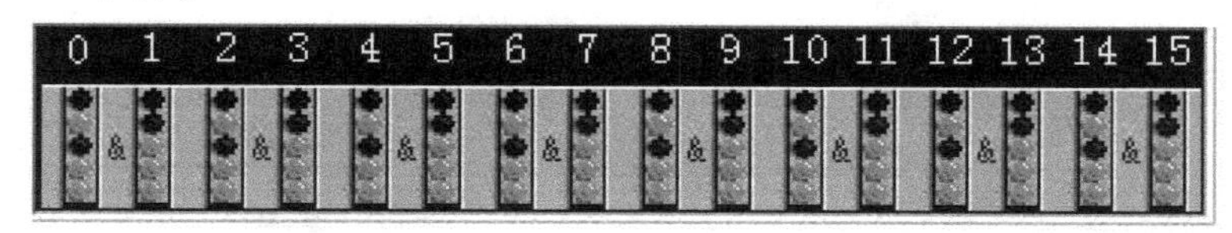

图 6-24　I/O 卡件冗余状况

每个 I/O 卡件有五个指示灯，从上自下依次表示运行状态(红色闪烁表示卡件运行故障)，工作状态(亮起表示卡件正处于工作状态)，备用状态(亮起表示卡件正处于备用状态)，通道状况(亮起则表示通道正常，暗表示通道出现故障)，类型匹配(亮起表示卡件类型和组态一致，暗则表示卡件类型不匹配)，五个指示灯全暗表示卡件数据通信中断。双击 I/O 卡件可以获取卡件的明细信息。

(6) 故障历史记录查看

点击“故障历史记录”按钮可以查看历史故障。

7. 系统管理操作

(1) 口令图标

点击口令图标，在弹出的对话框中可进行重新登录、切换到观察状态及选项设置等操作，如图 6-25 所示。点击“选项”按钮可设置启动时以何用户名登录及何种权限以上的用户可以切换到观察状态。

(2) 操作记录一览图标

点击操作记录一览图标将弹出日志记录一览。

(3) 系统图标

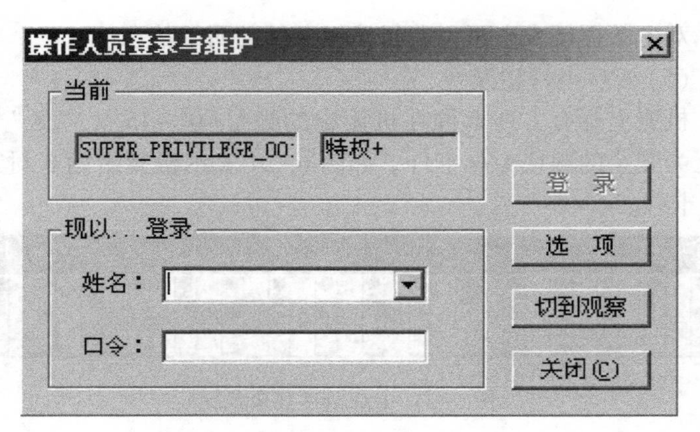

图 6-25 登录对话框

点击系统图标，在弹出的对话框中点击按钮“打开系统服务”，可进行图 6-26 所示的各种操作。

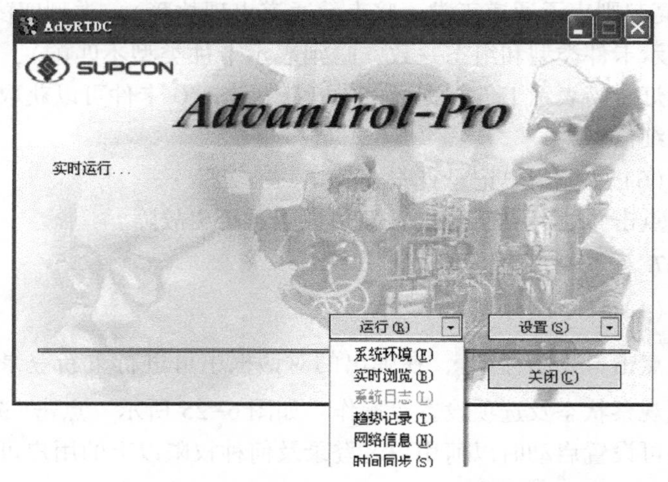

图 6-26 系统服务操作对话框

① 系统环境。用于查看监控系统的部分运行环境信息。

② 实时浏览。可浏览各个数据组位号、事件、任务的组态信息和实时信息。可以进行位号赋值，设置位号读写开关、位号

报警使能开关等。

③ 趋势记录。用于查看趋势记录运行信息。在趋势记录运行信息界面中点击“组态信息”按钮可查看趋势位号组态信息列表。

④ 网络信息。用于显示操作网网络管理信息。

⑤ 时间同步。设置本机为时钟同步服务器或时钟客户端，只有“工程师”以上权限才可以修改本设置，否则界面为灰色不可操作，若操作网上当前有多台时间同步服务器存在，则当客户端发出时间同步请求时，多台服务器上会同时弹出(AdvanTrol 网络管理)界面，并在界面的时间同步设置行出现文字闪烁，表明当前有多台时钟服务器存在，需要用户进行修改，保证只存在一台同步时钟服务器。

8. 查询操作

在监控画面中点击查询图标，弹出对话框，选择所查位号的类型及所在的控制站(或直接输入位号名)，点击查找按钮，查询结果如图 6-27 所示。

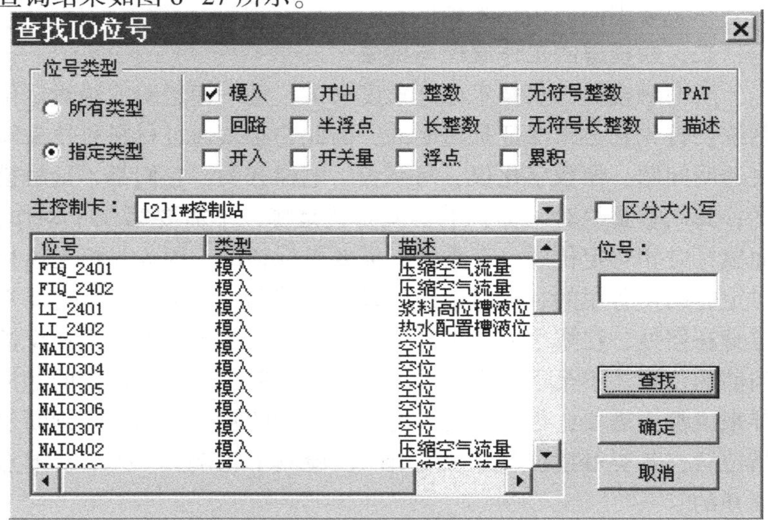

图 6-27 I/O 位号查询结果

在列表中双击所需查看的位号名，即可进入该位号所对应的调整画面。

第五节　触摸屏原理及应用

一、概述

在 DCS 系统中，各种画面信息都要在显示设备中完成。常见的 DCS 显示设备有 CRT(阴极射线管)、LCD(液晶显示器)、DLP(背投影)等。其中，CRT、LCD 适用于操作员站上的显示设备；DLP 适用于高端的大屏幕显示墙。随着显示技术的发展，很多 DCS 厂家开始引入触摸屏显示技术，这样可以省略操作员键盘，而是直接在屏上设有敏感区，操作员只要用手指触一下该点就可以达到操作目的，从而实现人机交互。此外，对于工业现场来说计算机等设备具有体积大、安装困难、工业环境适应性差等特点，并不适应于作为工业现场的人机交互装置。而传统的人机交互装置仅仅是按钮、开关、指示灯等，它们提供的信息少，而且操作不方便。因此，随着技术的发展触摸屏这类的人机交互装置在工业中的应用越来越广。

二、触摸屏的工作原理与构成

所谓触摸屏，从技术原理角度来讲，是一套透明的绝对定位系统。首先它必须保证是透明的，因此它必须通过材料科技来解决透明问题，像数字化仪、写字板、电梯开关，它们都不是触摸屏；其次它是绝对坐标，手指摸哪就是哪，不需要第二个动作，而鼠标是相对定位的一套系统，需要光标辅助。因为光标是给相对定位的设备用的，相对定位的设备要移动到一个地方首先要知道身在何处，往哪个方向去，每时每刻还需要不停地给用户反馈当前的位置才不至于出现偏差。这些对采取绝对坐标定位的触摸屏来说都不需要；再其次就是能检测手指的触摸动作并且判断手指位置，各类触摸屏技术就是围绕“检测手指触摸”这个基本点展开的。

触摸屏的基本原理是，用手指或其他物体触摸安装在显示器前端的触控屏时，所触摸的位置(以坐标形式)由触摸屏控制器检测，并通过接口(如RS-232串行口)送到CPU，从而确定输入的信息。

触摸屏系统一般包括两部分：触摸检测装置和触摸屏控制器。其中，触摸检测装置一般安装在显示器的前端，主要作用是检测用户的触摸位置，并传送给触控屏控制器。触控屏控制器的主要作用是从触摸点检测装置上接收触摸信息，并将它转换成触点坐标，再送给CPU，它同时能接收CPU发来的命令并加以执行。

三、触摸屏的种类

按照触摸屏的工作原理和传输信息的介质，把触摸屏分为四种。它们分别为电阻式、电容感应式、红外线式以及表面声波式。每一类触摸屏都有其各自的优缺点，要了解哪种触摸屏适用于哪种场合，关键就在于要懂得每一类触摸屏技术的工作原理和特点。

1. 四线电阻屏

四线电阻模拟量技术的两层透明金属层工作时每层均增加5V恒定电压：一个竖直方向，一个水平方向。总共需四根电缆。特点：高解析度，高速传输反应；表面硬度处理，减少擦伤、刮伤及防化学处理；具有光面及雾面处理；一次校正，稳定性高，永不漂移。

2. 五线电阻屏

五线电阻技术触摸屏的基层把两个方向的电压场通过精密电阻网络都加在玻璃的导电工作面上，我们可以简单地理解为两个方向的电压场分时工作加在同一工作面上，而外层镍金导电层只仅仅用来当作纯导体，由触摸后分时检测内层氧化铟(ITO)接触点X轴和Y轴电压值的方法测得触摸点的位置。五线电阻触摸屏内层ITO需四条引线，外层只作导体仅仅一条，触摸屏的引出线共有5条。

特点：解析度高，高速传输反应；表面硬度高，减少擦伤、刮伤及防化学处理；同点接触 3000 万次尚可使用；导电玻璃为基材的介质；一次校正，稳定性高，永不漂移。五线电阻触摸屏有高价位和对环境要求高的缺点。

3. 电容式触摸屏

电容式触摸屏是利用人体的电流感应进行工作的。电容式触摸屏是一块四层复合玻璃屏，玻璃屏的内表面和夹层各涂有一层 ITO，最外层是一薄层矽土玻璃保护层，夹层 ITO 涂层作为工作面，四个角上引出四个电极，内层 ITO 为屏蔽层以保证良好的工作环境。当手指触摸在金属层上时，由于人体电场，用户和触控屏表面形成一个耦合电容，对于高频电流来说，电容是直接导体，于是手指从接触点吸走一个很小的电流。这个电流从触控屏的四角上的电极中流出，并且流经这四个电极的电流与手指到四角的距离成正比，控制器通过对这四个电流比例的精确计算，得出触摸点的位置。

4. 红外线式触摸屏

红外线式触摸屏是利用 X、Y 方向上密布的红外线矩阵来检测并定位用户的触摸。红外触控屏在显示器的前面安装一个电路板外框，电路板在屏幕四边排布红外发射管和红外接收管，一一对应形成横竖交叉的红外线矩阵。用户在触控屏幕时，手指就会挡住经过该位置的横竖两条红外线，因而可以判断出触摸点在屏幕的位置。任何触摸物体都可改变触点上的红外线而实现触控屏操作。红外触控屏不受电流、电压和静电干扰，适宜恶劣的环境条件，红外线技术是触控屏产品最终的发展趋势。

5. 表面声波式触摸屏

表面声波，超声波的一种，它是介质(例如玻璃或金属等刚性材料)表面浅层传播的机械能量波。通过楔形三角基座(根据表面波的波长严格设计)，可以做到定向、小角度的表面声波能量发射。表面声波性能稳定、易于分析，并且在横波传递过程中具有非常尖锐的频率特性。

表面声波触摸屏的触摸屏部分可以是一块平面、球面或是柱面的玻璃平板，安装在CRT、LED、LCD或是等离子显示器屏幕的前面。玻璃屏的左上角和右下角各固定了竖直和水平方向的超声波发射换能器，右上角则固定了两个相应的超声波接收换能器。玻璃屏的四个周边则刻有45°角由疏到密间隔非常精密的反射条纹。当手指触摸屏幕时，手指吸收了一部分声波能量，控制器侦测到接收信号在某一时刻上的衰减，由此可以计算出触摸点的位置。

表面声波触摸屏还响应第三轴 Z 轴坐标，也就是能感知用户触摸压力大小值。其原理是由接收信号衰减处的衰减量计算得到。三轴一旦确定，控制器就把它们传给主机。

四、K-TP178micro触摸屏操作

K-TP178micro触摸屏是西门子公司设计的面向中小型自动化产品的5.7in触摸屏。下面以该款触摸屏的操作过程为例，讲述触摸屏的使用。

1. 操作方式

对于如按钮、I/O域和报警等出现在屏幕上的操作对象，K-TP 178micro提供两种操作方式：通过触摸屏操作和通过软键操作。

（1）通过触摸屏操作

触摸对象是指触摸屏屏幕上对触摸敏感的操作员控制对象，例如，按钮、I/O域和报警窗口。触摸对象的操作与常规键的操作基本相同。可以使用手指触摸来操作触摸对象。当触摸屏设备检测到触摸对象的操作时，设备会有相应的视觉和声音的反馈。例如“按钮”操作，只要组态工程师已经组态了3D效果，屏幕就可以用不同外观输出“已触摸”和“未触摸”状态。如图6-28所示。

（2）通过软键操作

通过触摸和释放可以执行为软键组态好的不同的功能。这些软键根据不同需要可以被组态为全局或局部功能键。

全局功能键：无论当前处于哪个画面，全局功能键都将在触摸屏上/PLC中激活一个相同的动作，例如在画面模板中定义的

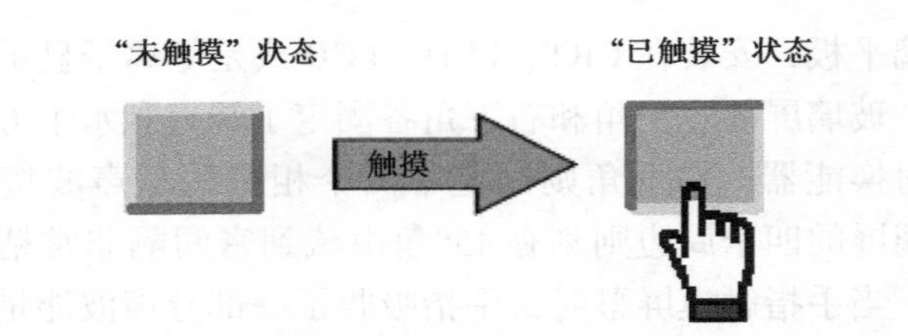

图 6-28　按钮操作视图

用于激活画面的功能键。

局部功能键：基于当前画面，只对当前画面生效的功能键。

2. 常规操作

(1) 输入操作

输入操作将值输入到项目的输入域中，这些值将从输入域传送到 PLC 中。操作员可以根据组态的不同，在 K-TP 178micro 提供的三种屏幕键盘中输入数字、字符串(由字母和数字组成)、符号等类型的值。

输入数字值。以图 6-29 输入-15 为例：①触摸数字输入域，触摸屏将全屏显示数字屏幕键盘；②在键盘中选择相应的符号；③在键盘中选择需要的数字；④选择确认后屏幕键盘自动隐藏。

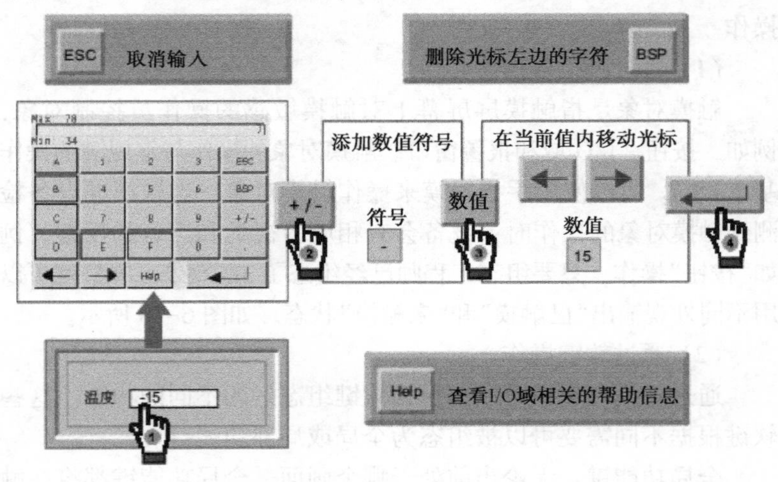

图 6-29　数字值输入操作

输入字母/数字/字符串。以图 6-30 输入 Ac 为例：①触摸字母数字输入域，系统将显示字母数字屏幕键盘的“标准层”；②选择相应的字母/数字；③触摸“Shift”键切换键盘至“Shift层”；④选择相应的字母/数字；⑤选择确认后屏幕键盘自动隐藏。

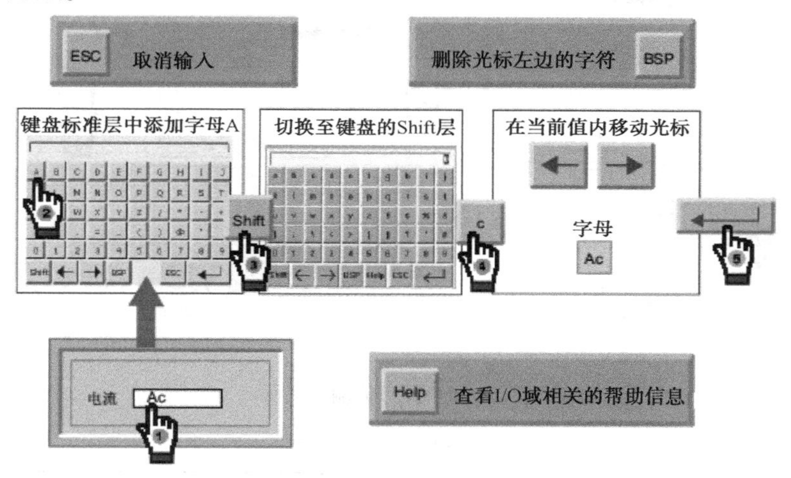

图 6-30　字母/数字/字符串输入操作

输入符号值。通过选择屏幕键盘中符号列表中的值，符号值输入域就可以显示为该值组态的显示值。以图 6-31 输入时间 03∶00为例：①触摸符号输入域，触摸屏设备上将全屏显示符号屏幕键盘；②在列表中用导航键选择需要的值；③选择确认后屏幕键盘自动隐藏。

（2）有关报警的操作

在触摸屏设备上，报警可指示系统、过程或触摸屏设备本身所发生的事件或状态。报警可触发下列报警事件：激活、取消激活和确认组态工程师将定义哪些报警必须由用户进行确认。

报警可能包含以下信息：日期、时间、报警文本、故障位置、状态、报警类别、报警编号、确认组。

① 报警类别。报警分类如表 6-3 所示。

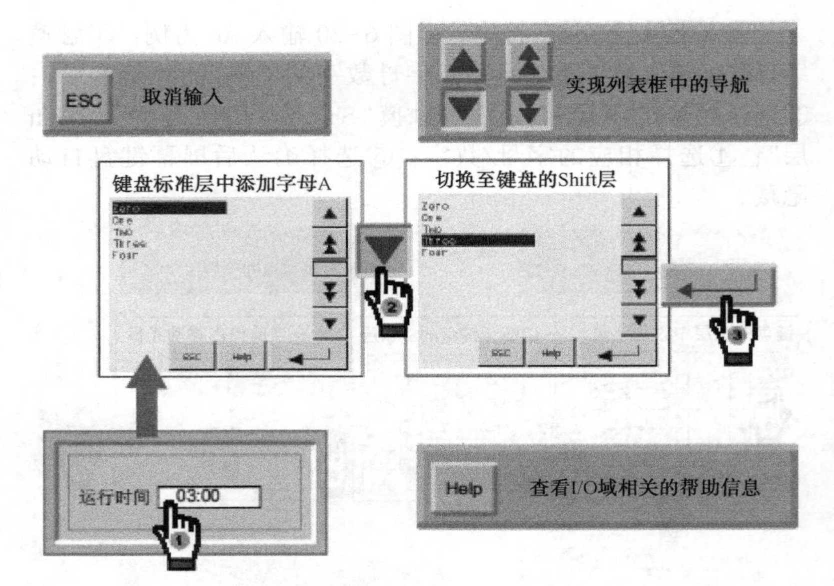

图 6-31　符号值输入操作

表 6-3　报 警 分 类

报　警	说　　明	“报警视图”中的标识
错误	该类报警通常显示设备的关键错误，例如“电机温度过高”。该类报警必须始终进行确认	!
警告	警告报警通常显示设备状态，例如“电机已启动”	无
系统	系统报警指示触摸屏设备本身的状态或事件	$
自定义报警	该报警类别的属性必须在组态中定义	取决于组态

② 报警显示方式。报警将在触摸屏设备的报警视图或报警窗口中显示。报警窗口的布局和操作与报警视图一致。报警窗口独立于过程画面，通过组态，可以设置成一接收到新的、未确认的报警就自动显示报警窗口，可对报警窗口进行组态，使其只有

在所有报警都经确认之后才关闭。

③ 报警指示器。报警指示器是一个图形符号，它可以根据组态显示当前错误或显示需要确认的错误。如图 6-32 所示。

图 6-32 报警指示器

图 6-32 报警指示器指示有三个排队等待确认的报警。只要存在排队等待确认的报警，报警指示器将一直闪烁。数字指示排队等候的报警个数。组态工程师可以组态触摸报警指示器时执行的功能。报警指示器通常只用于错误报警。

④ 操作员控件。报警视图按钮具有如表 6-4 所列功能。

表 6-4 报警视图按钮功能

按 钮	功 能
?	显示报警的信息文本
↲	编辑报警
!	确认报警
▶	在单独的窗口(即报警文本窗口)中显示所选报警的完整报警文本 在报警文本窗口中，可以查看其所需空间超出报警视图中可用空间的报警文本。用 ☒ 关闭报警文本窗口
▼ ▲	在列表中选择下一个或前一个报警
⏬ ⏫	向前或向后滚动一页

(3) 关闭项目

操作员可以使用两种方式关闭项目：使用相应的操作员控制对象来关闭项目或断开触摸屏设备的电源。

第七章 炼油过程典型控制方案

本章主要以炼油生产中的典型操作过程为例，分别介绍了流体输送设备、加热炉、常减压、催化裂化等过程基本控制方案，从炼油过程的基本要求和自动控制的要求出发，结合对象特性，探讨炼油生产常见过程中的自动控制理论及应用。

第一节 流体输送设备的自动控制

所谓流体输送设备，是指用于输送流体或提高流体压力的机械设备。其中，用于输送液体和提高液体压力的机械设备称为泵，而输送气体和提高气体压力的机械设备称为风机和压缩机。流体输送设备在炼油化工生产过程中是必不可少的。

流体输送设备的任务是输送流体和提高流体压头，故其控制多是为了实现物料平衡的流量和压力的控制，以及为了保护设备安全的约束条件的控制，比如离心式压缩机的防喘振控制。

一、离心泵的控制

1. 离心泵的工作特性

要对离心泵进行控制，必须先了解它的工作特性和管路的特性。离心泵是使用最广泛的液体输送设备，它由叶轮和机壳组成，叶轮在原动机带动下做高速旋转运动。旋转叶轮作用于液体而产生离心力，转速越高，离心力越大，离心泵出口的压头也越高。所谓离心泵的工作特性是指离心泵压头 H、流量 Q 和转速 n 之间的函数关系(式 7-1)，如图 7-1 所示，很明显，图中 $n_1<n_2<n_3<n_4$。

$$H=k_1n^2-k_2Q^2 \tag{7-1}$$

式中 k_1 和 k_2 为比例常数。

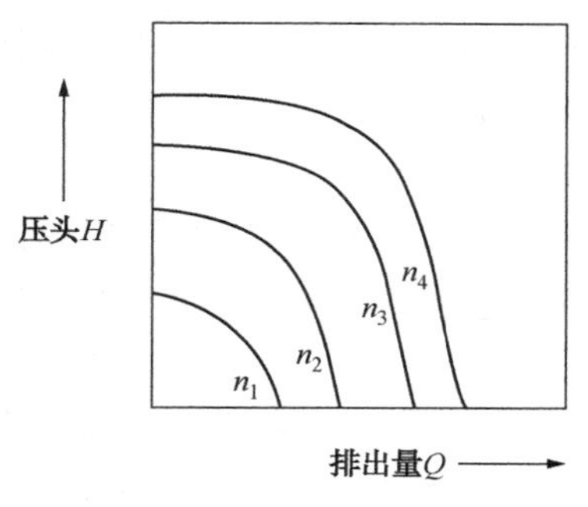

图 7-1　离心泵特性曲线

2. 管路特性

因泵是安装在管路上运行的，所以还要对与其连接的管路特性做一些分析。管路特性就是管路系统中流体流量与管路系统阻力的相互关系，如图 7-2 所示。由图可知，达到某流量 Q 时的管路阻力由四部分组成，即

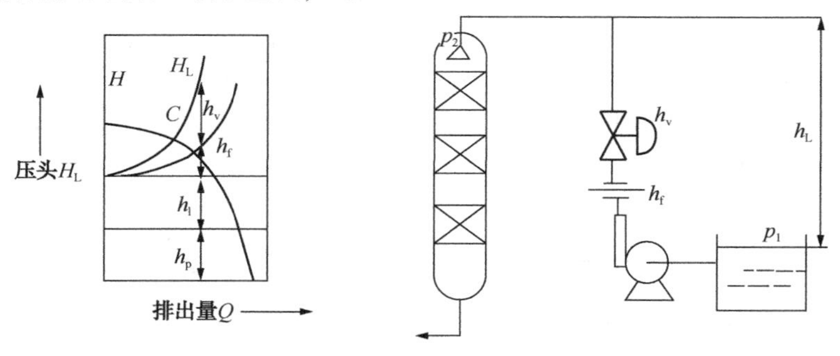

图 7-2　管路特性

$$H_L = h_l + h_p + h_f + h_v \tag{7-2}$$

离心泵要将流体传输出去，必须克服管路阻力。

其中，h_l 是液体提升高度需要的压头，即升扬高度，当设备安装就绪后，该项恒定；

h_p 是管路两端静压差引起的压头，当工艺设备正常操作时，该项也是比较平稳的；

h_f 是管路的摩擦损耗压头，它与流量的平方值近似成比例；

h_v 则是控制阀两端的节流损失压头，当阀门开度一定时，它与流量的平方成正比，而阀门开度变化时，h_v也跟着变化。

3. 离心泵的工作点

在稳定工作状态，泵的压头 H 和管道阻力 H_L必然相等，因此离心泵的工作点就是泵的工作特性曲线与管路工作特性曲线的交点，如图 7-2 中的 C 点。离心泵流量控制的目的是将泵的排出流量恒定在某数值，所以，当扰动引起流量变化时，我们就可以通过改变泵的工作点维持流量恒定，而改变工作点就意味着改变管路阻力或者改变泵的转速，这也是以下离心泵控制方案的主要依据。

4. 离心泵的控制

离心泵的控制方案大致有三种：

(1) 直接节流

即通过控制泵的出口阀门开度来控制流量。泵的转速一定时，泵的特性曲线没有变化，改变出口阀门开度，就是改变了管路特性，使工作点 C 移动，从而影响流量。如图 7-3 所示，同一转速下，管路阻力由 H_{L3}升高至 H_{L1}时，工作点由 C_3移至 C_1，使流量减少。

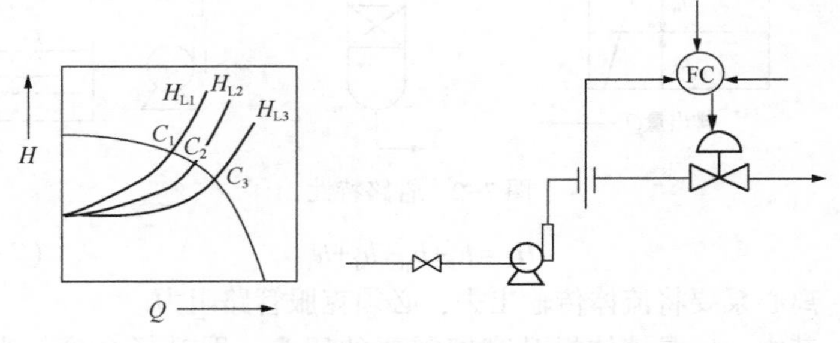

图 7-3　直接节流控制方式

要注意的是，采用本方案时，控制阀一定要安装在泵的出口管线上，而不能装在泵的吸入管线上。这是因为，一方面，h_v 的存在会使泵入口压力下降，可能使液体部分汽化，造成泵出口压力下降，形成“气缚”；另一方面，汽化的气体到达排出端后，受压缩又凝聚为液体，会冲蚀泵内机件对泵造成损伤，形成“气蚀”。“气缚”和“气蚀”都对泵的正常运行和使用寿命有非常不良的影响。

直接节流法的优点是简单易行，是应用最为广泛的泵出口流量控制方案。但能量部分消耗在节流阀上，故总的机械效率较低，控制阀开度越小，功率损耗越大。一般地，当流量低于正常排量30%时，不宜采用本方案。

（2）调节转速

当泵的转速改变时，泵的工作特性曲线随之变化，在同样流量下，转速提高会使压头 H 增加，如图7-4所示。管路特性一定时，转速变化引起的工作点 C 的改变就可以调节排出流量。

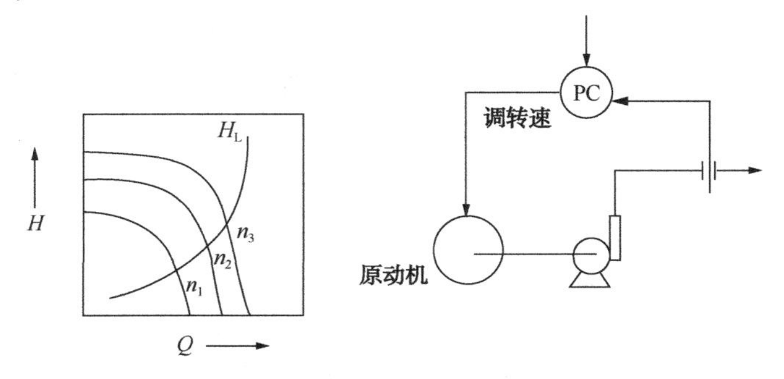

图7-4　转速调节控制方式

和第一种方案相比，调节转速的方法无需在管路上安装控制阀，$h_v=0$，机械效率大大提高，从节能角度讲是非常有利的。但调速机构一般较为复杂，设备费用较高，因此只在大功率泵或重要泵装置中采用。

（3）出口旁路控制

出口旁路控制方案如图7-5所示，通过改变旁路阀的开启度来控制实际排出量。这种控制方式将一部分高压液体的能量消耗在旁路管道和阀上，所以总的机械效率是较低的。其优点是控制阀在旁路上，压差大流量小，故可以采用小口径阀，在生产过程的一些特定场合使用。

二、往复式泵的控制

1. 往复式泵的工作特性

往复式泵是利用活塞在汽缸中往复滑行来输送流体的，其特点是泵的运动部件与机壳之间空隙很小，液体不能在缝隙中流动，因此泵的排量与管路系统无关，往复式泵的流量特性如图7-6所示。可表示为：

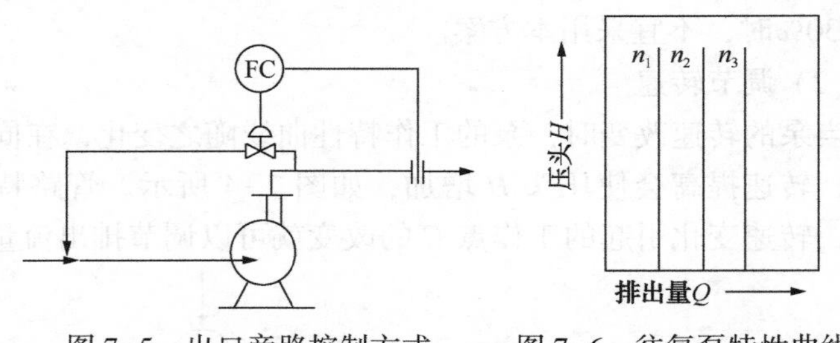

图 7-5　出口旁路控制方式　　　图 7-6　往复泵特性曲线

$$Q=nFS\eta \tag{7-3}$$

式中　n——每分钟的往复次数；

F——汽缸截面积；

S——活塞冲程；

η——泵效率。

可见，往复式泵的排量只取决于往复次数 n 和冲程 S，而不能用直接节流的方法来控制。出口阀一旦关死，将造成泵损、机损的事故。

2. 往复式泵的控制

根据以上分析，往复式泵的流量控制方案有以下三种：

(1) 改变原动机转速

此法与离心式泵的转速调节方法相同。

(2) 改变冲程

改变冲程的方法一般用在计量泵等特殊往复泵的流量控制中，对多数往复式泵，由于调节冲程的机构较复杂而较少采用。

(3) 出口旁路控制

该方案的构成与离心式泵的旁路控制相同，这是此类泵最简单易行而且常用的控制方式，和离心泵旁路控制相同，由于有高压流体的能量损耗，故经济性较差。

三、离心式压缩机的防喘振控制

气体输送设备用于提高气体压力及输送气体，按照所提高的压头，气体输送设备可分为送风机(出口压力小于0.01MPa)、鼓风机(出口压力在0.01～0.3MPa)和压缩机(出口压力大于0.3MPa)。它们的流量(压力)控制系统基本相似。

离心式压缩机具有体积小、流量大、重量轻、运行效率高、易损件少、维护方便等优点，在工业生产中广泛应用，它也正向着高压、高速、大容量、自动化的方向发展。一台大型离心式压缩机的流量控制通常有出口节流、改变入口挡板、调节转速等几种方案，与离心式泵的控制方案相差不大，而其工作中非常典型的防喘振控制系统也是必不可少的。

1. 离心式压缩机的喘振现象

要讨论喘振，还要先从离心式压缩机的特性曲线谈起。图7-7是离心式压缩机的特性曲线，表示的是压缩比(压缩机出口绝压p_2和入口绝压p_1的比值)和入口体积流量Q的关系。

看图可知，该关系曲线是一种驼峰型的曲线，每条曲线都会有一个极值点，称为驼峰点T。

在T以左，压缩比p_2/p_1降低时，Q也减少，是不稳定的工作区；而在T以右，压缩比p_2/p_1降低时，Q增大，是稳定的工作区。如何判断工作点是否稳定的工作点呢？我们先在T以左选取一个工作点A，假设系统由于某种原因使p_2下降，A将沿曲线往左下滑，随后Q也减少，对于定容的系统，流量减少将使压力进一步下降，这样工作点将一直下滑而不能回到原来A点的位置，所以我们称A是不稳定的工作点。但如果工作点位于T以右的B点，还是假设系统p_2下降，B将沿曲线往右下滑，这时Q增加，对于定容的系统，流量增加将使压力p_2回升，这样工作

点就被拉回到原来 B 点的位置，因而 B 是稳定的工作点。

如果工艺负荷较小，使工作点位于 T 的左侧，比如 A 点，这时若负荷降低，p_2/p_1 会迅速下降，而管路系统压力不会突变，于是管网压力就会高于压缩机出口压力，气体发生瞬间倒流，工作点迅速下降到 D。而此时压缩机继续运转，当压缩机出口压力达到管路系统压力后，又开始向管路输送气体，工作点由 D 突变到 C，因 Q_C>工艺负荷 Q_A，压力被迫升高，且流量继续下降，工作点就将沿 $CTDC$ 反复快速循环以上过程，形成工作点的“飞动”。出现这一现象时，气体的正常输送遭到破坏，压缩机排出量忽多忽少，转子受到交变负荷，机体发生强烈振荡，并发出如同哮喘病人的“喘气”的周期性间断吼响声，因而这一现象被形象地称为压缩机的喘振。喘振发生时，压缩机除自身剧烈振动外，还会带动出口管道甚至厂房振动，此时可以看到气体出口压力表、流量表的指示均大幅波动，最终会使压缩机遭受严重破坏。

喘振是离心式压缩机的固有特性，每台压缩机的喘振区都在驼峰点 T 之左，因此将不同转速的压缩机特性曲线的驼峰点相连，就形成了稳定工作的极限曲线，如图 7-8 所示，该极限曲线以左(图中阴影部分)就是压缩机的喘振区。

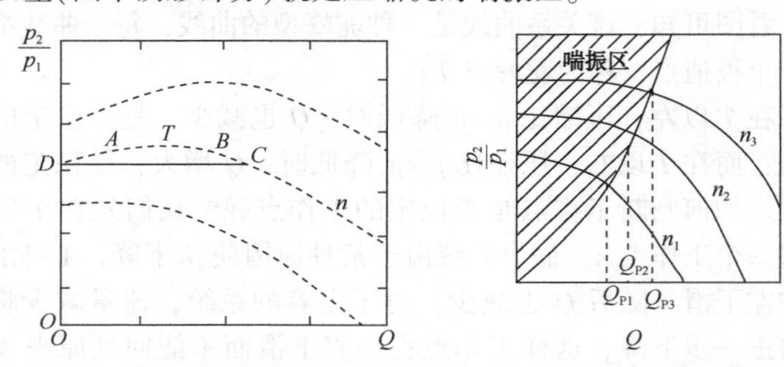

图 7-7　离心式压缩机特性曲线　　图 7-8　离心式压缩机喘振曲线

造成压缩机喘振最常见的原因，是负荷的下降，这也是最直接的原因，工作流量小于极限流量时，工作点就进入喘振区。此外，一些工艺上的原因也会导致喘振，比如吸入气体的压力下降、分子量下降、温度上升，以及管路中堵塞、结焦造成管网阻力增大，都会使工作点左移进入喘振区。

2. 压缩机的防喘振控制

由以上分析可知，负荷降低是压缩机发生喘振的主要原因，因此，通过部分回流的方法，使压缩机入口流量大于或等于极限流量，就可防止喘振的发生。工业上常用的有固定极限流量法和可变极限流量法两种防喘振控制。

（1）固定极限流量法

固定极限流量法是指不论压缩机在何种转速下运行，设定的极限流量是一定的，如图 7-9 所示，其控制方案见图 7-10。这种方法具有实现简单、使用仪表少、可靠性高的优点，但极限流量 Q_P 的设定，是该方案正常运行的关键，若按高速运行时来选取，可保证不发生喘振，但在低速运行时压缩机虽未进入喘振区，吸入的气量也可能小于 Q_P 从而使部分气体回流，形成较大能耗。因此，这种方案只适用于固定转速或负荷不经常变化的场合。

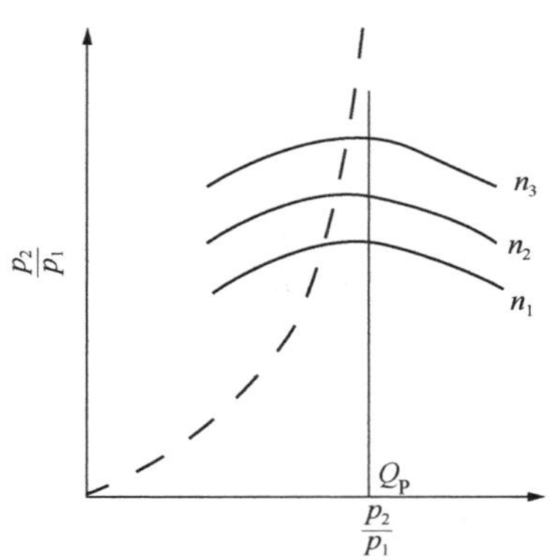

图 7-9　喘振固定极限流量

（2）可变极限流量法

根据不同的转速设定不同的极限流量是可变极限流量法的控

制依据。为安全起见，通常在极限流量线右侧模拟一条安全操作线，对应的流量比极限流量大5%~10%，如图7-11所示。安全操作线近似为抛物线，其方程可用以下公式表示：

$$\frac{p_2}{p_1}=a+b\,\frac{Q_1^2}{T_1} \tag{7-4}$$

式中 Q_1、T_1——吸入气体的流量和绝对温度；

a、b——常数，由制造厂提供。

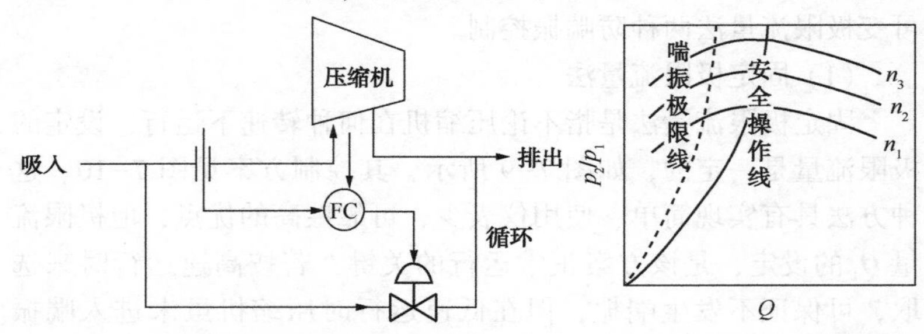

图7-10 固定极限流量控制方案　　图7-11 喘振可变极限值

进一步推导，因为 $$Q_1=K\sqrt{\frac{\Delta p_1}{\rho_1}} \tag{7-5}$$

式中 K——流量系数；

ρ_1——吸入气体密度。

又根据气体方程有：$$\rho_1=\frac{Mp_1T_0}{ZRp_0}\overset{令r=\frac{MT_0}{ZRp_0}}{=}r\,\frac{p_1}{T_1} \tag{7-6}$$

式中 M——气体分子量；

Z——气体压缩修正系数；

R——气体常数；

p_1、T_1——吸入气体的绝对压力和绝对温度。

将式(7-5)和(7-6)代入式(7-4)，安全操作线的表达式可写成：

$$\Delta p_1=\frac{r}{bK^2}(p_2-ap_1) \tag{7-7}$$

或

$$\frac{\Delta p_1}{p_2-ap_1}=\frac{r}{bK^2} \tag{7-8}$$

由此可分别构成两种可变极限流量的防喘振控制系统分别如图 7-12 和图 7-13 所示。

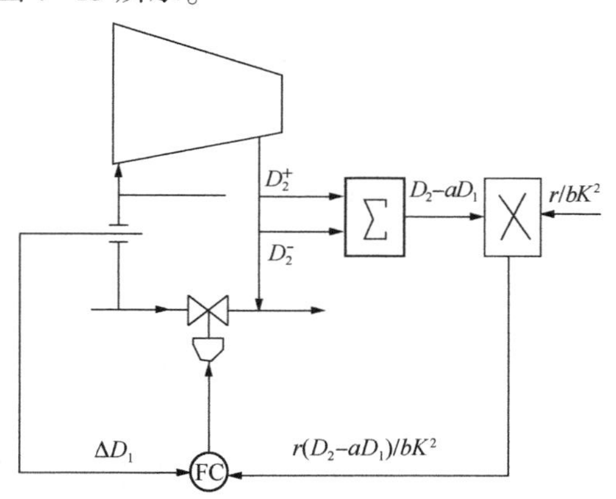

图 7-12　可变极限流量控制方案之一

可变极限流量法是一种随动系统，也是依据模型计算设定值的控制系统，因其运算部分在闭环回路之外，所以可像单回路流量控制系统那样进行参数整定，比较简单。

四、流体输送设备控制举例

图 7-14 所示为某催化裂化装置中输送催化气的离心式压缩机的控制方案。该方案包含了两套控制系统，一是压缩机的入口压力控制系统，采用的是调节转速的方案。这台压缩机由蒸汽透平机带动，因此用压力控制器 PC 控制蒸汽透平的进汽量，就可方便地改变转速，使入口压力满足要求。二是压缩机的可变极限流量防喘振控制系统，由 FC 控制回流至入口的气量，以$\frac{r}{bK^2}\times\frac{p_2}{p_1}-a\frac{r}{bK^2}$作为 FC 的给定值，以$\frac{\Delta p_1}{p_1}$作为其测量值，构成式(7-7)的

安全操作线方程，进行防喘振保护。

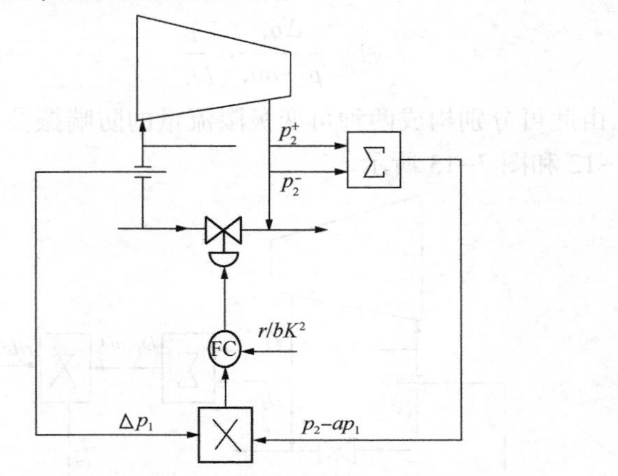

图 7-13　可变极限流量控制方案之二

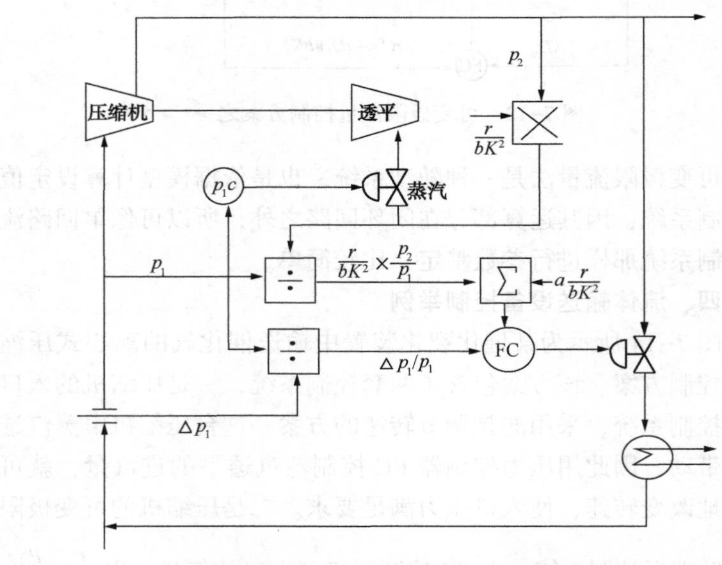

图 7-14　催化裂化装置压缩机控制方案

第二节　传热设备的自动控制

传热设备是用以进行热量交换的设备，在炼油过程中非常常见。传热的方式主要有传导、对流和辐射。其中以对流为主要方式的传热设备称为一般传热设备，包括换热器、再沸器等，此外，加热炉、锅炉等传热设备则以热辐射为主要传热方式。

一般来说，不管何种传热设备，其传热的目的主要有三种：

① 将工艺介质加热或冷却到一定温度。

② 根据工艺过程的需要，使工艺介质改变相态，如汽化或冷凝。

③ 回收热量。

传热设备的控制主要是满足热量平衡的控制要求，某些传热设备也需要有约束条件的控制以保护生产设备。本节就以换热器和加热炉这两种在炼油过程中的典型单元来举例说明传热设备的控制。

一、一般传热设备的控制

如图 7-15 所示的换热器，目的是将进入的介质加热（或冷却）到一定的温度后输出，供给下一设备。其中 G_1 为介质流量，G_2 为载热体流量，T_1、T_2 为介质入口和出口温度，t_1、t_2 为载热体（即加热剂或冷却剂）入口和出口的温度，c_1、c_2 则是介质与载热体的比热容。

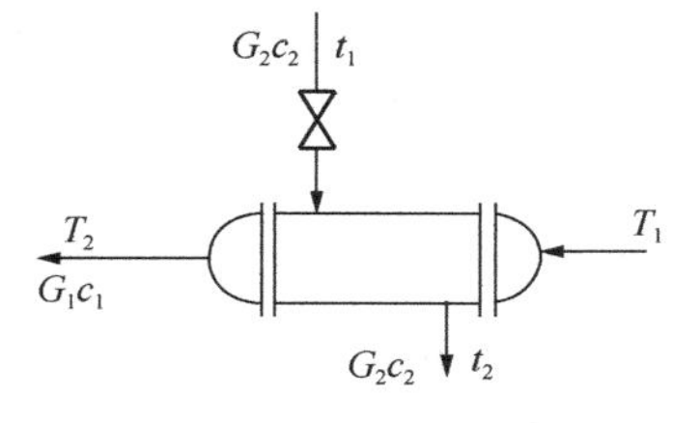

图 7-15　换热器示意图

随着载热体的种类的不同、介质换热前后的相态的不同，换热器的控制方案也会有所不同，表 7-1 即是炼油过程的一般传热设备常见的控制方案、原理、特点的汇总。

表 7-1　一般传热设备的常见控制方案

控制方式	调节载热体流量	改变载热体的汽化温度	工艺介质旁路	调节传热面积
控制方案	蒸汽 SP TC 101 θ	气氨 LC 201 液氨 TC 201	TC 301 蒸汽 θ	θ TC 401 SP 蒸汽
工作原理	改变载热体流量，引起传热总系数 K 和平均温度差 ΔT_m 的变化从而控制冷流体出口温度	控制阀开度变化，气相压力变化，引起汽化温度变化，使平均温度差变化，控制出口温度	将热流体和冷流混合后温度作为被控变量，通过控制冷热液体流量配比，使混合后温度达到设定温度	改变冷凝液的积蓄量(液位)来调节传热面积，达到控制出口温度的目的
特点	① 传热面积足够时，可有效控制出口温度 ② 被控对象时间常数大，控制不够及时	① 系统响应快，应用较广泛 ② 控制阀安装在气氨出口管道上，要求氨冷器耐压	① 动态响应快 ② 需要载热体热量足够，经济性差	① 控制阀安装在冷凝液管线，蒸汽压力可保证 ② 被控过程具有积分和非线性特性，控制器参数整定困难 ③ 控制作用迟钝，性能不佳
适用场合	应用普遍，多用于载热体流量变化，对温度影响较灵敏的场合	气氨压力可以被控制的场合	介质流量允许变化的场合	介质流量较小的场合。可采用温度和液位的串级控制以加快响应速度

一般传热设备多可近似为具有时滞的多容对象，被控过程有较大的时间常数和时间滞后，所以在实施控制方案时，还应注意：

① 检测元件的安装应当尽量使测量滞后减到最小程度。

② 控制规律的选用上，适当引入微分是有益的，甚至有时是必要的。

二、管式加热炉的控制

加热炉的种类多样，管式加热炉更是炼油化工生产中常见的加热炉，其出口工艺介质温度的高低直接影响着后一工序的操作工况和产品质量，若炉子温度过高，物料就会在炉内分解，甚至造成结焦而烧坏炉管。因此，加热炉的出口温度的控制指标是相当严格的，不少加热炉出口温度的波动范围只有±(1~2)℃。

而加热炉属于一种多容量被控对象，其传热过程是：炉膛中火焰燃烧，热量辐射给炉管，经热传导、对流再传给工艺介质。可见，加热炉一般具有较大的时间常数和滞后时间，并且时间常数和纯滞后时间与炉膛容量大小及工艺介质的停留时间有关，炉膛容量越大，停留时间越长，时间常数和纯滞后就会越大，反之亦然。大的时间常数和滞后给出口温度的精确控制带来了难度。

此外，影响加热炉出口温度的因素有很多，其中主要扰动有：介质的进料温度、流量、组分；燃料油(或气)的压力、成分；燃料油的雾化情况；喷嘴的阻力等。为了保证出口温度稳定，就要对可控的扰动采取必要措施。

1. 加热炉的简单控制

图 7-16 是加热炉的简单控制系统，主要控制是以介质出口温度为被控变量，以燃料油流量为操纵变量的单回路控制系统。辅助控制系统包括介质入口流量控制、雾化蒸汽压力控制和燃油总压控制，均为简单控制系统。

如前分析，因加热炉时间常数和滞后时间都较大，很多时候采用单回路，控制作用不够及时。因此，加热炉的简单控制一般仅适用于以下情况：

① 对炉出口温度的控制要求不是很高；

② 炉膛容量相对较小；

③ 干扰不多，且幅度不大。

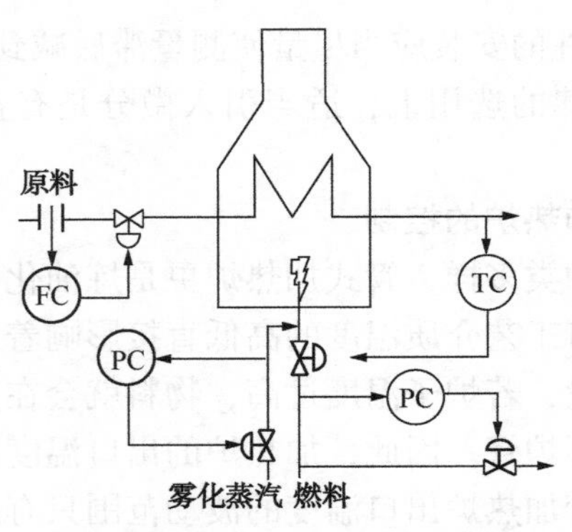

图 7–16　加热炉简单控制系统

2. 加热炉的复杂控制

为改善控制品质，提高控制质量，炼油生产中的加热炉常采用串级控制。对于不同场合、不同主要扰动的情况，可选择不同的副变量构成不同的串级控制系统。现将加热炉的主要串级控制方案对比如表 7–2。

表 7–2　加热炉的复杂控制系统

副度量选择	炉 膛 温 度	燃油(气)流量	燃油(气)压力
控制方案	TC TC	TC FC	TC PC
特点	包含的干扰多，响应相对较慢，要求测温度元件耐高温；	响应迅速，可以迅速消除燃油(气)流量的扰动；	响应迅速；
适用情况	干扰较多，较繁杂	燃料流量的小波动是外来主要扰动	燃油(气)流量测量较困难或燃料压力经常波动

必须指出的是，在以燃料油(气)流量或压力为副变量时，会受到燃烧嘴部分阻塞带来的阀后压力升高的影响，从而导致副

控制器动作，这是我们在实际运行中应当注意防止的。

3. 加热炉的安全联锁保护系统

为保证安全生产，防止事故发生，加热炉可设以下安全联锁保护系统，见图 7-17。

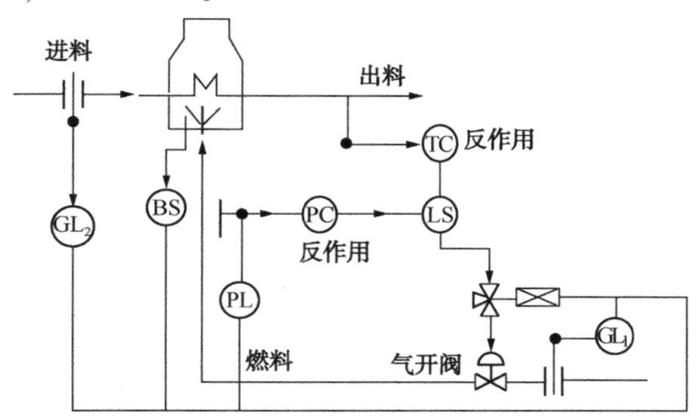

图 7-17　加热炉安全联锁保护系统

① 防止进料过小或中断引起干烧，可在进料流量过小时使气开阀膜头压力放空，切断进入的燃料(图中 GL_2)。

② 防止燃料阀后压力过高造成脱火，可设阀后压力和出口温度的选择性控制(图中 LS)，正常生产状态和保护状态下两个控制系统交替工作。正常生产时 TC 输出信号相对较小，选择温度控制系统工作；阀后压力过高时 PC 的输出较小，则启用压力控制系统工作。

③ 防止燃料阀后压力过低造成回火，可在燃料阀后压力过小时切断燃料阀(图中 PL)。

④ 防止炉膛火焰熄灭造成燃烧室形成燃气-空气混合物引发爆炸，可设火焰检测器，火焰熄灭时切断燃料阀(图中 BS)。

三、传热设备控制应用举例

某炼油厂航煤加氢装置中的管式加热炉，加热介质有三种：油气、蒸汽和空气。油气分四路从对流段进入加热炉，经对流和辐射段加热后，由辐射段出炉；蒸汽仅在对流段加热，也分四路，通过控制中间入口蒸汽量来保证蒸汽出口温度；空气则在热管式空气预热器中加热。

在对象特性上，由于其控制通道长，温度对象滞后较大，时间常数较长，调节反应缓慢，而加热炉的热负荷大，出口温度又直接影响到加氢反应的温度，故对该炉的控制有较高的要求。基于其特点，采用以下几种控制方案，见图 7-18。

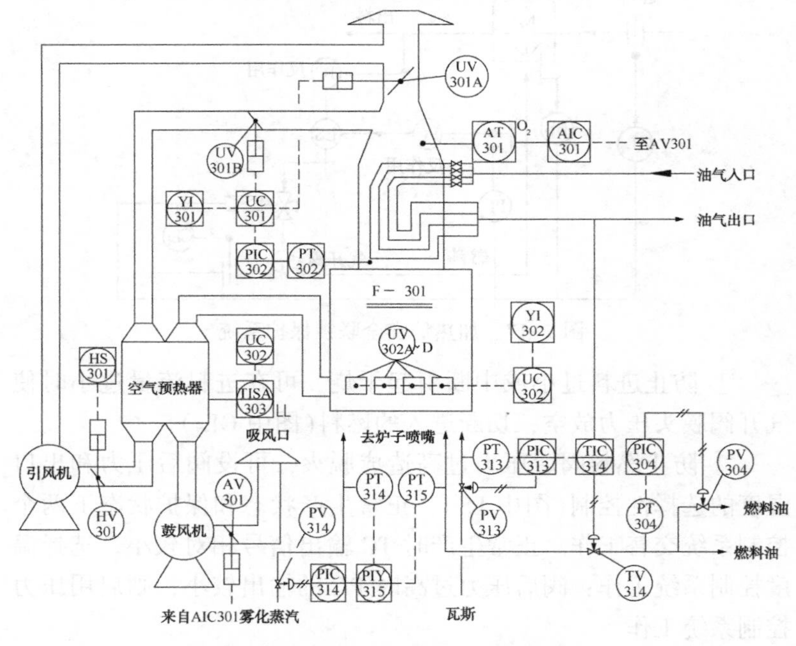

图 7-18　加热炉主要控制方案

1. 加热炉燃烧控制

加热炉的燃料有瓦斯和燃料油两种，可根据不同的情况决定选用何种燃料或两种燃料混合燃烧。在控制上，采用两组控制器分别实现对应燃料的调节，以达到控制出口温度的目的。其中，燃料油的控制可用简单回路，既能达到控制要求又简便易行。对于瓦斯的控制，由于航煤加氢装置的公用工程依托原有的加氢精制系统，因此进装置的瓦斯压力波动较大，于是我们采用出口温度为主参数，以瓦斯压力为副参数，即用调节回路 TIC314 与控制回路 PIC313 组成串级控制回路，这样就可以充分发挥串级控制中副回路的优势，既保证了瓦斯流量基本不变，又能使瓦斯量在炉出口温度偏离给定值时作出相应的变化。而且在系统的特性上，也因为应用了串级控制而改善了对象特性，使调节过程加快，有效克服了滞后，起到了超前调节的作用，提高了加热炉出口温度的调节品质。

2. 雾化蒸汽和燃料油压力的压差控制

由于现场燃料油也存在压力波动较大等原因，在燃料油进喷嘴调节阀后设一个压力检测回路，所测的燃料油阀后压力为主动量，以雾化蒸汽为从动量，构成一个单闭环比值调节系统，以便使加热炉在使用燃料油做燃料时能获得相对稳定的雾化效果。当主动量燃料油变化时，从动量雾化蒸汽能跟上主动量的变化，而当燃料油较稳定，雾化蒸汽发生波动时，构成的单闭环可以稳定蒸汽量。这种方案结构简单，能确保两流量的比值不变，在工业中得到广泛应用。

3. 联锁与切换控制

与常规加热炉控制的联锁相比，本装置的加热炉新增了三处设备联锁，一是引风机运行状态与烟道挡板开启、烟囱挡板关闭切换的联锁；二是鼓风机运行状态与关闭炉底快开风门之间的联锁；三是预热器出口温度与停鼓风机、引风机之间的联锁。

（1）热炉压力对烟囱和烟道挡板的切换联锁

加热炉的通风状态有两种，开汽之初为自然通风状态，正常运行时为强制通风状态。待系统运行正常后，投入自动燃烧控制，以烟囱底部辐射转对流处负压值 PT302 控制挡板 UV301A 或挡板 UV301B 的开度。挡板 UV301A 和 UV301B 与引风机，快开风门与鼓风机均实现联锁控制。

（2）UC302 联锁逻辑控制

当预热器烟气出口温度降低到下限联锁值 170℃时，关闭引风机，联锁关闭烟道挡板 UV301B、打开烟囱挡板 UV301A，控制室同时输出信号关闭鼓风机、打开炉底环形风道上的快开风门，转入自然通风状态。

(3) 氧含量控制

在加热炉燃烧控制方案上，将氧化锆分析仪投入到燃烧控制中，并在仪表选型上有针对性地选择普遍反映质量较好、性能较稳定的产品。

第三节　精馏塔的控制

一、概述

1. 精馏的原理

精馏的主要原理是利用混合物中各组分挥发度的不同，使轻、重组分发生转移从而实现分离。

精馏过程是工业上应用最广的液体混合物分离操作，广泛用于石油、化工、轻工、食品、冶金等部门。

根据操作方式，精馏可分为连续精馏和间歇精馏；根据混合物的组分数，可分为二元精馏和多元精馏；根据是否在混合物中加入影响气液平衡的添加剂，可分为普通精馏和特殊精馏(包括萃取精馏、恒沸精馏和加盐精馏)。若精馏过程伴有化学反应，则称为反应精馏。

典型的精馏设备是连续精馏装置(图 7-19)，包括精馏塔、再沸器、冷凝器等。位于塔顶的冷凝器使蒸气得到部分冷凝，部分凝液作为回流液返回塔顶，其余馏出液是塔顶产品。位于塔底的再沸器使液体部分汽化，蒸气沿塔上升，余下的液体作为塔底产品。进料加在塔的中部，整个精馏塔中，气液两相逆流接触，进行相际传质。进料口以上的塔段，把上升蒸气中易挥发组分进一步提浓，称为精馏段；进料口以下的塔段，从下降液体中提取易挥发组分，称为提馏段。两段操作的结合，使液体混合物中的两个组分较完全地分离，生产出所需纯度的两种产品。

精馏塔是精馏过程的关键设备，其对象通道多，内在机理复杂，动态响应迟缓，变量间耦合情况严重，而其控制的好坏直接影响到产品的产量、质量和能量消耗，因此精馏塔控制方案的确

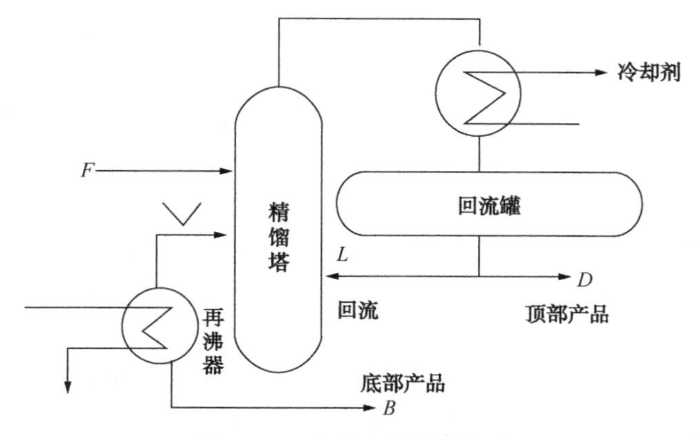

图 7-19　典型连续精馏装置

定一直受到人们的高度重视。

2. 精馏塔的控制要求

一般情况下精馏塔的控制目标主要有以下几个方面：

(1) 产品质量指标控制

精馏塔塔顶或塔底产品之一应合乎规定的分离纯度，而另一端产品成分亦应维持在规定的范围内，以保证塔的稳定运行。在某些特定的条件下，也有要求塔顶和塔底产品均保证一定纯度的要求。

(2) 物料平衡控制

塔顶、塔底的平均采出量应等于平均进料量，而且这两个采出量的变动应该比较缓和，以维持塔的正常平稳操作，以及上下工序的协调工作。

(3) 能量平衡控制

控制塔内压力恒定，对于维持塔内输入、输出能量的平衡，保证塔的平稳操作是非常必要的。

(4) 约束条件控制

为保证精馏塔正常而安全地运行，必须使某些操作参数限制在约束的条件之内，如塔内气液两相流速控制在一定的范围内等。因此，针对不同的精馏塔，应选用不同的控制方案以满足工艺的要求。

3. 精馏塔的主要干扰因素

精馏塔的操作过程中，主要的烦扰来自于进料，包括进料的流量、组分、温度及热焓。其中，进料的流量波动是不可避免的，一般可采用中间储罐或设置上一工序的均匀控制来保证进料量基本平稳；进料温度通常是较为恒定的热焓取决于进料的相态，必要时可通过热焓控制维持恒定；而进料组分一般是不可控的。

除此之外，冷剂和加热剂的温度、压力以及环境温度都会影响精馏塔的平稳操作，这些干扰一般较小，且往往是可控的。

精馏塔的控制系统设计应结合以上控制要求和主要干扰，具体情况具体分析，得到最适合的控制方案。

二、精馏塔的基本控制方案

精馏塔的控制目的是塔顶或塔底馏出物符合纯度要求，而因为成分分析仪表价格昂贵、反应缓慢、可靠性差、维护保养复杂，在使用上受到了一定限制。工业中，当塔压恒定时经常使用温度作为间接指标来控制质量，所以塔顶温度 T_D 和塔底温度 T_B 就成了被控变量之一。

此外，为维护全塔物料平衡，回流量 *LD* 和塔底液位 *LB* 也成为必须控制的变量。影响以上四个被控变量的主要因素：塔顶及塔底产品量 *D* 和 *B*、回流量 *L* 和塔底上升蒸气量 *V* 就成了操纵变量。塔压恒定并且在一定的简化条件下，精馏塔的控制问题描述为图 7-20 所示。其中，依据不同情况，温度的控制也常选为灵敏板温度控制，所谓灵敏板，是指受到干扰重新达到稳定状态后，温度变化最大的那块塔板。

在这些变量中，选定一种变量配对，就构成一种精馏塔的控制方案，在不同场合、不同要求下，精馏塔可以有非常多种控制方案，以下我们只介绍一些常见的原则方案。

1. 压力控制

需要再次强调的是，选用温度为质量控制指标，是在塔压恒定的条件下，此外，压力的变化还会引起塔顶气液平衡条件的变化从而导致塔内物料失衡。可见，压力恒定是保证物料平衡和产品质量的重要前提。精馏塔往往采用塔压为被控变量，冷凝器的冷剂量为操纵变量构成单回路来控制塔压恒定，如图 7-21 所示。

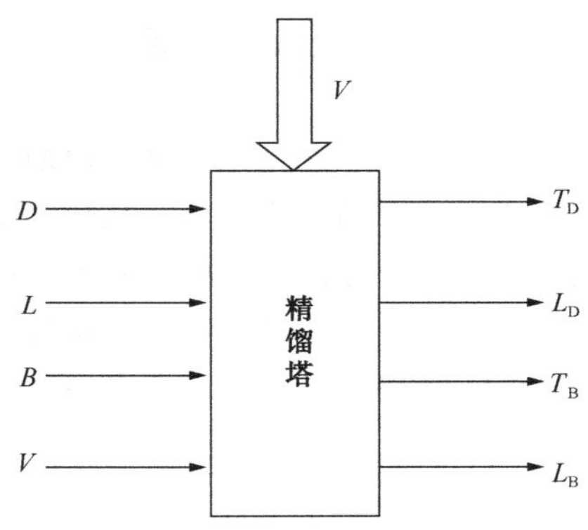

图 7-20　精馏塔控制问题描述

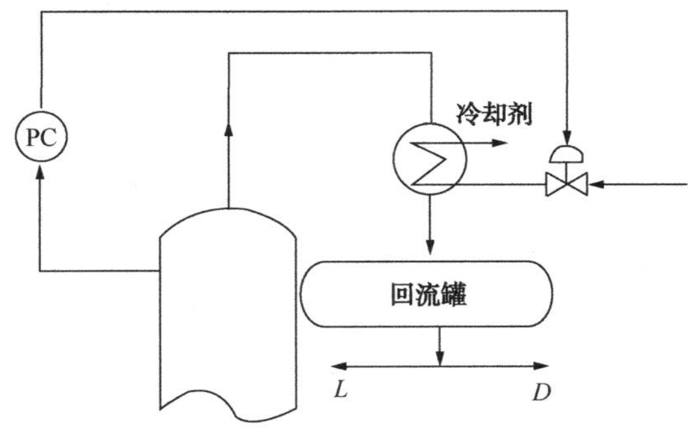

图 7-21　精馏塔压力控制

2. 精馏段质量指标的控制

若塔顶馏出液为主要产品，或全部为气相进料时，可用精馏段的温度为被控变量来控制精馏段产品质量，因为气相进料时，进料量的变化首先影响到塔顶组分，而提馏段温度不能很快反映质量的变化。即图 9-21 中，输出量 T_B(通常选灵敏板温度)为被控变量，LD 和 LB 则用以维持物料平衡。常见的方案有两种，一是如图 7-22 所示，在 L、D、B、V 四个输入中以回流量 L 为操纵变量控制产品质量，上升蒸气量 V 恒定，用 D 和 B 按回流罐和塔底物料平衡关系由液位控制器加以控制，同时保持进料流量稳定。该方案直接控制塔内能量平衡关系以控制分离精度，故也称为精馏段能量平衡控制方案。该方案的特点是控制作用滞后小，对进入精馏段的干扰能迅速克服。精馏段质量指标控制的另一方案，则是以 D 为操纵变量，用 L 和 B 控制液位，其他控制系统不变，方案见图 7-23。此方案通过调整全塔物料平衡关系以控制他定产品质量，又称为精馏段物料平衡控制方案。相对而言，该方案控制回路滞后较大，但有利于全塔的平稳操作。

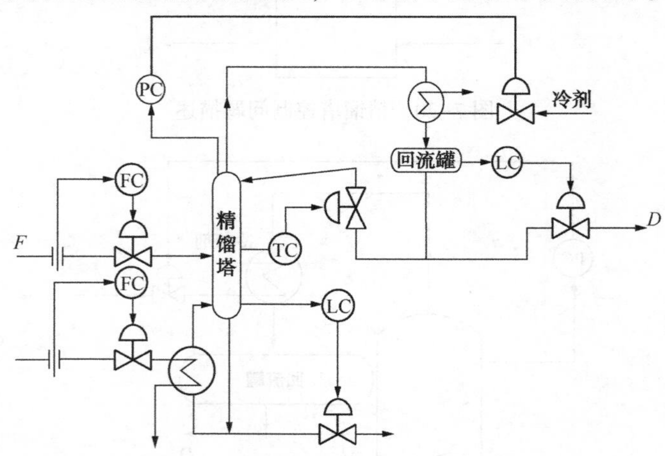

图 7-22　精馏段能量平衡控制方案

3. 提馏段质量指标的控制

若以塔底馏出液为主要产品，或进料为液相时，常用这类控制方案。和精馏段的控制类似，这类方案通常有两种。

其一，以提馏段塔板温度为被控变量，加热蒸汽量为操纵变量构成主要控制系统；回流量和进料量维持恒定；D 和 B 按回流罐和塔底物料平衡关系由液位控制器加以控制，控制系统图见7-24。显然，这个方案通过控制加热蒸汽量直接调整塔内的能量平衡以控制产品纯度，又称提馏段能量平衡控制方案。由于蒸汽量对提馏段温度影响通道较短，所以此方案控制滞后较小，反应迅速，能较好克服进入提馏段的扰动。要注意的是，此时回流量采用定值控制且回流量应足够大。否则当塔的负荷变化时容易引起液泛，造成塔的异常操作。

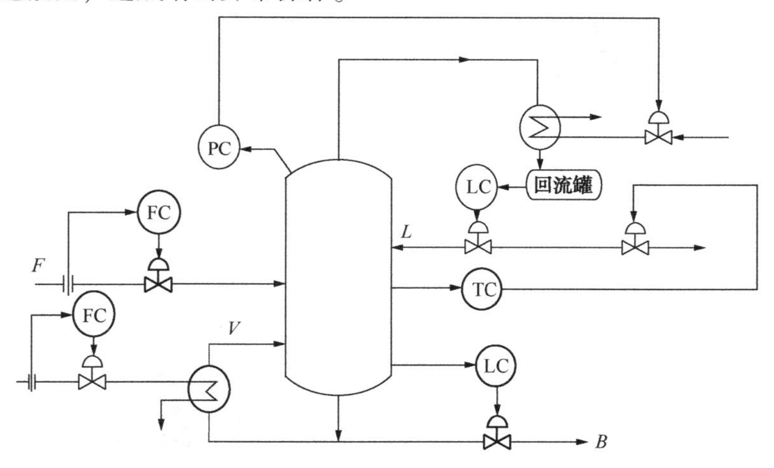

图 7-23　精馏段物料平衡控制方案

其二，以提馏段塔板温度为被控变量，塔底采出量 B 为操纵变量构成主要控制系统；回流量和进料量维持恒定；D 和 V 按回流罐和塔底物料平衡关系由液位控制器加以控制，控制系统见图 7-25，又称提馏段物料平衡控制方案。该方案的优点是当采出量 B 较少时，操作较平稳，采出量不符合要求时，会自动暂停出料，缺点是控制滞后较大。

当精馏塔塔顶和塔底产品都需要符合一定质量要求时，可以分别采用精馏段和提馏段温度对质量指标加以控制。只用一端产品质量控制的方案，也可以使另一端产品符合要求，但此时回流比消耗较大，能量消耗和操作成本都增加。

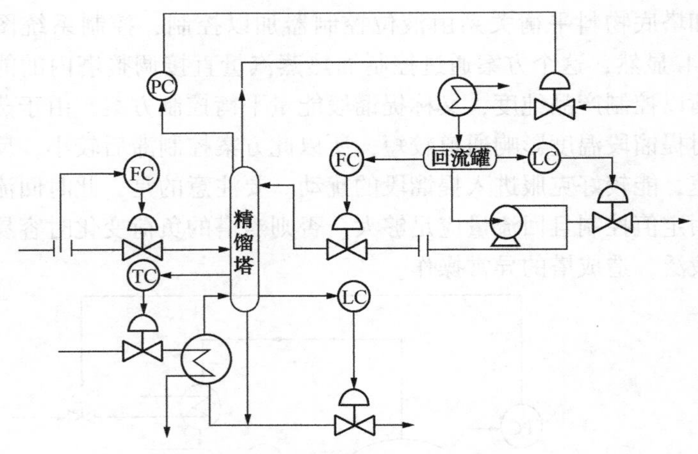

图 7-24　提馏段能量平衡控制方案

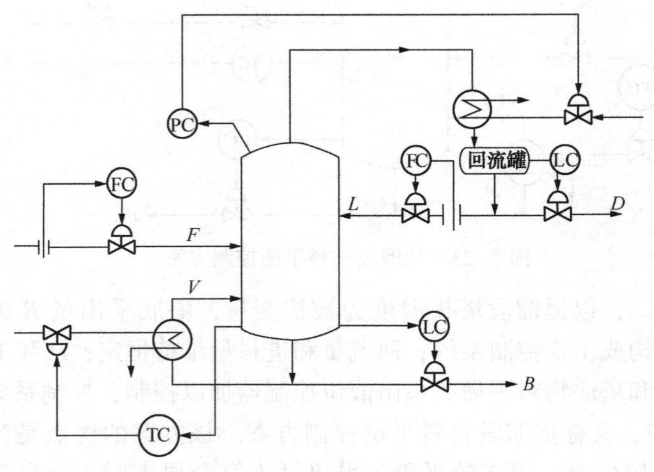

图 7-25　提馏段物料平衡控制方案

三、精馏塔控制应用举例

某乙烯厂气分装置有脱丙烷精馏塔，其任务是通过塔内精馏传质过程，切割 C_3 和 C_4 混合馏分，塔顶关键组分是丙烷，塔釜关键组分是丁二烯，两端馏出产品分别达到规定的纯度并作为后续工序的进料。

脱丙烷塔的控制精度较高，一般要求两端组分的工艺操作指标为99%，同时应当尽量提高产品的回收率，以获得较高的产量；尽量节约能源，使精馏过程中消耗的能源最少。因此，该精馏塔的控制目标总体上讲，是满足两端质量指标、物料平衡、约束条件及尽量节能。

和大多数精馏塔一样，影响脱丙烷精馏操作的主要因素有：进料流量、成分，进料温度，再沸加热量，塔内蒸汽上升速度，回流量，塔顶、塔底的采出量等。可操作变量有进料流量、塔顶及底的采出流量、再沸器加热量等。在实际生产过程中，进入塔的扰动较多，变量间相互关联并要考虑前后工序的统筹兼顾，且控制要求高，故该塔的控制方案在前述介绍的基本方案上增加了较多复杂控制，现对其采用的控制系统介绍如下。

脱丙烷精馏塔两端质量控制系统如图7-26所示。

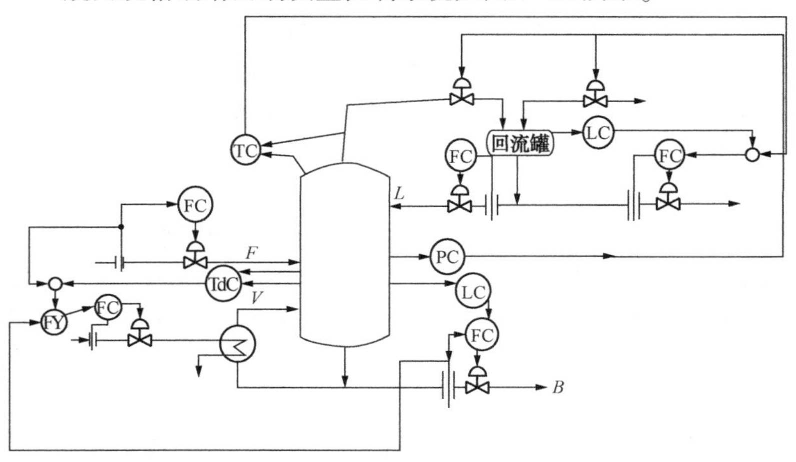

图7-26 脱丙烷精馏塔两端质量控制系统

1. 塔压控制

塔压恒定是保证传质过程顺利进行的重要参数，此处塔压控制采用的是分程控制，压力控制器同时控制 V_1 和 V_2，主要目的是扩大控制阀的可调范围，改善控制品质。

2. 精馏段温度控制

为满足塔顶产品质量，同样选取温度作为间接控制变量，但此时由于对产品纯度要求很高，塔压的微小波动都会引起成分的变化，因此在这类精密精馏系统中，通常采用塔顶附近塔板和灵敏板的温差控制以抵消压力变化的影响。在操纵变量方面，选取塔顶流出量构成精馏段物料平衡控制系统。为更好克服采出量 D 的扰动，以 D 为副变量应用了温差和采出流量 D 的串级控制，同时引入回流罐液位作为前馈信号，它反映回流量和馏出量之和 $L+D$，组成前馈-串级系统。在控制器参数整定时，使该控制系统起到均匀控制的作用，同时达到控制精馏段产品质量和稳定下一工序输入量的作用。

3. 提馏段温度控制

类似地，提馏段的质量指标控制选取塔釜温差为主被控变量，以再沸器加热量为副变量，引入进料量 F 为前馈信号，构成前馈-串级控制系统，综合考虑了塔压、加热量和进料量等扰动对塔釜产品质量的影响，达到较好的控制效果。

4. 塔釜液位控制与节能控制

以塔釜液位为主被控变量，塔底采出量 B 为副变量组成串级均匀控制系统满足塔釜液位的控制要求。此外，将塔底温差和采出量、再沸器加热量通过 FY 计算构成变比值控制系统，可使精馏操作随着回流比和控制质量的变化调节蒸汽量和采出量之比，起到节能作用。

5. 其他控制系统

为保证进料稳定和物料平衡，对进料量和回流量分别采用简单控制系统加以控制。

该方案是两端产品指标的控制方案，投用后控制质量较好，两端产品均能达到 99% 的纯度要求。统计表明，由于回流比由原设计值下降 0.4 左右，加热蒸汽量与塔底采出量之比也下降了约 0.1，取得明显的节能效果。

第四节　常减压过程的控制

常减压装置是将原油用蒸馏的方法分割成不同沸点的组分，以适应产品和下游工艺装置对原料的要求。这是炼油厂加工原油的第一道工序，在炼厂加工总流程中起着重要作用，常被称为“龙头装置”。常压蒸馏和减压蒸馏两个装置通常在一起，故称为常减压装置，主要包括原油的脱盐、脱水，初馏，常压蒸馏，减压蒸馏等四个工序。其工艺流程图见图 7-27。

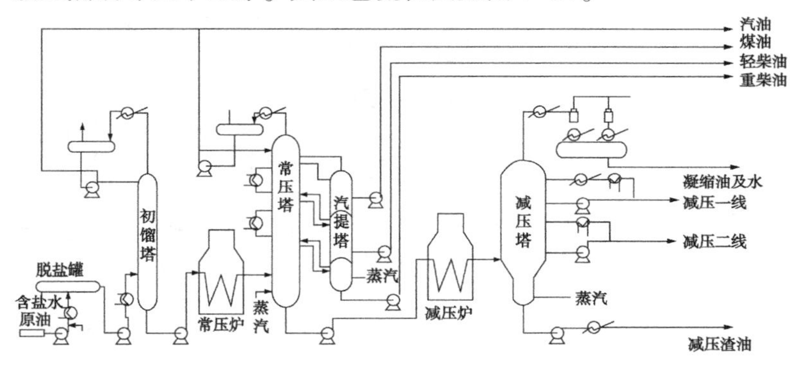

图 7-27　常减压过程工艺流程

原油经脱盐脱水后，进入初馏塔，塔顶馏出汽油，塔底的拔头油则经加热炉加热至 350℃左右进入常压蒸馏塔；常压塔塔顶蒸出汽油蒸气和水蒸气，并在常压塔边设置汽提塔作为其提馏段，侧线分别蒸出煤油、轻柴油和重柴油，而塔底重油经加热炉加热，进入减压蒸馏塔；减压塔塔顶分离出不凝浓缩油及水蒸气，塔侧一线、二线抽出润滑油馏分或裂化原料油，塔底渣油可经过热蒸汽汽提后送出装置。

常减压装置的控制要求主要是提高分馏精度、增加拔出率并减少渣油量，常以塔顶温度、侧线分馏点温度为间接控制指标，而主要扰动来自进料量、进料温度、回流量、加热蒸汽温度和流量、过热蒸汽温度和压力等。

一、常压塔的控制

在原油加工过程中，把原油加热到360~370℃左右进入常压分馏塔，在汽化段进行部分汽化，其中汽油、煤油、轻柴油、重柴油这些较低沸点的馏分优先汽化成为气体，而蜡油、渣油仍为液体。常压塔是整个装置的工艺过程的核心，控制的要求是馏分的组分，目的在于提高分馏精度、提高拔出率和处理能力，降低加热炉的热负荷等。

常用的常压塔主要控制系统见图7-28。

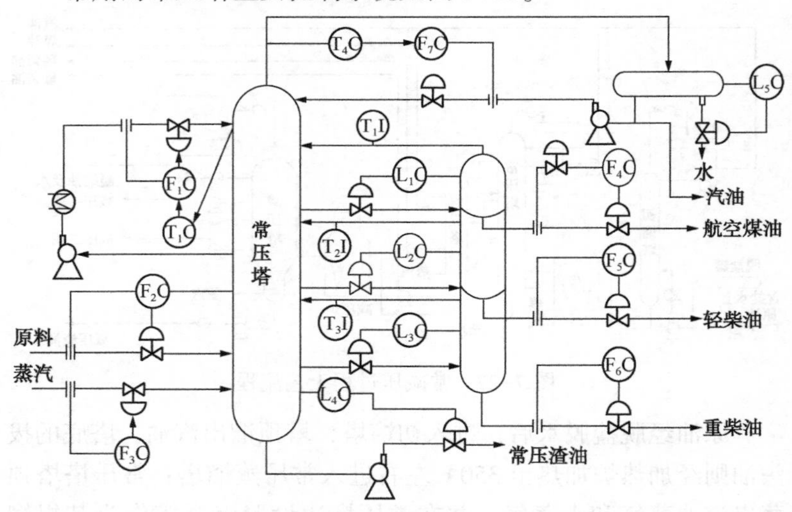

图7-28　常压塔主要控制流程图

1. 温度控制系统

为了控制塔顶馏出产品质量，需要控制塔顶温度，而回流量对塔顶温度的影响是敏感的，因此经常采用塔顶温度与回流量的串级控制，可以较好地克服回流量变化引起的温度变化。

当塔顶温度恒定时，只要保证各循环回流量固定，各侧线温度变化也就不会有太大变化，而侧线采出量则采用单回路的定值控制。

另外，塔顶温度恒定后，塔压基本保持不变，因此常压塔的塔压可不进行控制。

2. 液位控制系统

为使常压塔液位和减压塔进料的统筹兼顾和互相协调，通常对常压塔液位采用简单均匀控制，通过调整控制器（L_4C）的调节规律和控制器参数，使常压塔液位和减压塔进料量都在允许的范围内缓慢波动。

而侧线采出的液位控制则与侧线采出的流量定制控制一起，保证侧线温度的恒定。当扰动使侧线采出量增大时，就会使侧线温度上升，且气体塔液位上升，液位单回路控制系统自动关小常压塔采出量，侧线温度就随之下降了。

3. 流量控制系统

流量控制系统除了上述的采出量定值控制外，还要对原料进料量和过热蒸汽量进行定值控制。原料进料量的控制主要是为了控制全塔的负荷，方便根据生产能力调整设定值。过热蒸汽量应控制恒定，便于将原油中的轻组分馏出，同时也保证全塔的能量平衡。

二、减压塔的控制

常压塔底出料进入减压塔，借助于真空泵降低系统内压力，以降低液体的沸点，使常压渣油在压力低于大气压以下进行蒸馏，主要产品是润滑油馏分或裂化原料，所以对馏分的控制要求不高，主要的控制目的是降低减压塔汽化段的真空度，在保证馏出料含碳合格的情况下尽可能提高拔出率。减压塔主要控制回路见图 7-29。

减压塔的控制与常压塔相似，主要控制回路有：

1. 温度控制系统

减压塔塔顶不出产品，一线油循环回流量的大小影响塔顶温度比较显著且通道较短，因此通过塔顶温度和一线回流量构成串级控制系统来稳定塔顶温度。

2. 液位控制系统

减压塔的液位控制系统与常压塔类似，对减压渣油出料采用

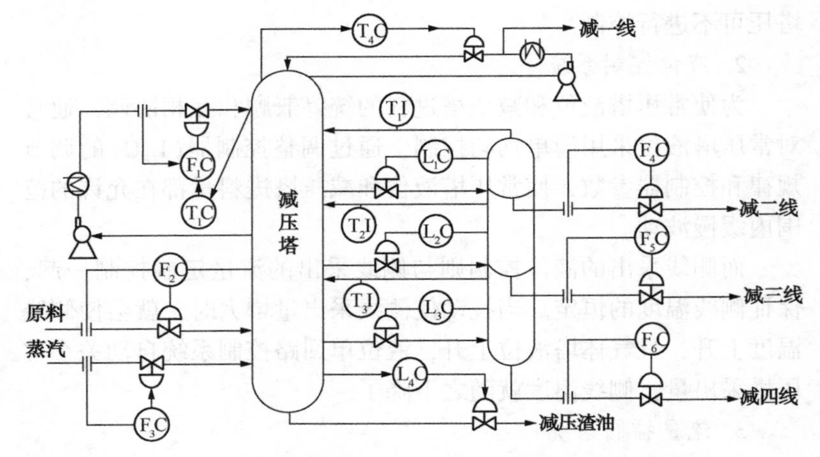

图 7-29　减压塔主要控制流程图

简单均匀控制，而汽提塔的液位采用单回路控制，与侧线采出量的定值控制一起保证侧线温度恒定。

3. 流量控制系统

原料量的定值单回路控制用以调节全塔负荷，过热蒸汽量的定值单回路控制则用以辅助平衡全塔能量。

4. 压力控制系统

和常压塔不同，减压塔是需要对压力进行控制的。减压塔的压力控制主要通过采用二级蒸汽喷射泵来控制蒸汽压力和真空度。

第五节　催化裂化过程的控制

催化裂化是石油二次加工的主要方法之一。在高温和催化剂的作用下使重质油发生裂化反应，转变为裂化气、汽油和柴油等的过程。催化裂化工艺过程主要由反应-再生系统、分馏系统、吸收-稳定系统、再生烟气能量回收系统、回炼油过滤器等部分构成。图 7-30 是某催化裂化装置的典型工艺流程。

它以原油为原料，在分子筛催化剂和 500～510℃、0.33～0.34MPa 的条件下，经过以裂化反应为主的一系列反应，得到

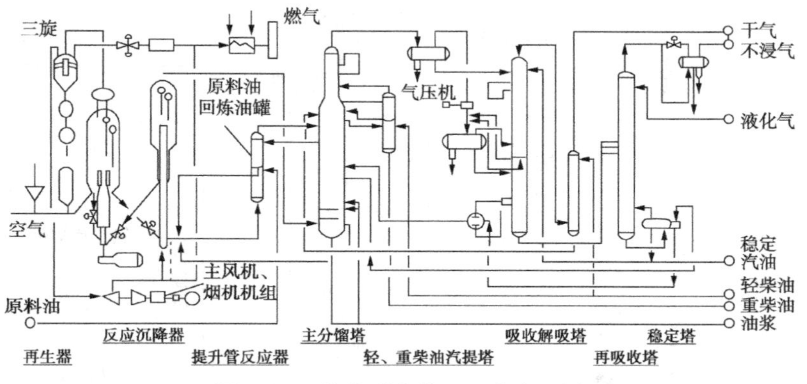

图 7-30　催化裂化装置工艺流程图

干气、液化汽、汽油、柴油、油浆等产品。

催化裂化过程反应机理和动态过程复杂，被控量和干扰因素较多，在此，仅对反应-再生系统、分馏系统和吸收-稳定三个主要系统的控制系统进行简单介绍。

1. 反应-再生系统的控制

装置原油经换热后与回炼汽油混合进入提升管，与来自再生器的高温催化剂(约 700℃)接触后立即汽化，发生高温短接触时间迭合反应。产生的反应油气携带催化剂以活塞流沿提升管向上流动，经 3 组单级旋风分离器，分离出来的油气去分馏塔，回收下来的催化剂进入汽提塔以脱除催化剂上吸附的油气。汽提后的催化剂经待生斜管进入烧焦罐内进行高效、快速的烧焦，最终形成再生催化剂。

反应-再生系统控制流程图如图 7-31 所示，主要的控制系统包括：

(1) 反应器和再生器的差压控制

反应器和再生器的差压变化会导致催化剂循环的变化，对反应率、再生率均有较大影响。正常情况下，反应器压力稍高于再生器压力，可采用压差控制回路，选用灵敏度极高的双动滑阀以再生器烟气出口量作为操纵变量。

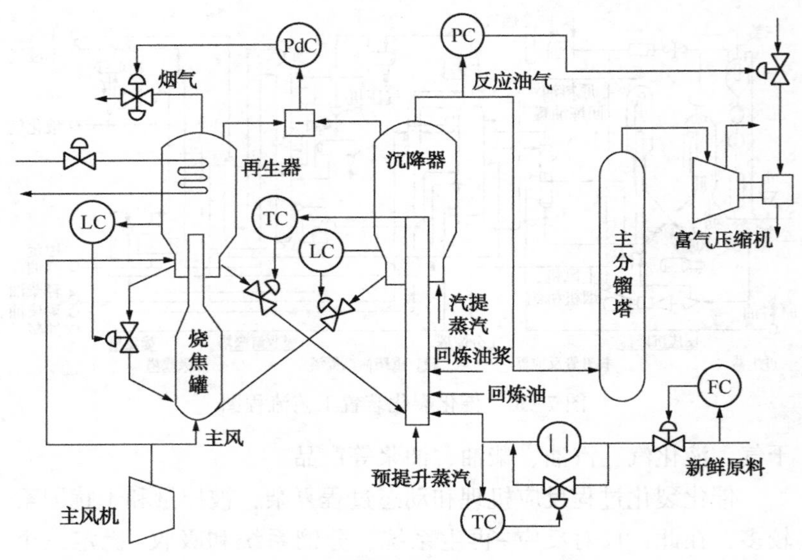

图 7-31　催化裂化反应-再生系统控制流程图

（2）反应器压力控制

反应器的压力变化直接影响反应转化率、反应物流量和催化剂使用效率，一般需要维持恒定。生产中通常通过其后续设备压力恒定来控制维持。

（3）反应器的温度控制

对提升管反应器，常检测提升管出口温度作为被控变量，这是因为反应在提升管里进行，温度分布比较均匀，而以再生管催化剂量为操纵变量构成单回路控制系统对反应器温度进行控制。

（4）反应器的料位控制

由于上述温度控制是通过催化剂的循环量实现的，为了防止催化剂量过多造成温度调节无效和催化剂被反应气带走，必须对催化剂料位进行控制。该控制系统能配合反应器的温度控制，实质上是一个物料平衡系统，主要由待生管上的单动滑阀实现。

（5）其他控制系统

反应-再生系统还需要对原料进料温度、流量等采用简单回路进行控制。

2. 分馏系统的控制

分馏塔的主要控制流程见图 7-32。

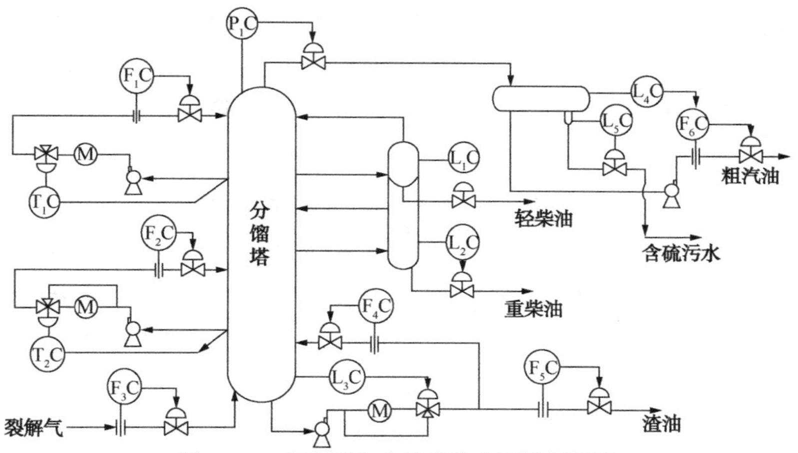

图 7-32　催化裂化分馏系统主要控制回路

分馏过程是将来自前面反应器的裂解气从塔底进料，经分馏后，塔顶采出富气和粗汽油，侧线产出轻柴油和重柴油，渣油则从塔底馏出。

该分馏系统与一般分馏塔不同的是，由于塔内剩余热量较大，中段和塔底分别采用了回流，因此对每个回流均需设置液位控制系统和塔底回流流量控制系统。而与一般分馏系统相同的是，通过循环回流量控制侧线温度来保证侧线采出的组分，如 T_1C 和 T_2C。此外，塔压采用塔顶采出量形成单回路控制，粗汽油量的控制则以回流罐液位为主变量，馏出量为副变量构成串级控制。再沸器的加热量和塔底采出量要加以控制，以维持全塔的物料平衡与能量平衡。

3. 吸收-稳定系统的控制

吸收-稳定系统包括解吸和稳定两个部分，其主要回路的控制流程见图 7-33。解吸塔从上部打入稳定汽油，与中部进入的富气接触并吸收其中的 C_3、C_4 馏分，再进入塔下部经高温蒸汽

解吸汽油中的 C_2 馏分，从而使塔顶馏出物成为脱除的贫气，而吸收了 C_2、C_3、C_4 的汽油进稳定塔。解吸塔排出的贫气从塔顶进入再吸收塔，与来自分馏塔的贫柴油逆向接触后，经吸收汽油后的富柴油从塔底采出，干气从塔顶引出。该系统的稳定塔实质是精馏塔，主要作用是将解吸塔中吸收了 C_2、C_3、C_4 的汽油在稳定塔中将 C_2、C_3、C_4 等馏分脱除，获得气态烃、液态烃和稳定汽油等产品。

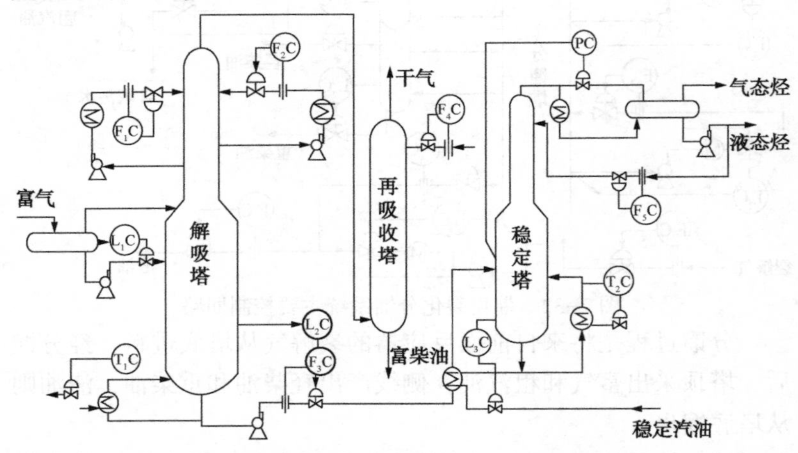

图 7-33　催化裂化解吸-稳定系统主要控制回路图

解吸塔主要控制回路是塔顶的两个定回流量的循环回流控制。富气的液相进料量采用简单均匀控制，以统筹兼顾解吸塔的进料量要求和产生富气的分馏塔的液位控制要求。塔底采出则依同样原理采用塔底液位和流出量的串级均匀控制。再沸器的控制则采用调节加热量来恒定塔釜温度。

稳定塔的控制则与精馏塔的控制相似，主要由塔压控制、塔釜温度和液位的控制，以及回流量的控制等，均构成简单控制系统，保证物料和能量的平衡以及分离度。

第八章　现场总线控制系统

第一节　概　　述

按 IEC 和现场基金会的定义，现场总线是连接智能现场设备和自动化系统的数字式、双向传输、多分支结构的通信网络。有通信就必须有通信的协议，从这个意义上说，现场总线本质上是一个定义了硬件接口和通信协议的标准。

现场总线不仅是当今 3C 技术发展的结合点，也是过程控制技术、自动化仪表技术、计算机网络技术发展的交汇点，是信息技术、网络技术的发展在控制领域的集中表现，是信息技术、网络技术延伸到现场的必然结果。以现场总线技术为核心的自动控制系统就是现场总线控制系统(Fieldbus Control System，FCS)。它是继模拟式仪表控制系统、集中式数字控制系统、集散控制系统(DCS)后的新一代控制系统。

现场总线不仅仅是一种通信技术或用数字仪表代替模拟仪表，关键是用新一代的现场总线控制系统 FCS 逐步取代模拟传统的集散系统 DCS，实现智能仪表、网络通信和控制系统的集成。其是用开放的现场总线通信网络，实现将自动化最低层的现场控制器和现场智能仪表设备互联的实时网络控制系统。FCS 具有信号传输全数字化、系统结构全分散式、现场设备互操作性、通信网络全互联式、技术和标准全开放式的特点。

一、现场总线的特点

1. 系统的开放性

开放是指对相关标准的一致性、公开性，强调对标准的共识与遵从。一个开放系统，是指它可以与世界上任何地方遵守相同标准的其他设备或系统连接。通信协议一致公开，各不同厂家的设备之间可实现信息交换。现场总线开发者就是要致力于建立统一的工厂底层网络的开放系统。用户可按自己的需要和考虑，把来自不同供应商的产品组成大小随意的系统。通过现场总线构筑自动化领域的开放互连系统。

2. 互可操作性与互用性

互可操作性，是指实现互连设备间、系统间的信息传送与沟通；而互用则意味着不同生产厂家的性能类似的设备可实现相互替换。

3. 现场设备的智能化与功能自治性

它将传感测量、补偿计算、工程量处理与控制等功能分散到现场设备中完成，仅靠现场设备即可完成自动控制的基本功能，并可随时诊断设备的运行状态。

4. 系统结构的高度分散性

现场总线已构成一种新的全分散性控制系统的体系结构。从根本上改变了现有 DCS 集中与分散相结合的集散控制系统体系，简化了系统结构，提高了可靠性。

5. 对现场环境的适应性

工作在生产现场前端，作为工厂网络底层的现场总线，是专为现场环境而设计的，可支持双绞线、同轴电缆、光缆、射频、红外线、电力线等，具有较强的抗干扰能力，能采用两线制实现供电与通信，并可满足本质安全防爆要求等。

6. 节省硬件数量与投资

由于现场总线系统中分散在现场的智能设备能直接执行多种传感、控制、报警和计算功能，因而可减少变送器的数量，不再需要单独的调节器、计算单元等，也不再需要 DCS 的信号调理、转换、隔离等功能单元及其复杂接线，还可以用工控 PC 机作为操作站，从而节省了一大笔硬件投资，并可减少控制室的占地面积。

7. 节省安装费用

现场总线系统的接线十分简单，一对双绞线或一条电缆上通常可挂接多个设备，因而电缆、端子、槽盒、桥架的用量大大减少，连线设计与接头校对的工作量也大大减少。当需要增加现场控制设备时，无需增设新的电缆，可就近连接在原有的电缆上，既节省了投资，也减少了设计、安装的工作量。据有关典型试验工程的测算资料表明，可节约安装费用60%以上。

8. 节省维护开销

由于现场控制设备具有自诊断与简单故障处理的能力，并通过数字通信将相关的诊断维护信息送往控制室，用户可以查询所有设备的运行，诊断维护信息，以便早期分析故障原因并快速排除，缩短了维护停工时间，同时由于系统结构简化，连线简单而减少了维护工作量。

9. 用户具有高度的系统集成主动权

用户可以自由选择不同厂商所提供的设备来集成系统，避免受所使用产品束缚，使系统集成过程中的主动权牢牢掌握在用户手中。

10. 提高了系统的准确性与可靠性

由于现场总线设备的智能化、数字化，与模拟信号相比，它从根本上提高了测量与控制的精确度，减少了传送误差。同时，由于系统的结构简化，设备与连线减少，现场仪表内部功能加强，减少了信号的往返传输，提高了系统的工作可靠性。

二、现场总线技术现状

现场总线从20世纪80年代发展到现在，发展迅速。由于许多国家或企业投入巨额资金与大量的人力进行研究开发，各方都力图使自己开发的总线技术成为国际标准，形成了现在多种现场总线标准并存的局面，总线类型超过二百多种。各种标准在发展过程中虽然有一定的联合，但至今尚未形成完整统一的标准。

随着现场总线技术应用的普及和深入，每种总线对应一个特定的应用对象或场合的局面被打破，总线的应用领域呈现出不断调整和渗透并发的特点。这造成了技术成熟和先进的公司的市场份额不断增大，部分厂家会面临出局的危险。

具有较强实力与影响力的总线类型有：

1. Profibus 现场总线

由德国西门子公司开发，Profibus 用户组织(PNO)支持，欧洲三大现场总线标准之一。

2. 基金会现场总线

由国际公认的唯一不属于任何企业的非商业化的国际标准组织——现场总线基金会提出。该组织旨在制定单一的国际现场总线标准。

3. Control Net 现场总线

由美国 AB 公司和 Rockwell 公司开发，ControlNet International(CI)组织支持。

4. CAN 总线

由德国 Bosch 公司为解决汽车中各种控制器、执行机构、监测仪器、传感器之间的数据通信而提出并开发的总线型串行通信网络。

5. LonWorks 总线

由美国 Echelon 公司开发的现场总线技术。

第二节　现场总线控制系统的构成

和 DCS 不同，现场总线控制系统的主要特点是在现场层即可构成基本控制系统，如图 8-1 所示，因此，其没有现场控制站。现场仪表不仅能传输测量、控制等重要信号，而且能将设备标识、运行状态、故障诊断等信息送到监控计算机，以实现管控一体化的综合自动化功能。现场总线控制系统主要由硬件和软件两部分构成。

一、现场总线控制系统的硬件构成

虽然由于采用不同的现场总线标准，各个现场总线控制系统的硬件结构有差异，但 FCS 系统的硬件基本包括监控计算机，

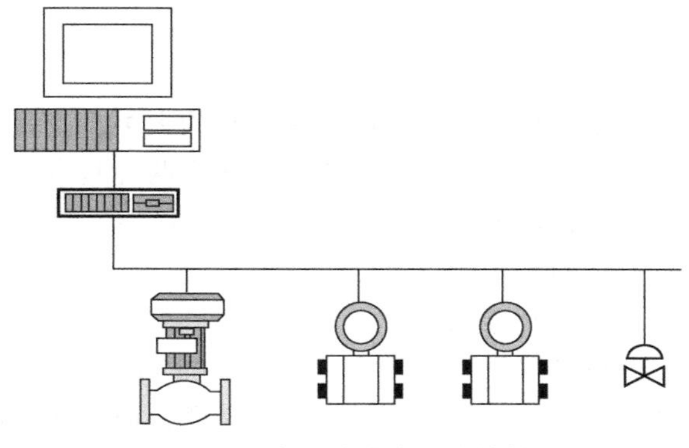

图 8-1　现场总线控制系统结构图

现场仪表，控制器，网络通信设备及其他设备，如图 8-2 所示的结构是具有代表性的 FCS 结构。

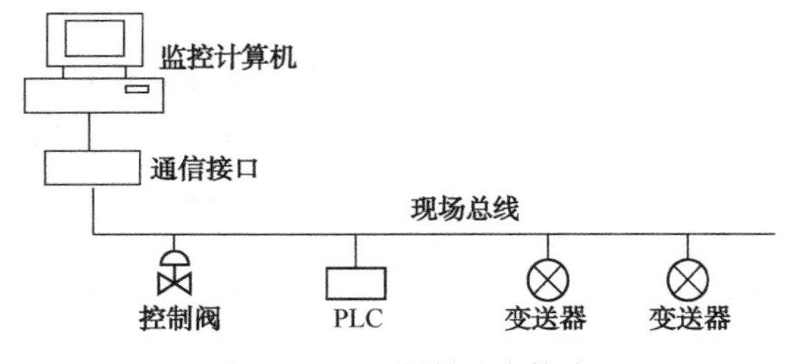

图 8-2　FCS 硬件基本构成

1. 现场仪表

现场仪表作为现场控制网络的智能节点，应具有测量、计算、控制通信等功能。用于过程自动化的现场仪表主要有智能变送器、智能执行器及可编程控制仪表等。

(1) 智能变送器

近年来，国际上著名的仪表厂商相继推出一系列的智能变送器，有压力、差压、液位、物位、温度变送器等。它们具有许多传统仪表所不具有的优点，如测量精度高，测检，变换，零点与增益校正和非线性补偿等功能，还经常嵌有 PID 控制和各种运算功能。另外还具有模拟量(4-20mA DC)和数字量输出以及符合总线要求的通信协议。

(2) 执行器

常用的现场总线执行器有电动和气动两大类，主要是指智能阀门定位器或阀门控制器，除有驱动和执行两种基本功能外，还具有调节器输出特性补偿，PID 控制和运算功能，并具有对阀门的特征进行自诊断等功能。

(3) 可编程控制类仪表

可编程类控制仪表也就是 PLC，早期的 PLC 没有通信功能，但是发展到今天，这类仪表均具有通信功能，而且通信标准也越来越开放。近年来推出的内含符合 IEC61158 国际标准协议的 PLC，能方便地连上流行的现场总线，与其他现场仪表实现互操作，并可与上位计算机进行数据通信。

2. 监控计算机

现场总线控制系统一般需要一台或多台监控计算机，监控计算机的数量根据系统的规模来确定，以满足现场仪表的登录、组态、诊断、运行和操作的要求。并且要具有强大、丰富的显示功能和友好的人机界面，以便操作人员在控制室就可以监视整个生产过程的运行情况，进而处理，保证生产过程的正常运行。

3. 控制器

在现场总线系统中，PID 控制嵌入在分散的变送器和执行器中，整个系统控制作用的实现是通过对这些现场智能仪表的组态来实现的，可以方便地组成各种复杂控制系统，比如串级、比值及前馈-反馈等控制系统。但是，若控制系统需要采用更复杂的 PID 控制规律(如自适应 PID 控制)、非线性 PID 控制规律(如推理控制)或智能控制(如模糊控制、神经网络控制)时，这种分散嵌入式 PID 单元是难以胜任的，这些控制规律的实现就需要由位于现场总线控制系统上层的监控计算机完成。

4. 网络通信设备

网络通信设备是现场总线之间及总线与节点之间的连接桥

梁。监控计算机与现场总线之间一般用通信接口卡或通信控制器连接，现场总线可连接多个智能节点或多条通信链路。

为了组成符合实际需要的现场总线控制系统，将具有相同或不同现场总线的设备连接起来，还需要采用一些网间互连设备，如中继器、网桥、路由器、网关等。

中继器是物理层的连接器，起信号放大的作用，目的是延长电缆和光缆的传输距离。集线器是一种特殊的中继器，是用于连接网段的转接设备。智能集线器除具有一般集线器的功能外，还具有网络管理及选择网络路径的功能。

网桥是将信息帧在数据链路层进行存储转发，用来连接采用不同数据链路层协议、不同传输速率的子网或网段。

路由器是将信息帧在网络层进行存储转发，具有更强的路径选择和隔离能力，用于异种子网之间的数据传输。

网关是用于传输层及传输层以上的转换的协议变换器，用以实现不同通信协议的网络之间，包括使用不同网络操作系统的网络之间的互连。

二、现场总线控制系统的软件构成

现场总线控制系统的软件包括操作系统、网络管理、通信软件和监控组态软件。

1. 网络管理软件

网络管理软件的作用是实现网络各节点的安装、删除、测试，以及对网络数据库的创建、维护等功能。比如：基金会现场总线采用网络管理代理（NMA）、网络管理者（NMgr）工作模式。网络管理者实体在相应的网络管理代理的协同下，实现网络的通信管理。

2. 通信软件

通信软件的作用是实现监控计算机与现场仪表之间的信息交换，通常使用 DDE 或 OPC 技术来完成数据交换任务。

3. 组态软件

组态软件是用户应用程序的开发工具，它具有实时多任务、接口开放、功能多样、组态灵活方便、运行可靠等特点。这类软件一般都能提供能生成图形、画面、实时数据库的组态工具，简单实用的编程语言，不同功能的控制组件，以及多种I/O设备的驱动程序，使用户能方便地设计人机界面，形象生动地显示系统运行工况。

第三节 FCS在电厂水处理中的应用

某电厂燃煤机组水处理控制系统采用Profibus现场总线技术，完全按照现场总线的设计理念，构建了监控层网络(冗余工业以太网)、控制层网络[冗余Profibus-DP光纤环路(简称光环)]以及现场设备层网络Profibus-DP和Profibus-PA；系统中集成了不同公司的多种Profibus现场总线智能仪表和设备，实现互联和互操；充分利用现场总线仪表和设备提供的状态和诊断信息，开发了中文界面的设备诊断和管理软件，发挥了现场总线技术本质的优越性。

电厂水处理FCS控制和监视系统包含锅炉补给水处理和工业废水处理2个子系统，2个子系统各配置1对冗余PLC控制器(西门子S7-417H)，冗余控制器通过冗余Profibus-DP(以下简称DP)光环与现场冗余通信链路器(Y-LINK)相连。锅炉补给水和废水处理各有1个独立的主控DP冗余光环。Y-LINK合并冗余DP成为DP支路，DP/PA耦合器桥联Profibus-PA(以下简称PA)支路，分别挂接Profibus仪表、控制单元等。锅炉补给水控制室配置2个操作员站、1个工程师站(可兼操作员站)。操作员站、工程师站、控制站通过工业级交换机连接到双星型工业以太网中。

由于目前DP和PA仪表、设备均无冗余通信接口，因此在仪表和设备相对集中的现场区域设计DP或PA支路连接这些设备，既保证了系统通信网络的可靠性，又满足了Profibus现场总线设备的通信条件。水处理FCS监控系统的网络总体结构如图8-3所示。

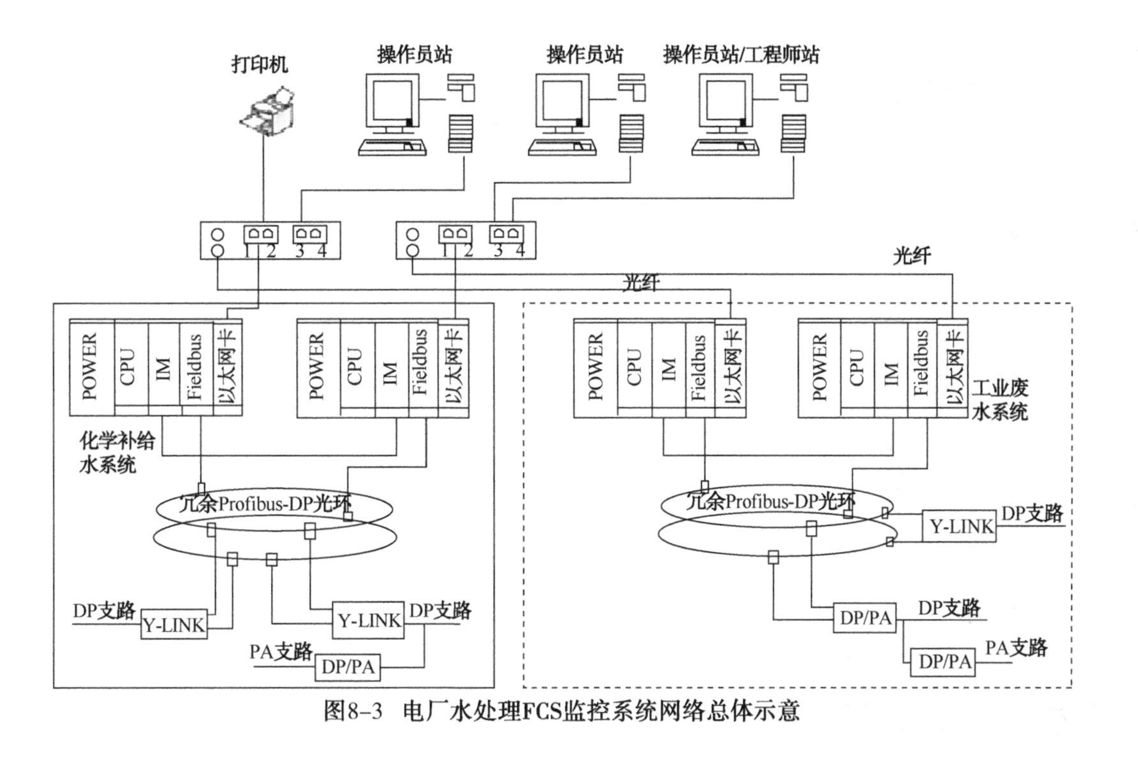

图8-3 电厂水处理FCS监控系统网络总体示意

在 DP 支路上连接了 4 类 DP 仪表和设备：超声波液位计、电机保护和控制单元(SIMOCODE)、变频器、开关量控制单元(ET200x)及气动阀岛。在 PA 支路上连接了 3 类 PA 变送器：差压(流量)、压力、磁翻板液位等变送器。这些仪表和设备来自西门子、ABB、FESTO(费斯托)等国外公司和上海某仪表公司。这些国内外不同公司的产品能够集成在一起应用，是因为把不同公司产品集成起来实现互联、互操作是 FCS 的关键技术之一，具有重要的工程意义。